全国高等教育自学考试指定教材
行政管理学专业（独立本科段）

普通逻辑

Putong Luoji

（2010年版）

全国高等教育自学考试指导委员会　组编
主　编　杜国平
副主编　邵强进　张　晴

高等教育出版社·北京

图书在版编目(CIP)数据

普通逻辑:2010 年版/杜国平主编. —北京:高等教育出版社,2010.10(2023.12重印)

ISBN 978-7-04-030963-8

Ⅰ. ①普… Ⅱ. ①杜… Ⅲ. ①形式逻辑-高等教育-自学考试-自学参考资料 Ⅳ. ①B812

中国版本图书馆 CIP 数据核字(2010)第 182675 号

| 策划编辑 | 王小钢 | 责任编辑 | 王小钢 | 版式设计 | 张 岚 |
| 责任校对 | 金 辉 | 责任印制 | 存 怡 | | |

出版发行	高等教育出版社	网 址	http://www.hep.edu.cn
社 址	北京市西城区德外大街4号		http://www.hep.com.cn
邮政编码	100120	网上订购	http://www.hepmall.com.cn
印 刷	北京华联印刷有限公司		http://www.hepmall.com
开 本	880mm×1230mm 1/32		http://www.hepmall.cn
印 张	10.375		
字 数	290 千字	版 次	2010 年 10 月第 1 版
购书热线	010-58581118	印 次	2023 年 12 月第 17 次印刷
咨询电话	400-810-0598	定 价	15.00 元

本书如有缺页、倒页、脱页等质量问题,请到所购图书销售部门联系调换。

版权所有 侵权必究

物 料 号 30963-00

组编前言

21世纪是一个变幻莫测的世纪,是一个催人奋进的时代。科学技术飞速发展,知识更替日新月异。希望、困惑、机遇、挑战,随时都有可能出现在每一个社会成员的生活之中。抓住机遇,寻求发展,迎接挑战,适应变化的制胜法宝就是学习——依靠自己学习、终身学习。

作为我国高等教育组成部分的自学考试,其职责就是在高等教育这个水平上倡导自学、鼓励自学、帮助自学、推动自学,为每一个自学者铺就成才之路。组织编写供读者学习的教材就是履行这个职责的重要环节。毫无疑问,这种教材应当适合自学,应当有利于学习者掌握、了解新知识、新信息,有利于学习者增强创新意识、培养实践能力、形成自学能力,也有利于学习者学以致用、解决实际工作中所遇到的问题。具有如此特点的书,我们虽然沿用了"教材"这个概念,但它与那种仅供教师讲、学生听,教师不讲、学生不懂,以"教"为中心的教科书相比,在内容安排、编写体例、行文风格等方面已经大不相同了。希望读者对此有所了解,以便从一开始就树立起依靠自己学习的坚定信念,不断探索适合自己的学习方法,充分利用已有的知识基础和实际工作经验,最大限度地发挥自己的潜能,达到学习的目标。

欢迎读者提出意见和建议。

祝每一位读者自学成功。

全国高等教育自学考试指导委员会
2010年8月

总目录

普通逻辑自学考试大纲 …………………………………………………… 1

普通逻辑 …………………………………………………………………… 35

全国高等教育自学考试
行政管理学专业（独立本科段）

普通逻辑自学考试大纲

全国高等教育自学考试指导委员会　制定

出版前言

为了适应社会主义现代化建设事业的需要,鼓励自学成才,我国在20世纪80年代初建立了高等教育自学考试制度。高等教育自学考试是个人自学、社会助学和国家考试相结合的一种高等教育形式。应考者通过规定的专业考试课程并经思想品德鉴定达到毕业要求的,可获得毕业证书;国家承认学历并按照规定享有与普通高等学校毕业生同等的有关待遇。经过近30年的发展,高等教育自学考试为国家培养造就了大批专门人才。

课程自学考试大纲是国家规范自学者学习范围、要求和考试标准的文件。它是按照专业考试计划的要求,具体指导个人自学、社会助学、国家考试、编写教材、编写自学辅导书的依据。

随着经济社会的快速发展,新的法律法规不断出台、科技成果不断涌现,原大纲中有些内容过时、知识陈旧。为更新教育观念,深化教学内容方式、考试制度、质量评价制度改革,使自学考试更好地提高人才培养的质量,各专业委员会按照专业考试计划的要求,对原课程自学考试大纲组织了修订或重编。

修订后的大纲,在层次上,专科参照一般普通高校专科或高职院校的水平,本科参照一般普通高校本科水平;在内容上,力图反映学科的发展变化,增补了自然科学和社会科学近年来研究的成果,对明显陈旧的内容进行了删减。

全国考委公共管理类专业委员会组织制定了《普通逻辑自学考试大纲》,经教育部批准,现颁发施行。各地教育部门、考试机构应认真贯彻执行。

全国高等教育自学考试指导委员会
2010年8月

目　录

I　课程性质与课程目标 ·· 7
II　考核目标 ·· 8
III　课程内容与考核要求 ·· 9
 第一章　引论 ·· 9
  一、课程内容 ·· 9
  二、自学要求 ·· 9
  三、考核知识点及考核要求 ································ 9
 第二章　概念 ·· 10
  一、课程内容 ·· 10
  二、自学要求 ·· 11
  三、考核知识点及考核要求 ································ 11
 第三章　简单判断 ·· 12
  一、课程内容 ·· 12
  二、自学要求 ·· 13
  三、考核知识点及考核要求 ································ 13
 第四章　复合判断 ·· 15
  一、课程内容 ·· 15
  二、自学要求 ·· 15
  三、考核知识点及考核要求 ································ 16
 第五章　逻辑基本规律 ·· 17
  一、课程内容 ·· 17
  二、自学要求 ·· 18
  三、考核知识点及考核要求 ································ 18
 第六章　演绎推理（一）：基于词项的推理 ············ 19
  一、课程内容 ·· 19

二、自学要求 …………………………………………………………… 19
 三、考核知识点及考核要求 …………………………………………… 20
第七章 演绎推理(二):基于命题的推理 ………………………………… 21
 一、课程内容 …………………………………………………………… 21
 二、自学要求 …………………………………………………………… 21
 三、考核知识点及考核要求 …………………………………………… 22
第八章 归纳推理和类比推理 ……………………………………………… 23
 一、课程内容 …………………………………………………………… 23
 二、自学要求 …………………………………………………………… 24
 三、考核知识点及考核要求 …………………………………………… 24
第九章 论证 ………………………………………………………………… 25
 一、课程内容 …………………………………………………………… 25
 二、自学要求 …………………………………………………………… 25
 三、考核知识点及考核要求 …………………………………………… 26
Ⅳ 相关说明与实施要求 ………………………………………………… 27
 一、制定自学考试大纲的目的及其作用 …………………………… 27
 二、关于本大纲的说明 ……………………………………………… 27
 三、关于自学教材 …………………………………………………… 27
 四、对自学者和社会助学者的建议 ………………………………… 28
 五、自学方法指导 …………………………………………………… 28
 六、关于命题考试的规定 …………………………………………… 29
附录 题型举例 ……………………………………………………………… 30
后记 ………………………………………………………………………… 34

Ⅰ 课程性质与课程目标

一、课程性质

逻辑学是一门研究推理的学问,逻辑学是自然科学和人文社会科学的共同基础。普通逻辑是全国高等教育自学考试文科各相关专业的公共必修基础课。

本门课程有两个鲜明的特点:一是它的内容具有很强的理论抽象性,公式、符号、图表比较多;二是它的内容具有可操作性,包含很多思维方法、推理技巧的训练。

二、课程目标

设置本门课程的主要目标是让具有高中或高中以上文化程度的自学者比较系统地学习和掌握逻辑学的基本知识、基本理论和基本方法;通过自觉地进行分析、推理、论证等逻辑思维能力的训练,提高思维的严密性、准确性和敏捷性,增强论证的建构和评价能力;同时,为进一步学习和理解其他知识提供必要的逻辑分析工具。

II 考核目标

本大纲在考核目标中,按照识记、领会、简单应用和综合应用四个层次规定其应达到的能力要求,这四个能力层次是递进等级关系。四个能力层次的含义分别是:

识记:要求考生能够识别和记忆逻辑学的基本内容,如概念、定义、术语、形式、规则、规律、方法、原理等,并能作出正确的表述、判断和选择。

领会:要求考生能够全面领悟和理解逻辑学基本概念和基本原理,能掌握和分析有关概念和原理的区别与联系,并能根据考核的不同要求,对逻辑学的基本问题作出正确的判断、解释和说明。

简单应用:要求考生能够根据已掌握的逻辑学知识,分析思维和论证中的基本问题,得出正确的判断或结论,并能正确地把分析、推理过程表达出来。或者能运用本课程的个别知识点,简要分析和解决实际推理、论证中存在的一些简单问题。

综合应用:要求考生能够综合运用逻辑学的基本概念、基本规则、基本方法和基本原理,分析和解决推理、论证中存在的一些比较复杂的问题。或者能综合运用逻辑学的多个知识点,综合分析和解决比较复杂的推理、论证问题。

需要特别指出的是,试题的难易程度与能力层次的高低不是一个概念。试题的难易程度是指思维过程的复杂程度和分析处理的繁简、技巧。能力层次体现的是对逻辑学基本理论、基本方法的理解掌握程度,以及对逻辑学的综合应用能力,在各个能力层次中,有不同难易度的试题,切勿混淆。

III 课程内容与考核要求

第一章 引 论

一、课程内容

(一) 逻辑学的研究对象

(二) 学习逻辑的意义

1. 为人们获得新知识建立合理、坚实的基础平台;
2. 帮助人们提高推理能力;
3. 有助于提高人们的创新能力;
4. 有利于进行合乎理性的人际交流。

二、自学要求

1. 重点掌握逻辑学的研究对象。
2. 领会学习逻辑的意义,提高学习的主动性、积极性。

三、考核知识点及考核要求

(一) 逻辑学的研究对象

1. 识记:逻辑学的研究对象。
2. 领会:推理的有效性。
3. 简单应用:应用实例证明一个推理形式的无效性。

(二) 学习逻辑的意义

领会:学习逻辑的意义。

第二章 概　　念

一、课程内容

（一）概念概述
1. 什么是概念
2. 概念的内涵与外延

（二）概念的种类
1. 空概念、单独概念和普遍概念
2. 集合概念和非集合概念
3. 个体概念、性质概念和关系概念
4. 正概念和负概念

（三）概念间的关系
1. 同一关系
2. 真包含关系
3. 真包含于关系
4. 交叉关系
5. 全异关系

（四）概念的概括与限制
1. 属种关系的两个概念内涵与外延之间的反变关系
2. 概念的概括
3. 概念的限制

（五）概念的定义
1. 什么是定义
2. 定义的方法
3. 定义的种类
4. 定义的规则
5. 定义的作用

（六）概念的划分

1. 什么是划分
2. 划分的种类
3. 划分的规则
4. 划分的作用

二、自学要求

1. 了解什么是概念,理解概念的两个基本的逻辑特征:内涵和外延。
2. 识别不同种类的概念,特别是学会区分集合概念和非集合概念。
3. 理解并识别概念外延之间的各种关系,能够熟练地使用欧拉图表示两个概念外延之间的各种关系。
4. 掌握具有属种关系的两个概念内涵与外延之间的反变关系。
5. 正确掌握概括、限制、定义和划分等明确概念的逻辑方法。
6. 学会识别并纠正常见的概念方面的逻辑错误。

三、考核知识点及考核要求

(一)概念的内涵和外延
1. 识记:(1)概念。(2)概念的内涵。(3)概念的外延。
2. 领会:在具体的语言环境中正确识别某个概念的内涵和外延。

(二)概念的种类
1. 识记:(1)概念分类的不同依据。(2)集合概念和非集合概念。
2. 领会:在具体的语言环境中正确识别某个概念属于何种概念。

(三)概念间的关系
1. 识记:(1)概念外延间的五种基本关系。(2)两个概念之间的属种关系。(3)概念外延间的矛盾关系和反对关系。
2. 领会:识别给定概念外延之间的关系。

(四)欧拉图
1. 识记:(1)如何使用欧拉图表示两个概念外延之间的五种关

系。(2)如何使用欧拉图表示两个概念外延之间的矛盾关系和反对关系。

2. 领会:判定表示若干概念外延之间关系的欧拉图是否正确。

3. 简单应用:使用欧拉图表示若干概念外延之间的关系。

4. 综合应用:从给定的条件出发,推出指定概念外延之间的关系,并使用欧拉图表示出它们外延之间的关系。

(五)概念的概括与限制

1. 识记:(1)概念的概括。(2)概念的限制。

2. 领会:具有属种关系的两个概念内涵与外延之间的反变关系。

3. 简单应用:分析并确定某个具体的概括或者限制是否正确。

(六)定义

1. 识记:(1)定义。(2)定义的结构。(3)属加种差定义。

2. 领会:(1)定义的方法。(2)定义的种类。(3)定义的规则。(4)违反定义规则的逻辑错误。

3. 简单应用:(1)运用有关定义的知识分析具体的定义是否正确。(2)判定一个对象是否属于某递归定义概念的外延。

(七)划分

1. 识记:(1)划分。(2)划分的要素。

2. 领会:(1)划分的种类。(2)划分的规则。(3)违反划分规则所犯的逻辑错误。

3. 简单应用:运用有关划分的知识分析具体的划分是否正确。

第三章 简 单 判 断

一、课程内容

(一)判断概述

1. 判断及其基本特征

2. 判断与语句

3. 命题和命题形式

4. 判断的种类

（二）性质判断

1. 性质判断的结构
2. 性质判断的种类
3. 同素材的性质判断之间的真假关系
4. 性质判断主、谓项的周延性

（三）关系判断

1. 关系判断的结构
2. 关系的性质

二、自学要求

1. 掌握判断的基本概念和逻辑特征。
2. 了解什么是性质判断及性质判断的结构。
3. 正确理解性质判断量项（"有的"、"所有"）的含义,掌握各种性质判断的逻辑形式。
4. 理解同素材的判断之间矛盾关系、反对关系、下反对关系和差等关系的含义,能够正确运用对当关系由一个性质判断的真假推知其他同素材的性质判断的真假。
5. 熟记四种性质判断主、谓项的周延情况。
6. 了解什么是关系判断及关系判断的结构,掌握关系常见的逻辑性质。

三、考核知识点及考核要求

（一）判断的定义和分类

1. 识记：（1）判断。（2）判断的逻辑特征。（3）简单判断。（4）复合判断。
2. 领会：普通逻辑不研究具体判断的真假,只研究各种判断的形式以及具有这些形式的判断之间的真假关系。

（二）性质判断的定义和种类

1. 识记：(1) 性质判断。(2) 性质判断的结构。(3) 性质判断的种类及其逻辑形式。(4) 特称量词的逻辑含义。

2. 领会:把用自然语言表达的不规范的性质判断整理成标准形式的性质判断。

3. 简单应用:判定给定性质判断所属的种类。

(三)性质判断主、谓项外延之间的关系

1. 识记:根据主、谓项外延之间的关系,确定给定的性质判断的真假。

2. 领会:根据给定的性质判断的真假,确定主、谓项外延之间的关系。

3. 简单应用:(1)根据给定的性质判断的真假,画出表示主、谓项外延关系的欧拉图。(2)根据给定的主、谓项外延之间的关系,写出相应的真的性质判断。

(四)对当关系

1. 识记:(1)同素材的A、E、I、O四种判断的对当关系。(2)同素材的判断之间的矛盾关系、反对关系、下反对关系、差等关系。

2. 领会:由一个性质判断的真假确定其余三个同素材的性质判断的真假。

3. 简单应用:从已知条件出发,运用对当关系来确定给定判断的真假。

(五)性质判断主、谓项的周延性

1. 识记:A、E、I、O四种判断主项和谓项的周延情况。

2. 简单应用:(1)根据主项或谓项的周延情况,确定相应的性质判断的质或量。(2)根据性质判断主项和谓项的周延情况,画出相应判断主项概念和谓项概念外延关系的欧拉图。

(六)关系判断

1. 识记:(1)关系判断。(2)关系判断的结构。(3)自返关系、非自返关系、禁自返关系。(4)对称关系、非对称关系、禁对称关系。(5)传递关系、非传递关系、禁传递关系。

2. 简单应用:(1)确定用自然语言表达的判断是否为关系判断。(2)确定某个具体的关系属于何种关系。

第四章 复合判断

一、课程内容

（一）联言判断
1. 什么是联言判断
2. 联言判断真假的确定
（二）选言判断
1. 什么是选言判断
2. 选言判断的种类及其真假的确定
（三）假言判断
1. 什么是假言判断
2. 假言判断的种类及其真假的确定
（四）负判断
1. 什么是负判断
2. 简单判断的负判断
3. 复合判断的负判断
（五）模态判断
1. 什么是模态判断
2. 模态判断的种类
3. 模态判断之间的真假关系

二、自学要求

1. 着重理解联言判断、选言判断、假言判断和负判断的逻辑形式及其特征。

2. 重点掌握联言判断、选言判断、假言判断和负判断的真假特征和它们的真值表。

3. 能够识别各种负判断的等值判断,并在理解的基础上牢记。

4. 能够判别自然语言中复合判断的种类并能写出其逻辑形式。

5. 能够熟练使用真值表方法判定任一复合判断的逻辑值,判定两个判断是否具有等值关系。

6. 注意掌握各种模态判断及其相互关系。

三、考核知识点及考核要求

（一）联言判断

1. 识记：(1) 联言判断。(2) 联言判断的逻辑形式。

2. 领会：(1) 联言判断的逻辑特征。(2) 表达联言判断的各种自然语言形式。(3) 联言支的真假与联言判断真假之间的关系（真值表）。

3. 简单应用：根据自然语言表达的某一具体联言判断写出其逻辑形式。

（二）选言判断

1. 识记：(1) 相容选言判断的定义及其逻辑形式。(2) 不相容选言判断的定义及其逻辑形式。

2. 领会：(1) 选言支之间的相容关系和不相容关系。(2) 相容选言判断的逻辑特征及其真值表。(3) 不相容选言判断的逻辑特征及其真值表。

3. 简单应用：(1) 根据自然语言表达的某一具体选言判断写出其逻辑形式。(2) 能够判定选言支的真假与选言判断真假之间的关系。

（三）假言判断

1. 识记：(1) 假言判断。(2) 充分条件假言判断及其逻辑形式。(3) 必要条件假言判断及其逻辑形式。(4) 充分必要条件假言判断及其逻辑形式。

2. 领会：(1) 充分条件假言判断的逻辑特征及其真值表。(2) 必要条件假言判断的逻辑特征及其真值表。(3) 充分必要条件假言判断的逻辑特征及其真值表。

3. 简单应用：(1) 识别自然语言表达的某一具体假言判断的种类，并写出其逻辑形式。(2) 根据给定的前、后件的真值，确定一假言判断的真值。(3) 将一充分条件的假言判断转换成与其等值的必要条件假言判断，或者将一必要条件的假言判断转换成与其等值的充分条件假言判断。

（四）负判断

1．识记：（1）负判断。（2）负判断的逻辑形式。

2．领会：（1）各种性质判断的负判断及其等值形式。（2）常见的复合判断的负判断及其等值形式。

3．简单应用：（1）写出与给定的性质判断负判断相等值的判断。（2）写出与给定的复合判断负判断相等值的判断。

（五）真值表的判定作用

1．识记：真值表。

2．领会：运用真值表方法的步骤。

3．简单应用：（1）运用真值表方法判定一复合判断的逻辑值。（2）运用真值表方法判定两个复合判断是否具有等值关系。（3）运用真值表方法判定两个判断是否具有蕴涵关系。

4．综合应用：运用真值表方法解应用题。

（六）模态判断

1．识记：（1）模态判断。（2）常见的模态判断及其逻辑形式。

2．领会：模态判断之间的真假关系。

3．简单应用：（1）判定给定的两个模态判断之间属于何种关系。（2）已知一个模态判断的真假推知其他模态判断的真假。

第五章　逻辑基本规律

一、课程内容

（一）同一律

1．同一律的内容和要求

2．违反同一律所犯的逻辑错误

（二）矛盾律

1．矛盾律的内容和要求

2．违反矛盾律所犯的逻辑错误

（三）排中律

1. 排中律的内容和要求
2. 违反排中律所犯的逻辑错误

二、自学要求

1. 理解同一律、矛盾律、排中律这三条基本逻辑规律的内容、要求。
2. 能够运用三条基本逻辑规律来进行推理、论证。
3. 能够识别实际推理和论证中违反三条基本逻辑规律所犯的逻辑错误。

三、考核知识点及考核要求

（一）同一律

1. 识记：（1）同一律的内容和公式。（2）同一律的要求。
2. 领会：违反同一律所犯的逻辑错误。
3. 简单应用：根据同一律的内容和要求分析实际论证中的逻辑错误。

（二）矛盾律

1. 识记：（1）矛盾律的内容和公式。（2）矛盾律的要求。
2. 领会：违反矛盾律所犯的逻辑错误。
3. 简单应用：（1）确定相互矛盾或者相互反对的判断。（2）根据矛盾律的内容和要求分析实际论证中的逻辑错误。（3）根据矛盾律的内容和要求分析某一实际论证是否违反矛盾律。

（三）排中律

1. 识记：（1）排中律的内容和公式。（2）排中律的要求。
2. 领会：（1）违反排中律所犯的逻辑错误。（2）排中律和矛盾律的区别。
3. 简单应用：根据排中律的内容和要求分析实际论证中的逻辑错误。
4. 综合应用：根据同一律、矛盾律、排中律的有关知识对实际判断、推理和论证进行逻辑分析。

第六章 演绎推理(一):基于词项的推理

一、课程内容

(一)推理概述
1. 推理及其结构
2. 推理的种类
3. 推理的形式有效性及其判定

(二)直接推理
1. 基于对当关系的直接推理
2. 基于换质、换位的直接推理

(三)三段论
1. 三段论及其结构
2. 三段论的公理
3. 三段论的一般规则
4. 三段论的格
5. 三段论的式
6. 三段论的省略形式

(四)关系推理
1. 关系推理及其分类
2. 纯关系推理
3. 混合关系推理

二、自学要求

1. 熟练掌握直接推理的基本公式,能准确地判定给定的直接推理应用了何种推理方法,推理是否有效。

2. 了解三段论的定义、结构,掌握三段论的基本规则。

3. 对于自然语言表达的三段论,能正确地写出其逻辑形式,并能熟练地运用三段论的基本规则判定其推理是否有效。

4. 能运用三段论的基本规则证明三段论的导出规则和各格的特

殊规则。

5．能运用三段论的规则、格和式的有关知识补充未完成的三段论的结构式。

6．能判定常见的关系推理是否正确。

三、考核知识点及考核要求

（一）推理及其分类

1．识记：（1）推理。（2）必然性推理。

2．领会：推理的结构。

3．简单应用：（1）判定几个语句是否构成推理。（2）判定一个具体推理的前提和结论。（3）判定一个推理属于演绎推理、归纳推理还是类比推理。

（二）基于对当关系的直接推理

1．识记：对当关系推理的各种有效式。

2．简单应用：（1）识别给定的推理是否为对当关系推理。（2）识别给定的对当关系推理是否有效。

（三）基于换质、换位的直接推理

1．识记：（1）换质法、换位法的基本规则。（2）换质法和换位法的各种有效式。

2．简单应用：（1）识别给定的换质、换位推理是否有效。（2）给定一个判断连续地进行换质推理或换位推理。

（四）三段论

1．识记：（1）三段论。（2）三段论的结构。（3）三段论的基本规则。（4）三段论的格。（5）三段论的式。

2．领会：（1）识别给定的推理是否为三段论。（2）对于用自然语言表达的三段论，写出其逻辑形式，指出其格和式。

3．简单应用：（1）分析给定的三段论是否有效。（2）确定从给定的前提能否推出结论。（3）补充省略的三段论。

4．综合应用：（1）用三段论的基本规则证明三段论的导出规则或各格的特殊规则。（2）运用三段论的相关知识进行推理或者证明。

第七章 演绎推理(二):基于命题的推理

一、课程内容

(一)联言推理
1. 什么是联言推理
2. 联言推理的种类

(二)选言推理
1. 选言推理及其种类
2. 相容选言推理
3. 不相容选言推理

(三)假言推理
1. 充分条件假言推理
2. 必要条件假言推理
3. 充分必要条件假言推理

(四)二难推理
1. 什么是二难推理
2. 二难推理的形式
3. 破斥二难推理的方法

(五)模态推理
1. 根据对当方阵的模态推理
2. 根据模态判断与性质判断之间的关系进行的模态推理
3. 根据包含复合判断的模态判断之间等值关系进行的模态推理

二、自学要求

1. 着重弄懂联言推理、选言推理、假言推理和二难推理的有效推理形式、有关规则和要求,并在理解的基础上熟记。
2. 能够熟练地判别常见的复合判断推理是否有效,能够根据已知前提推出结论。
3. 能够综合运用各种复合判断推理知识解答实际的推理问题。

4.了解、把握几种常见的模态推理形式。

三、考核知识点及考核要求

（一）联言推理

1.识记:(1)联言推理。(2)联言推理的分解式。(3)联言推理的合成式。

2.简单应用:(1)分辨一联言推理是何种形式。(2)由已知联言推理的前提准确推出其结论。

（二）选言推理

1.识记:(1)选言推理。(2)相容选言推理的否定肯定式和析取引入式。(3)不相容选言推理的肯定否定式和否定肯定式。

2.领会:(1)相容选言推理的规则。(2)不相容选言推理的规则。

3.简单应用:(1)判定一选言推理是否有效。(2)由已知选言推理的前提推出其结论。

4.综合应用:结合已学过的逻辑知识,运用选言推理解应用题。

（三）假言推理

1.识记:(1)充分条件假言推理的肯定前件式、否定后件式。(2)必要条件假言推理的否定前件式、肯定后件式。(4)充分必要条件假言推理的肯定前件式、肯定后件式、否定前件式和否定后件式。

2.领会:(1)充分条件假言推理的规则。(2)必要条件假言推理的规则。(3)充分必要条件假言推理的规则。

3.简单应用:(1)判定一假言推理是否有效。(2)由给定的假言推理前提推出其结论。

4.综合应用:根据联言推理、选言推理、假言推理的知识解答应用题。

（四）二难推理

1.识记:(1)二难推理。(2)二难推理的四种有效式。

2.领会:(1)二难推理的要求。(2)破斥错误二难推理的方法。

3.简单应用:(1)判别一个二难推理属何种形式。(2)由已知二难推理的前提推出其结论。(3)根据二难推理的要求破斥一错误二难推理。

（五）模态推理

1. 识记:(1)模态推理。(2)根据模态逻辑方阵进行的模态推理公式。(3)根据模态判断与性质判断之间关系进行模态推理的公式。

2. 简单应用:(1)判定一模态推理是否有效。(2)由已知某一模态推理的前提推出其结论。

第八章 归纳推理和类比推理

一、课程内容

（一）归纳推理概述

1. 什么是归纳推理

2. 归纳推理的种类

（二）完全归纳推理

（三）不完全归纳推理

1. 简单枚举法

2. 科学归纳法

（四）探求因果联系的逻辑方法

1. 求同法

2. 求异法

3. 求同求异并用法

4. 共变法

5. 剩余法

（五）类比推理

1. 什么是类比推理

2. 如何提高类比推理结论的可靠性

3. 类比推理的作用

二、自学要求

1. 掌握归纳推理、类比推理的特点,了解归纳推理、类比推理和演绎推理的联系和区别。

2. 掌握完全归纳推理、不完全归纳推理的内容及其推理形式。

3. 掌握探求因果联系的五种逻辑方法的内容和形式。

4. 对于具体实例,能够识别其使用的是何种探求因果联系的方法。

5. 掌握类比推理的内容和形式,理解类比推理的规则和作用。

三、考核知识点及考核要求

(一)归纳推理及其种类

1. 识记:归纳推理。

2. 领会:归纳推理的种类。

(二)完全归纳推理

1. 识记:(1)完全归纳推理。(2)完全归纳推理的形式。

2. 领会:完全归纳推理的基本要求。

(三)不完全归纳推理

1. 识记:(1)不完全归纳推理。(2)简单枚举法及其基本形式。(3)科学归纳法及其基本形式。

2. 领会:提高简单枚举法结论的可靠性的基本要求。

(四)探求因果联系的逻辑方法

1. 识记:穆勒五法的内容和形式。

2. 领会:穆勒五法的特点。

3. 简单应用:对于具体实例,识别其使用的是何种探求因果联系的方法。

(五)类比推理

1. 识记:类比推理的内容及其形式。

2. 领会:(1)如何提高类比推理结论的可靠性。(2)类比推理的作用。

第九章 论 证

一、课程内容

（一）论证概述
1. 什么是论证
2. 论证的组成
3. 论证与推理的关系

（二）论证的种类
1. 演绎论证、归纳论证和类比论证
2. 直接论证和间接论证

（三）论证的规则
1. 论题必须明确
2. 论题必须保持同一
3. 论据必须真实
4. 论据的真实性不能依靠论题来证明
5. 从论据应能推出论题

（四）反驳及其方法
1. 什么是反驳
2. 反驳一个判断的方法
3. 反驳一个论证的途径

二、自学要求

1. 懂得论证的结构、论证和推理的关系。
2. 重点掌握论证和反驳的基本方法、论证的规则。
3. 识别日常论证和反驳时常犯的逻辑错误。
4. 学会分析日常论证、反驳的结构和方法，并使用论证规则对之作出评价。

三、考核知识点及考核要求

（一）论证及其组成

1．识记：(1)论证。(2)论证的组成。

2．领会：论证与推理的联系和区别。

3．简单应用：分析一个具体论证的论题、论据和论证方式。

（二）论证的种类

1．识记：(1)演绎论证。(2)归纳论证。(3)类比论证。(4)反证法。(5)选言证法。

2．简单应用：分析日常思维中一具体论证的结构，指出它所使用的论证方法。

（三）论证的规则

1．识记：(1)论证的五条规则。(2)违反论证规则常犯的逻辑错误。

2．简单应用：运用论证的规则分析某一论证所犯的逻辑错误。

（四）反驳及其方法

1．识记：(1)反驳。(2)归谬法。

2．领会：(1)驳倒了对方的论据并不等于驳倒了对方的论题。(2)驳倒了对方的论证方式也不等于驳倒了对方的论题。

3．简单应用：分析日常反驳中所使用的反驳方法。

Ⅳ
相关说明与实施要求

一、制定自学考试大纲的目的及其作用

课程自学考试大纲是根据专业考试计划的要求,结合自学考试的特点制定的,目的是对个人自学、社会助学和课程考试命题进行指导和约定。

课程自学考试大纲明确了课程自学的内容和深度、广度,规定了课程自学考试的范围和标准,是编写自学考试教材的依据,也是进行自学考试命题的依据。

二、关于本大纲的说明

本大纲是以全国高等教育自学考试指导委员会1995年7月颁布的《普通逻辑自学考试大纲》为基础而制定的。体系结构与原大纲基本一致,但是对课程内容进行了精简处理,部分内容有所调整和修改,除保留传统逻辑的主要内容之外,适当增加了现代逻辑的基础知识和基本思想,在传统逻辑的主要内容中突出有关推理的知识,压缩删减了其他内容。

三、关于自学教材

《普通逻辑》,全国高等教育自学考试指导委员会组编,杜国平主编,高等教育出版社,2010年版。

四、对自学者和社会助学者的建议

1. 本大纲规定了普通逻辑自学考试的内容范围和考核目标,是普通逻辑自学应考者和社会助学者进行学习和辅导的依据。因此,自学应考者必须认真阅读本大纲,了解大纲中规定的课程内容、自学要求、考核知识点及考核要求。社会助学者必须认真钻研本大纲,熟练地把握大纲内容及其间的内在联系,在对自学应考者进行辅导时,要着力引导和帮助他们按照大纲的规定和要求搞好自学。

2. 本大纲虽然规定了普通逻辑自学考试的课程内容,但是它是提纲挈领式的,缺乏解释、说明和具体的内容,更没有实例分析。因此,它不能代替指定的自学考试教材。无论是自学应考者,还是社会助学者,都必须在阅读本大纲的同时,认真阅读指定的教材。自学应考者要依据大纲规定的内容选读教材中的有关部分,加深对大纲内容的理解,使之具体化。社会助学者要以大纲为依据,吃透教材,帮助自学应考者深入领会教材内容。对于大纲中的重点和难点,尤其要帮助他们加以消化,把大纲和教材紧密结合起来。

3. 在使用本大纲时,要能够体现普通逻辑的特点,注重理论联系实际。自学应考者应注意避免死记硬背、囫囵吞枣,要自觉地应用学到的逻辑知识去分析和解决实际思维和推理论证中的问题。社会助学者要注意倡导理论联系实际的学风和学习方法,善于启发和帮助自学应考者把所学的逻辑知识转化为分析和解决实际问题的能力。

五、自学方法指导

要学好本门课程,在学习方法上应该做到:

第一,要认真阅读本大纲和指定的教材,在尽可能理解的基础上记住其中的基本概念、一般规则、逻辑形式,并力求了解它们之间的内在联系,以点带面、由此及彼、融会贯通。

第二,学会抽象的形式思维方法。因为逻辑学是撇开思维的具体内容,仅仅从形式结构方面来研究推理的有效性的。

第三,要认真完成教材上的练习题,并注重联系日常推理和论证的实际,将学习逻辑和应用逻辑有机地结合起来,努力把逻辑理论知识转化为思维的技能和论证的方法。

六、关于命题考试的规定

1. 考试采用笔试,考试时间为 150 分钟,用蓝(黑)色圆珠笔或钢笔作答。

2. 本课程命题考试的范围为本大纲各章所列考核知识点规定的内容。命题要注意试题的覆盖面,并适当突出重点章节的内容,加大重点内容的覆盖密度。

3. 合理安排反映不同能力层次的试题。在一份试卷中对不同能力层次要求的分数比例约为:识记占 15%,领会占 20%,简单应用占 45%,综合应用占 20%。

4. 合理安排难度结构,做到难易适中。试题难易度分为易、较易、较难、难四个等级。每份试卷中四种难易度试题的分数比例一般为:易占 20%,较易占 40%,较难占 30%,难占 10%。

5. 本课程的试题类型包括如下七种:填空题、单项选择题、双项选择题、图表题、分析题、证明题和综合题。

6. 本课程考试满分为 100 分,达到 60 分者为合格。及格者得 4 学分,获得本课程的单科合格证书。

附录
题型举例

一、填空题

1. 从"蝴蝶"过渡到"虎凤蝶",是对"蝴蝶"这个概念的_____。
2. 同素材的 SAP 与 SOP 之间是_____关系。

二、单项选择题

1. 由"在北京工作的有些是南京人"推出"有些南京人在北京工作"属于(　　)。
   A. 换质法推理　　　　　　B. 换位法推理
   C. 换质位法推理　　　　　D. 换位质法推理
2. 余涌的研究生同学都在西秦大学任教,谢华是余涌的研究生同学。陈飞是西秦大学的教授,西秦大学中某些教工来自安徽。西秦大学是研究型大学,西秦大学所有教师都是博士。

   据此,可以推出(　　)。
   A. 谢华是博士　　　　　　B. 余涌有一些研究生同学不是博士
   C. 谢华来自安徽　　　　　D. 陈飞与余涌是研究生同学

三、双项选择题

1. 当 S 类与 P 类具有(　　)关系或(　　)关系时,SEP 为假,但 SOP 为真。
   A. 全同　　　　　　　　　B. S 真包含 P

C. S 真包含于 P　　　　　　D. 交叉
E. 全异
2. 下列关系中属于非对称并且传递的关系是(　　)和(　　)。
A. 整数之间的不小于关系　　B. SAP 中的 S 和 P 之间的 A 关系
C. 判断间的反对关系　　　　D. 判断间的矛盾关系
E. 概念间的全同关系

四、图表题

请列出 p∨q、p→q 两个判断形式的真值表,并回答 p∨q 是否蕴涵 p→q。

五、分析题

梧桐树是阔叶树,因此,梧桐树不是常绿树。

对上述省略三段论,指出其大项、小项和中项,将被省略部分恢复,并说明它是三段论中的哪一部分。

六、证明题

设 A、B、C 分别为有效三段论的前提和结论,D 是与结论 C 相矛盾的性质判断。试证 A、B、D 中肯定判断必是两个。

七、综合题

甲、乙、丙、丁争夺一名围棋赛冠军,已知下列 A、B、C 三种说法中,有且只有一种说法正确。问:谁夺得冠军?请写出推导过程。

A:冠军或是甲或是乙。
B:如果冠军不是丙,那么冠军也不是丁。
C:冠军不是甲。

题型举例参考答案

一、填空题

1. 限制　　　　　2. 矛盾

二、单项选择题

1. B　　　　　　2. A

三、双项选择题

1. BD　　　　　2. AB

四、图表题

p	q	p∨q	p→q	(p∨q)→(p→q)
1	1	1	1	1
1	0	1	0	0
0	1	1	1	1
0	0	0	1	1

由上表可知,p∨q 不蕴涵 p→q。

五、分析题

大项:常绿树,小项:梧桐树,中项:阔叶树。被省略的部分:阔叶树都不是常绿树。它是三段论的大前提。

六、证明题

因为 D 是与结论 C 相矛盾的性质判断,因此 D 与 C 中有且仅有一个否定判断。

假设否定判断为 D,则 C 为肯定判断,根据三段论的基本规则五可知,前提 A、B 均为肯定判断,在此种情况下,A、B、D 中肯定判断是两个。

假设否定判断为 C,则 D 为肯定判断,根据三段论的基本规则四和五可知,前提 A、B 中有且仅有一个为否定判断,在此种情况下,A、B、D 中肯定判断也是两个。

综上所述,A、B、D 中肯定判断必是两个。

七、综合题

冠军是丁。这是因为:

如果说法 A 不正确,那么冠军既不是甲也不是乙,冠军是丙或者丁,由此可得,说法 C 是正确的;如果说法 C 不正确,那么冠军是甲,这样说法 A 是正确的。所以,说法 A 和说法 C 中至少有一个是正确的,但是根据题干可知,三种说法中有且只有一种说法正确。由此可见,说法 B 必定是错误的。因此可得:冠军不是丙,而是丁。

后 记

《普通逻辑自学考试大纲》是全国高等教育自学考试委员会根据公共管理类专业考试计划组织制定的。

本大纲的编写负责人是杜国平(南京大学、中国社会科学院)。参加编写的还有邵强进(复旦大学)、刘奋荣(清华大学)、余俊伟(中国人民大学)。初稿完成后,由杜国平统稿。2010年7月,全国高等教育自学考试指导委员会公共管理类专业委员会在南京召开了审稿会,应邀到会的有陈爱华教授(东南大学)、苏向荣教授(南京信息工程大学)、马雷教授(东南大学),陈爱华教授担任主审。在认真听取审稿意见的基础上,最后由杜国平修改定稿。

全国高等教育自学考试指导委员会
公共管理类专业委员会
2010年8月

全国高等教育自学考试指定教材
行政管理学专业（独立本科段）

普 通 逻 辑

编者的话

《普通逻辑》由全国高等教育自学考试指导委员会组织编写。

全国高等教育自学考试教材《普通逻辑》由杜国平担任主编,邵强进、张晴担任副主编。参加本书编写工作的人员有(按音序排列):杜国平(南京大学、中国社会科学院)、郭美云(西南大学)、刘奋荣(清华大学)、马亮(广西大学)、邵强进(复旦大学)、王义(南京大学)、余俊伟(中国人民大学)、张晴(安阳师范学院)。

参加本教材审稿讨论会并提出修改意见的有东南大学陈爱华教授、南京信息工程大学苏向荣教授、东南大学马雷教授。南京大学研究生王彩玲、吴齐兴对本书进行了认真、细致的校对、审核工作。在此对他们的辛勤工作一并表示衷心的感谢!

杜国平

2010 年 8 月

目 录

第一章 引论 43
  第一节 逻辑学的研究对象 43
  第二节 学习逻辑的意义和方法 46
  第三节 逻辑学简史 48
  本章小结 53
  复习思考题 53
  练习题 53

第二章 概念 55
  第一节 概念概述 55
  第二节 概念的种类 59
  第三节 概念间的关系 65
  第四节 概念的概括与限制 72
  第五节 概念的定义 76
  第六节 概念的划分 87
  本章小结 90
  复习思考题 91
  练习题 92

第三章 简单判断 101
  第一节 判断概述 101
  第二节 性质判断 106
  第三节 关系判断 116
  本章小结 120
  复习思考题 121
  练习题 121

第四章 复合判断 126

第一节	联言判断	127
第二节	选言判断	129
第三节	假言判断	133
第四节	负判断	140
第五节	模态判断	146
本章小结		151
复习思考题		151
练习题		152

第五章 逻辑基本规律 … 156

第一节	同一律	156
第二节	矛盾律	160
第三节	排中律	163
本章小结		167
复习思考题		167
练习题		167

第六章 演绎推理(一):基于词项的推理 … 172

第一节	推理概述	172
第二节	直接推理	177
第三节	三段论	183
第四节	关系推理	200
本章小结		204
复习思考题		205
练习题		205

第七章 演绎推理(二):基于命题的推理 … 213

第一节	联言推理	213
第二节	选言推理	216
第三节	假言推理	221
第四节	二难推理	230
第五节	其他常用的有效推理形式	235
第六节	公理系统	240

第七节　模态推理 …………………………………………… 242
　　本章小结 ……………………………………………………… 245
　　复习思考题 …………………………………………………… 246
　　练习题 ………………………………………………………… 246

第八章　归纳推理和类比推理 ……………………………………… 254
　　第一节　归纳推理概述 ……………………………………… 254
　　第二节　完全归纳推理 ……………………………………… 255
　　第三节　不完全归纳推理 …………………………………… 257
　　第四节　探求因果联系的逻辑方法 ………………………… 260
　　第五节　类比推理 …………………………………………… 270
　　本章小结 ……………………………………………………… 273
　　复习思考题 …………………………………………………… 274
　　练习题 ………………………………………………………… 274

第九章　论证 ………………………………………………………… 280
　　第一节　论证概述 …………………………………………… 280
　　第二节　论证的种类 ………………………………………… 284
　　第三节　论证的规则 ………………………………………… 289
　　第四节　反驳及其方法 ……………………………………… 294
　　本章小结 ……………………………………………………… 300
　　复习思考题 …………………………………………………… 301
　　练习题 ………………………………………………………… 301

参考文献 ……………………………………………………………… 306
附录　各章练习题参考答案 ………………………………………… 307
　　第一章　引论 ………………………………………………… 307
　　第二章　概念 ………………………………………………… 307
　　第三章　简单判断 …………………………………………… 310
　　第四章　复合判断 …………………………………………… 314
　　第五章　逻辑基本规律 ……………………………………… 318
　　第六章　演绎推理（一）：基于词项的推理 ………………… 319
　　第七章　演绎推理（二）：基于命题的推理 ………………… 324

第八章　归纳推理和类比推理 ………………………………… 325
第九章　论证 …………………………………………………… 327

第一章
引 论

第一节 逻辑学的研究对象

一、什么是逻辑

汉语中的"逻辑"一词是英语单词"logic"的音译,而"logic"则来源于古希腊语"λόγος"(逻各斯)。在古希腊语中,"λόγος"指的是蕴藏于宇宙之中、支配宇宙并使宇宙具有形式和意义的绝对的神圣之理。古希腊关于逻各斯的概念至迟在公元前6世纪即由哲学家赫拉克利特(Herakleitos)提出,其后的斯多葛学派(Stoic school)哲学家认为,逻各斯是蕴藏在宇宙万物之中的理性、灵性的本原,是智慧、自然、神和宇宙的灵魂。

"logic"一词在英文中主要有以下几种用法:(1)关于推理的科学和方法,即逻辑学;(2)有逻辑性,有条理性;(3)有必然性的。

"logic"一词传入中国可以追溯到明末。《亚里士多德辩证法概论》是17世纪初葡萄牙的高因盘利大学耶稣会士的逻辑学讲义,其中的上篇由明末学者李之藻翻译到中国,译名为《名理探》,这开了西方逻辑学传入中国的先河。"logic"一词传入中国,曾经被译为名学、名辩学、名理学、理则学等等,现在,人们一般译为"逻辑"。

现在,"逻辑"一词在汉语中有着非常广泛的使用,其含义非常丰富。概括起来,主要有以下几种用法:(1)思维规律。如"他的想法符合逻辑"。(2)客观规律。如"事物发展有其自身的逻辑"。(3)看问题的特殊方法或者视角。如"这是强盗的逻辑"。(4)一门研究推理的规律和方法的学问,即逻辑学。

在本书中,我们基本上是在"逻辑学"的意义上使用"逻辑"一词,相信读者能够识别在不同的语境中"逻辑"一词的不同含义。

二、什么是逻辑学

逻辑学是研究推理有效性的学问,是研究如何区分正确推理和不正确推理的方法和原理的学问。

推理是思维的基本形式之一。一方面,一个完整的推理是由若干判断构成的,其中作为推理出发点的判断称为推理的前提,作为推理结果的判断称为推理的结论。一个完整的判断是由若干概念构成的,其中包括判断的主项、判断的谓项和判断的联项。另一方面,若干推理又可以构成一个论证或者反驳。正因为如此,逻辑学在重点研究推理的同时,还研究与之相关的概念、判断、论证和反驳等等。

正如思维通常是通过语言来表达一样,推理通常是通过若干语句来表达的。同理,判断一般是通过语句来表达,而概念则通过语词来表达,论证则通过句群来表达。

逻辑学按其不同的发展阶段,可以分为传统逻辑和现代逻辑两个阶段。传统逻辑通常指的是由亚里士多德(Aristotle)于公元前4世纪所创立的,经过中世纪和近代的发展演变而逐渐形成的,直至19世纪中期、现代逻辑产生以前的欧洲逻辑学体系。现代逻辑通常指的是19世纪末、20世纪初发展起来的以形式化方法研究推理及其规律的逻辑学体系。传统逻辑研究的内容包括概念、判断、推理、论证等等,现代逻辑通常研究推理的有效性问题。传统逻辑通常使用自然语言来研究推理问题,现代逻辑通常使用形式语言来研究推理问题。尽管研究的对象、研究的手段有所不同,但核心都是研究推理的有效性问题。

在我国,普通逻辑指的是以传统逻辑知识为主要内容、吸收某些现代逻辑初步知识的逻辑课程体系。

三、逻辑学的研究对象

逻辑学主要研究推理的有效性问题。所谓推理的有效性,指的是推理的形式有效性。

1. 什么是推理的形式

所谓推理形式,指的是推理的前提和结论在形式上的联系方式。

例 1.1.1

(1) 如果 9 是 6 的倍数,那么它能被 2 整除,

所以,如果 9 不能被 2 整除,那么它不是 6 的倍数。

(2) 如果玄想能获得财富,那么空想家都成了大富翁,

所以,如果空想家并没有都成为大富翁,那么玄想不能获得财富。

如果我们不考虑基本句子的内部结构,只以基本句子为单位来进行分析,那么上面的两个推理,尽管内容不同,但是它们的推理形式是相同的,都是如下的推理形式:

如果 p,那么 q,

所以,如果并非 q,那么并非 p。

2. 什么是推理的形式有效性

所谓一个推理是形式有效的,指的是对于一个推理形式假设其前提是真的,则其结论一定也是真的。

例 1.1.1 的推理形式就是有效的,因为通过本书的学习,我们将会发现,不论其中的 p、q 是什么内容,只要前提是真的,则结论一定也是真的。

例 1.1.2

如果 8 大于 5,那么 8 大于 4。

所以,如果 8 大于 4,那么 8 大于 5。

例 1.1.2 的推理就不是有效的,因为其推理形式不是有效的。

例 1.1.2 的推理形式是:

如果 p,那么 q,

所以,如果 q,那么 p。

我们可以很容易地发现,在下面的例1.1.3中,前提是真的,但结论是假的。例1.1.3中的推理和例1.1.2的推理的推理形式是相同的。

例1.1.3

  如果8大于9,那么8大于7。
  所以,如果8大于7,那么8大于9。

逻辑学研究的核心内容就是区分哪些推理是有效的,哪些推理是无效的。

第二节 学习逻辑的意义和方法

在现代社会生活中,逻辑学受到了人们越来越充分的认识和重视。在公务员招录考试、全国硕士研究生入学统一考试 MBA、MPA、MPAcc以及 GRE、GMAT、LSAT 等各类人才选拔的综合能力考试中都安排了大量的逻辑学内容。作为一名学生,学习好逻辑对于提高个人素质、提升个人的未来发展空间都具有非常重要的作用。

具体说来,学习逻辑的意义主要包括如下几个方面:

1. 为人们获得新知识建立合理、坚实的基础平台。

人类的知识包罗万象,这些知识是分为不同层次的。其中有些知识的获得必须以更为基本的知识的获得为前提。1974年联合国教科文组织规定的七大基础学科依次为数学、逻辑学、天文学和天体物理学、地球科学和空间科学、物理学、化学、生命科学。由此可见,逻辑学在人类整个知识结构中的基础地位。哥德尔(Gödel)说,逻辑是一门优先于所有其他科学的科学,它包含所有其他科学的基本观念和原理。

同时,由于逻辑学主要研究推理的有效性问题,因此它也非常有利于人们发现矛盾、消除矛盾,从而建立合理的知识系统。爱因斯坦就曾经说过,科学家的目的是要得到关于自然界的一个逻辑上前后一贯的摹写;逻辑之对于他,有如比例和透视规律之对于画家一样。怀特海(Whitehead)也说,没有逻辑就没有科学。

2. 帮助人们提高推理能力。

奎因(Quine)说过,逻辑最显著的目的是推论的辩护和批判。逻辑不仅是一门科学,它还是一种艺术。我们通过对逻辑的学习,一旦掌握了推理的方法和技能,就可以建构巧妙的、富有说服力的论证。同时,通过对逻辑的学习,可以进一步提高我们的分析能力,从而辨别、驳斥形形色色的诡辩。

3. 有助于提高人们的创新能力。

逻辑学不仅有助于我们学习新知,而且有助于我们发现新知、创造新知。1953年爱因斯坦在致斯威泽(Switzer)的信中谈到科学的起源时指出:"西方科学的发展是以两个伟大的成就为基础,那就是:希腊哲学家发明形式逻辑体系(在欧几里得几何学中),以及通过系统的实验发现有可能找出因果关系(在文艺复兴时期)。"[①]科学的生命在于不断的创新,逻辑是科学创新不可或缺的基石之一。

4. 有利于进行合乎理性的人际交流。

逻辑是理性的基础和核心之一,逻辑素养的普遍提高有利于人们更加理性地交流思想。塔尔斯基(Tarski)明确指出,逻辑知识的广泛传播可以积极地加快人类关系的正常化过程。因为,一方面,由于使概念的意义在其自身范围内精确并一致起来,以及由于强调这样的精确性和一致性在任何其他领域中的必要性,逻辑就使得所有愿意交流的人们都可能彼此很好地交流。另一方面,由于思想工具的完全化与敏锐化,它使人们更有批判性——因而他们就不大容易为似是而非的推论引入歧途。而现在在世界各地他们不断有被这种似是而非的推论引入歧途的危险。[②]

逻辑学是一门比较抽象但是也非常有趣的学问,学习逻辑开始时需要下认真、细致的工夫,待到渐入堂奥,你就会体会到它的妙趣。具体说来,学习好逻辑,需要注意以下几点:

[①] 许良英、范岱年编译:《爱因斯坦文集》(第一卷),北京:商务印书馆,1976年,574页。

[②] 塔尔斯基著,周礼全等译:《逻辑与演绎科学方法论导论》,北京:商务印书馆,1963年,序言。

1. 反复研读教材。可以先通读一遍,不大明白的标记下来,首先要了解普通逻辑的基本内容和体例。第二遍再逐篇认真细读,不懂的地方各个击破。第三遍抓住重点,有针对性地研读。如此反复。

2. 注意循序渐进,力求融会贯通。逻辑学是一门系统性很强的学问,学习时要注意前后关联。

3. 加强练习。逻辑学有很多可操作的推理技术,这些技术需要反复练习才能掌握。因此应该完成教材中的练习,这样才能熟能生巧。

4. 切忌临时抱佛脚。只是看看大纲、背背概念是不能学好逻辑学的,应该充分利用点滴时间,扎扎实实地用心学习。

第三节 逻辑学简史

一、早期:逻辑学的萌芽

逻辑思想的发源地主要有三个,即古代中国、古印度和古希腊。

1. 古代中国

中国早在春秋战国时期,就产生了逻辑思想的萌芽。当时周王室逐渐衰微,各诸侯国之间征战不休,中国社会正经历着巨大的变动。不同地域、不同阶层、不同利益集团的人们纷纷提出自己解决社会动乱的主张,学术上也出现了"百家争鸣"的局面。各家各派为了宣传自己的主张、驳斥别派的观点,必然要对论辩的原则、方法等进行探讨、总结。当时将讨论名实关系、论辩析理的学问称之为名辩之学。这个时期甚至出现了一个专门从事名辩学研究的学派——名家。中国古代的名辩之学包含非常丰富的逻辑思想,先秦名辩之学是中国逻辑思想的萌芽。

名家的创始人是邓析,他提出"刑名之治"和"两可之说",是中国古代名辩思想的开拓者。儒家创始人孔子提出著名的"正名学说",强调"名不正,则言不顺;言不顺,则事不成;事不成,则礼乐不兴;礼乐不兴,则刑罚不中;刑罚不中,则民无所措手足。"这标志着中国古代名辩之学的萌芽。墨家创始人墨子把"谈辩"列为一门专门的学问和职业,进一步推动了名辩之学的发展。

先秦时期,名辩之学的主要内容比较集中地体现在后期墨家、荀子、韩非子等人的著作中。后期墨家比较全面地总结了前人的名辩成果,写出了中国历史上第一部名辩学著作《墨经》①,构建了一个完整的名辩学体系。这标志着中国古代名辩学的创立。《墨经》一书总结了辩的六项作用,提出了或、假、效、辟、侔、援、推等七种不同的推理形式,并具体说明了这些推理形式可能发生的谬误及其原因。荀子的《正名》篇则详细论述了制名的各项原则,区分了名实混淆的不同类型并给出了相应的揭露诡辩的方法。名家代表人物惠施、公孙龙则进一步把名辩研究引上了纯理论的轨道,公孙龙非常精细地分析了名称与所指之间的关系。韩非子在形名问题上提出了"形名参同"、"参伍之验"的理论,他提出的"自相矛盾"之说,非常巧妙地揭示了矛盾律的实质。

秦汉之后,中国名辩之学走向沉寂,历经两千余年,没有大的创造性发展。梁启超在《墨经校释·序》中对于中国学术曾经满怀感慨地说:"欧洲之逻辑,创自亚里士多德,后墨子可百岁,然代有增损改作,日益光大,至今治百学者咸利赖之。《墨经》则秦汉以降,漫漫长夜,兹学既绝,则学者徒以空疏玄渺肤廓模棱破碎之说相高,而智识界之榛塞穷饿,乃极于今日。吁,可悲已。"

2. 古印度

古代印度教派林立,论辩之风盛行,产生了以论辩为主题的论究学。经过苏拉巴(Sulabha)等人的努力,树立了公允、合理的论辩精神。约公元前550年前后,美达悌西·乔达摩(Medhatithi Gautama)拓展了论究学中的逻辑方面,使之成为一门论辩的艺术。因明是古代印度逻辑的一个主要流派。因指原因或理由,明指学问或学说,因明即是关于原因或理由的学问。公元400年左右,弥勒(Maitreya)写了一部涉及论辩术的著作《瑜伽师地论》,该书被称为因明的"第一部正式论著"。弥勒的学生无著(Asanga)、无著的兄弟世亲(Vasubandhu)都写了大量有价值的因明著作。他们认为一个证明可分为八个部分,即宗、因、喻、

---

① 《墨经》包括《墨子》中的《经上》、《经下》、《经说上》、《经说下》、《大取》、《小取》六篇。

合、结、现量、譬喻和圣教量。其中前五个部分构成一个比量,也称为五支论式。五支论式的形式如下:

(1) 宗:声是无常
(2) 因:所作性故
(3) 喻:譬如瓶等
(4) 合:瓶有所作性,瓶是无常;声有所作性,声是无常
(5) 结:故声是无常

陈那(Dignaga)被公认为因明的代表人物。他的因明思想体现在《集量论》、《因明正理门论》等著作之中。其中《因明正理门论》尤为重要,它标志着新因明的建立,其主要特征是改五支论式为三支论式。三支论式的形式如下:

(1)宗:声是无常
(2)因:所作性故
(3)喻:若是所作,见彼无常,譬如瓶等;若是其常,见非所作,譬如空等。

陈那之后,对因明作出较大贡献的还有商羯罗主(Sankara Svamin)、法称(Dharmakirti)等。商羯罗主是陈那的弟子,主要因明著作有《因明入正理论》。法称继承并发展了陈那的理论,主要因明著作有《释量论》、《正理滴论》等。

公元10世纪之后,随着佛教在印度的衰落,因明研究也走向沉寂,没有大的发展。

3. 古希腊

公元前7世纪至公元前6世纪,希腊建立了许多奴隶制的城邦国家。此时古希腊也处于"百家争鸣"的时期,当时辩论之风盛行,产生了论辩术。到公元前3世纪,古希腊哲学家亚里士多德集前人研究之大成,创立了逻辑学。他最主要的逻辑著作是《工具论》,包括《范畴篇》、《解释篇》、《前分析篇》、《后分析篇》、《论辩篇》和《辩谬篇》等六篇。亚里士多德建立了系统的形式逻辑体系。其主要内容包括:(1) 概念、范畴、定义理论,(2) 判断及其种类,判断之间的对当关系理论,(3) 判断的换位理论,(4) 三段论系统,(5) 模态逻辑,主要是模态

三段论理论,(6)辩论的方法及驳斥诡辩的方法。在亚里士多德之后,泰奥弗拉斯托斯(Theophrastus)、盖仑(Galen)等进一步发展了三段论理论。由于亚里士多德的逻辑理论主要以概念(词项)的研究为基础,所以人们也将他的逻辑理论称为"词项逻辑"。

泰奥弗拉斯托斯、麦加拉学派(Megaric school)和斯多葛学派比较深入地研究了命题逻辑。麦加拉学派的欧布利得斯(Eubulides)讨论了"说谎者"等悖论问题,狄奥多鲁斯(Diodorus Cronus)讨论了时态命题,菲洛(Philo)首次对蕴涵进行真值函项解释,克里希波斯(Chrysippus)则进一步对蕴涵、合取、不相容析取和否定进行真值函项的解释。

二、中期:逻辑学的发展

在欧洲中世纪,逻辑同语法、修辞、数学等学科一起,被列为学校教育的必修课程。比如西班牙的彼得(Peter of Spain)著有《逻辑大全》,出了150版,使用了近300年。因此,这一时期逻辑学在欧洲得到了非常广泛的传播,甚至成为一种学术传统。

中世纪的经院哲学家们进一步发展了逻辑学。他们的工作主要包括:(1)完善了三段论的四个格;(2)对复合命题进行真值函项解释,发展了推论学说;(3)进一步发展了模态逻辑;(4)比较细致地讨论了各种悖论问题。

文艺复兴之后,归纳逻辑得到了很大的发展。英国哲学家弗兰西斯·培根(Francis Bacon)在其著作《新工具》中,提出了"三表法"和"排除法"的归纳方法。所谓"三表"即"具有表"、"差异表"和"程度表"。运用"三表法"和"排除法"可以发现事物之间的因果联系。培根之后,英国哲学家穆勒(Mill)进一步发展了培根的归纳思想,提出了著名的"穆勒五法",即求同法、求异法、求同求异并用法、共变法和差异法。

三、现代:现代逻辑的诞生和发展

17世纪末,德国哲学家莱布尼兹(Leibniz)提出建立"普遍语言"和"思维演算"的思想。他说:"我将作出一种'通用代数',在其中,一切推理的正确性将化归为计算。它同时又将是通用语言,但却和目前现有的一切语言完全不同;其中的字母和字将由推理来确定;除却事实的错误之外,所有的错误将只由计算失误而来。"①此后,英国逻辑学家布尔(Boole)建立了布尔代数。布尔代数可以作命题逻辑的解释,这部分地实现了莱布尼兹的"思维演算"的思想。德摩根(De Morgan)创立了关系逻辑理论。这些都为逻辑学的高度发展奠定了基础。1879年,德国逻辑学家弗雷格(Frege)发表了《概念文字——一种按算术公式构成的纯思维的符号语言》,建立了第一个现代逻辑演算系统,这标志着现代逻辑的诞生。

到了20世纪,现代逻辑获得了极大的发展。(1)英国逻辑学家罗素(Russell)、怀特海等人进一步发展了弗雷格的工作,建立了命题演算和谓词演算系统。各种不同的现代逻辑公理系统也不断出现。(2)逻辑元理论研究不断深入。特别是哥德尔在1930年的博士论文中证明了一阶谓词逻辑的完全性,标志着现代逻辑基础理论的成熟。(3)建立了各种各样的非经典逻辑系统。(4)现代逻辑与计算机科学、人工智能、语言学等学科的交叉研究不断深入,逻辑应用研究也得到了广泛展开。

今天,现代逻辑已经发展成为一个非常庞大的学科门类。它主要包括如下的学科分支:

1. 纯逻辑:(1)基础理论:主要包括通常所说的"两算四论",即命题演算、谓词演算、集合论、递归论、模型论、证明论等。(2)拓展研究:主要包括各种各样的变异逻辑系统,即直觉主义逻辑、弗协调逻辑、多值逻辑、模糊逻辑、相干逻辑、自由逻辑等。

2. 应用逻辑:主要研究某一学科领域的推理理论,主要有模态逻辑、时态逻辑、量子逻辑、道义逻辑、认知逻辑等。

3. 逻辑应用及其与其他学科的交叉等:主要包括逻辑与智能、逻辑与语言、逻辑与社会、逻辑哲学、逻辑思想史等。

---

① 郑毓信:《现代逻辑的发展》,沈阳:辽宁教育出版社,1989年,第8页。

▣ **本章小结**

逻辑学是研究推理有效性的学问,是研究如何区分正确推理和不正确推理的方法和原理的学问。推理的有效性指的是推理的形式有效性。而推理形式指的是推理的前提和结论在形式上的联系方式。一个推理是有效的,指的是对于一个推理形式而言,假设其前提是真的,则结论也一定是真的。

学习逻辑学具有非常重要的意义。这主要体现在:(1)为人们获得新知识建立合理、坚实的基础平台;(2)帮助人们提高推理能力;(3)有助于提高人们的创新能力;(4)有利于建立合乎理性的人际关系。

逻辑思想的发源地主要有三个,即古代中国、古印度和古希腊。逻辑在中国、印度都未有持续的发展,只有在西方逻辑历经数千年的日积月累,不断发扬光大,成为其学术、文化的传统。

本章学习的重点是:(1)逻辑学的研究对象,(2)学习逻辑学的意义。

▣ **复习思考题**

1. 逻辑学的研究对象是什么?
2. 学习逻辑学有什么意义?
3. 逻辑学产生、发展的概况。

▣ **练习题**

1. 判断下列推理是否有效。

1.01 长城既是中国的,又是世界的。所以,长城是世界的。

1.02 只有风调雨顺,今年粮食才能大丰收。所以,今年粮食大丰收。

1.03 如果 π 是无理数,那么 2π 也是无理数;2π 是无理数。所以,π 是无理数。

1.04 如果你不是秃子,那么掉一根头发,你还不是秃子;你不是秃子,那么再掉一根头发,你仍然不是秃子;……。所以,如果你不是秃子,那么即使你的头发都掉了,你还不是秃子。

2. 构造一个形式相同的推理,证明下列推理是无效的。

2.01 如果山是青的,那么水是绿的。所以,山是青的。

2.02 只有蝴蝶,才如此美丽;它是蝴蝶。所以,它如此美丽。

2.03 屈原或者是大诗人,或者是爱国者。所以,屈原既是大诗人,又是爱国者。

2.04 如果你认真自学,那么你能通过该门课程的考核。所以,如果你不认真自学,那么你不能通过该门课程的考核。

第二章

概　　念

第一节　概念概述

一、什么是概念

概念是反映思维对象及其特有属性或者本质属性的思维形式。

自然界的日月星辰、山川草木，人世间的悲欢离合、喜怒哀乐，都可以进入我们的认识领域，成为我们的思维对象。任何思维对象都具有各种各样的性质，如颜色、形状、动态等等。思维对象与思维对象之间还存在着各种各样的关系，如大小、远近、同异等等。思维对象的性质以及思维对象之间的关系统称为思维对象的属性。使得一(类)对象之所以成为该(类)对象并使其与其他对象相区别的属性称为该(类)对象的特有属性或者本质属性。如"亚里士多德"这个概念就反映了它所反映的对象具有下列特有性质或者关系：《工具论》的作者、马其顿国王亚历山大的老师、曾经师从于柏拉图的古希腊哲学家等等。

概念是思维的起点，是组成判断和推理的基本要素。

例 2.1.1

　　春风朝煦，萧艾蒙其温；秋霜宵坠，芝蕙被其凉。是以威以齐物为肃，德以普济为弘。①

---

① 陆机：《演连珠五十首》。

在例2.1.1中,由"春"、"风"、"朝"、"煦"等概念组成了六个判断,由"春风朝煦"、"萧艾蒙其温"等判断组成了一个推理。

一般情况下,作为思维形式之一的概念是通过语词来表达的。有些概念通过一个词来表达,如"紫"、"蝴蝶"等;有些概念通过若干个词或词组来表达,如"东南沿海"、"力拔千斤之气概"等。语词是概念的语言形式,而概念是语词的思想内容。

但是语词与概念并不是一一对应的。

第一,不是所有的语词都表达概念。一般而言,汉语中的实词,如名词、动词、形容词等是表达概念的。不能单独充当句子成分的虚词,如助词、叹词等,一般不表达概念。

例2.1.2

(1) 噫吁嚱,危乎高哉!蜀道之难难于上青天。①

(2) 上邪!我欲与君相知,长命无绝衰。山无陵,江水为竭,冬雷震震,夏雨雪,天地合,乃敢与君绝。②

在例2.1.2的句子中,"危"、"高"、"上"、"我"、"欲"等实词是表达概念的,而"噫吁嚱"、"乎"、"哉"、"邪"等虚词只是表达情感或者语气的词语,并不表达概念。

第二,从理论上讲,所有的概念都可以用语词来表达,而实际上有些概念并没有恰当的语词来表达它。如"哀家"一词是古时戏曲里死了丈夫的皇后的自称。今天,由于社会环境的变化,在现代汉语中已经没有表达这一概念的语词了。再如,今天广为使用的语词"互联网"所表达的概念在古汉语中并没有与之相应的语词。又如,中国哲学中的"太极"③一词所表达的概念在英语中也没有与之相应的语词。

第三,同一个概念可以使用不同的语词来表达。如英语"all men are created equal"和汉语"人人生而平等"两个句子中的"men"和"人"

---

① 李白:《蜀道难》。
② 《汉乐府·上邪》。
③ 《易经·易传·系辞上》:是故易有太极,是生两仪,两仪生四象,四象生八卦,八卦定吉凶,吉凶生大业。孔颖达疏:太极谓天地未分之前,元气混而为一,即是太初、太一也。

就表达同一个概念。即使在同一种语言中,同一个概念也可以由完全不同的语词来表达。

例 2.1.3

(1) 相传番茄最早生长在南美洲,因色彩娇艳,人们对它十分警惕,视为"狐狸的果实",只供观赏,不敢品尝。

(2) 西红柿属茄科,为一年生蔬菜,在我国各地均有栽培。其果实营养丰富,具特殊风味。可以生食、煮食,也可加工制成番茄酱。

(3) 草树知春不久归,百般红紫斗芳菲。杨花榆荚无才思,惟解漫天作雪飞。①

(4) 谢太傅寒雪日内集,与儿女讲论文义。俄而雪骤,公欣然曰:"白雪纷纷何所似?"兄子胡儿曰:"撒盐空中差可拟。"兄女曰:"未若柳絮因风起。"②

在上述例子中,"西红柿"和"番茄"、"杨花"和"柳絮"均表达相同的概念。

第四,同一个语词可以表达不同的概念。

例 2.1.4

(1) 土地平旷,屋舍俨然,有良田、美池、桑竹之属。阡陌交通,鸡犬相闻。其中往来种作,男女衣着,悉如外人。③

(2) 布已论输骊山,骊山之徒数十万人,布皆与其徒长豪桀交通,乃率其曹偶亡之江中为群盗。④

(3) 他抬头一看,是李大叔。李大叔是区上的交通员,常在雨来家落脚。⑤

(4) 南京乃六朝古都,交通发达,经济繁荣。

由于时代的变化、语境的不同,同一个语词"交通"在上面四句话

---

① 韩愈:《晚春》。
② 刘义庆:《世说新语·言语》。
③ 陶渊明:《桃花源记》。
④ 司马迁:《史记·黥布列传》。
⑤ 管桦:《小英雄雨来》。

中表达着相互不同的概念:(1)交错相通,(2)结交,勾结,(3)抗日战争和解放战争时期的通讯和联络工作,(4)各种运输和邮电事业的总称。

正因为如此,我们在谈论概念时,通常考虑的是一个特定语境中的语词所表达的概念。比如我们不讨论单独的"道"这个语词所表达的概念,一般讨论的是"道可道,非常道"[①]、"道生一,一生二,二生三,三生万物"[②]等句子中的"道"所表达的概念。

尽管概念是思维形式,语词是语言形式,但是为了叙述方便,在下文针对概念的有关论述中,我们将不再区分语词及其所表达的概念。比如不再说"'令人心醉的绿'所表达的概念是一个属性概念",而直接说"'令人心醉的绿'是一个属性概念"。

二、概念的内涵与外延

任何概念都有两个基本的逻辑特征,即内涵和外延。要准确地理解一个概念,就必须准确地理解这个概念的内涵和外延。

1. 什么是概念的内涵

概念的内涵就是反映在概念中的对象的特有属性或者本质属性。如"人之初,性本善"中的"人"这个概念的内涵包括"能制造生产工具"、"能使用生产工具"、"能进行生产活动"、"有语言"、"能思维"等性质。再如"$\triangle ABC$ 与 $\triangle DEF$ 相似"中的"相似"这个概念的内涵包括"两个三角形的对应边成比例"、"两个三角形的对应角相等"等关系。

2. 什么是概念的外延

概念的外延就是具有概念所反映的特有属性或者本质属性的对象所组成的集合(或者类)。如"人生自古谁无死,留取丹心照汗青"中的"人"这个概念的外延就包括颜真卿、岳飞、文天祥、夏完淳等等一个个具体的人。有些概念的外延只有一个单独的事物,如"黄山在安徽省"中的"黄山"这个概念的外延就只有一个对象。有些概念的外延有两

---

① 老子:《道德经·第一章》。
② 老子:《道德经·第四十二章》。

个或者两个以上的事物,如"中国有很多世界著名的文化遗产"中的"世界著名的文化遗产"这个概念的外延就包括故宫、长城、苏州园林等等。特别地,有些概念的外延为空集,即具有概念所反映的属性或者关系的对象并不存在,这类概念一般称为空概念。如"小于100能被101整除的正整数"、"2010年来自地球的载人火星飞船"均为空概念。

第二节 概念的种类

从概念的内涵和外延方面依据不同的划分标准,可以将概念分为不同的种类。

一、空概念、单独概念与普遍概念

依据概念外延的大小,可以将概念分为空概念、单独概念和普遍概念。

1. 空概念

外延为空集的概念称为空概念。

例 2.2.1

(1) 曾经有许多人尝试制造永动机,但是都失败了。

(2) 18 世纪的中国总统是一位爱好数学的哲学家。

(3) 太阳系的第三大恒星永远放射着湛蓝色的光芒。

(4) 方的圆具有非常优美的几何形状。

上面例子中的"永动机"、"18 世纪的中国总统"、"太阳系的第三大恒星"和"方的圆",其所描述的对象均不存在,因此都是空概念。空概念是相对于一定的谈论范围(论域)而言的,如上面例子中的空概念都是相对于现实世界而言的,它们在现实世界中不存在。

2. 单独概念

外延只有一个对象的概念称为单独概念。

例 2.2.2

(1) 拿破仑的军队在比利时滑铁卢被英国威灵顿公爵带领的反法盟军击败。

（2）滚滚长江东逝水，浪花淘尽英雄。是非成败转头空。青山依旧在，几度夕阳红。

（3）埃菲尔铁塔设计新颖独特，是世界建筑史上的杰作。

（4）喜马拉雅山上的珠穆朗玛峰是世界最高的山峰。

（5）写作《沉思录》的罗马帝国皇帝是一位哲学家。

（6）人类历史上第一次伤亡人数超过千万的战争可能发生在公元十三世纪。

上面例子中的"拿破仑"、"长江"、"埃菲尔铁塔"、"世界最高的山峰"、"写作《沉思录》的罗马帝国皇帝"、"人类历史上第一次伤亡人数超过千万的战争"都是单独概念。

表达单独概念的语词有两种。一种是专有名词，如上例中的"拿破仑"、"长江"、"埃菲尔铁塔"。一类是摹状词，如上面例子中的"世界最高的山峰"、"写作《沉思录》的罗马帝国皇帝"、"人类历史上第一次伤亡人数超过千万的战争"。所谓摹状词就是以某一对象的特征性质来指称该对象的词语。

3. 普遍概念

外延包括一个以上对象的概念称为普遍概念。

例 2.2.3

（1）泰山是海拔超过1000米的山峰。

（2）寸性奇是在中条山战役中壮烈殉国的高级将领之一。

（3）大学之道，在明明德，在亲民，在止于至善。①

上面例子中"海拔超过1000米的山峰"、"在中条山战役中壮烈殉国的高级将领"、"大学"、"道"和"明德（光明正大的品德）"都是普遍概念。

二、集合概念与非集合概念

依据概念所反映的对象是否集合体，可以将概念分为集合概念和非集合概念。

---

① 《大学》。

1. 集合概念

所反映的对象是一个集合体的概念称为集合概念。

例 2.2.4

(1) 西沙群岛风景优美、物产丰富。

(2) 一位驾机飞越秘鲁南方安第斯山脉上空的飞行员发现了纳斯卡巨画。

(3) 汉语可能是世界上词汇最丰富的语言。

(4) 黑森林位于德国西南部,黑森林大部分被松树和杉木覆盖。

上面例子中"西沙群岛"、"山脉"、"词汇"、"森林"都是集合概念。集合概念所反映的集合体,指的是由若干同类个体组成的统一整体。例如"西沙群岛"就是由"永兴岛"、"东岛"、"中建岛"等若干岛屿组成的一个整体。集合体与组成该集合体的个体之间是整体与部分的关系。因此,集合体所具有的性质未必为其中的每一个个体所具有,例如"风景优美、物产丰富"性质未必为"西沙群岛"中的每一个岛屿所具有。

特别需要注意的是,这里所提到的"集合"概念与集合论中的"集合"概念是两个不同的概念,不能混淆。

2. 非集合概念

所反映的对象不是一个集合体的概念称为非集合概念。

例 2.2.5

(1) 刘公岛是中国近代第一支海军——北洋水师的诞生地。

(2) 群山如海、丹崖耸翠的齐云山风景名胜区,位于安徽省休宁县。

(3) "维"是《诗经》中经常出现的一个词语。

(4) 面包树因果实经烤制后风味和面包相近而得名。

上面例子中的"岛"、"山"、"词语"、"树"都是非集合概念。

因为集合概念所反映的集合体是由若干同类个体组成的统一整体,因此每一个集合概念都有与之相对应的"类"概念,如与例 2.2.4 中的"群岛"、"山脉"、"词汇"、"森林"这些集合体概念相对应的"类"

概念是"岛"、"山"、"词语"、"树"。这些"类"概念是非集合概念中的普遍概念,因此这些"类"概念所反映的属性必定为属于这个"类"的每一个个体所具有。如"被水环绕面积较小的陆地"这一"岛"的属性也必定为"桃花岛"、"台湾岛"、"刘公岛"等每一个具体的岛所具有。

同一个语词在不同的句子中可能有时表达的是集合概念,有时表达的是非集合概念。

例 2.2.6

(1) 爱斯基摩人是生活在北极地区的土著民族,主要分布在格陵兰、美国、加拿大和俄罗斯等地。

(2) 生活在澳大利亚的科特是一位爱斯基摩人。

例(1)中的"爱斯基摩人"是一个集合概念,例(2)中的"爱斯基摩人"是一个非集合概念。

辨别一个概念是集合概念还是非集合概念,要看这个概念所反映的对象是否集合体。一个基本的方法是看这个概念所反映的属性是否为这个概念所涉及的每一个个体所具有。如果这个概念所反映的属性为这个概念所涉及的每一个个体所具有,则这个概念通常是非集合概念。如果这个概念所反映的属性未必为这个概念所涉及的每一个个体所具有,则这个概念通常是集合概念。在例 2.2.6(1)中的"生活在北极地区的土著民族"、"主要分布在格陵兰、美国、加拿大和俄罗斯等地"等属性并不为每一个爱斯基摩人所具有,而例 2.2.6(2)中的"爱斯基摩人"所具有的属性一定为任一个像"科特"这样的爱斯基摩人所具有。

如果不能准确地区别集合概念和非集合概念,就容易犯"集合体误用"的逻辑错误。

例 2.2.7

大熊猫是世界上最珍贵的动物之一,主要分布在中国四川省周围的崇山峻岭之中。某动物园的"雅奇"是一只大熊猫。因此"雅奇"是世界上最珍贵的动物之一。

在例 2.2.7 中,"大熊猫是世界上最珍贵的动物之一"中的"大熊猫"是一个集合概念,而"某动物园的'雅奇'是一只大熊猫"中的"大熊猫"是一个非集合概念。在上述推理中,错误地将这两个不同的概念当作同一个概念,这就犯了"集合体误用"的逻辑错误。

三、个体概念、性质概念与关系概念

依据概念所反映的是个体、性质还是关系可以将概念分为个体概念、性质概念和关系概念。

1. 个体概念

所反映的对象是一个个体的概念称为个体概念。

例 2.2.8

（1）哈德良长城是罗马帝国占领不列颠时修建的,从建成直到弃守,它一直是罗马帝国的西北边界。

（2）仙后座是天空北部的一个星座,和大熊座隔着北极星遥遥相对,其中五颗主要恒星可以连接成 W 形。

上面例子的"哈德良长城"、"仙后座"都是个体概念。

2. 性质概念

所反映的对象是个体性质的概念称为性质概念。

例 2.2.9

（1）日出江花红胜火,春来江水绿如蓝。[①]

（2）雨中山果落,灯下草虫鸣。[②]

上面例子中的"红"、"绿"、"落"、"鸣"都是性质概念。个体的性质包括颜色、状态等等方面,因此性质概念还可以进一步分为颜色概念、状态概念等等。"红"、"绿"是颜色概念,"落"、"鸣"是状态概念。

3. 关系概念

所反映的对象是个体与个体之间的关系的概念称为关系概念。

例 2.2.10

（1）人固有一死,或重于泰山,或轻于鸿毛。[③]

[①] 白居易:《忆江南》。
[②] 王维:《秋夜独坐》。
[③] 司马迁:《报任安书》。

(2) 苏州在南京和上海之间。

在上例中,"重于"、"轻于"、"在……和……之间"都是关系概念。依据关系所涉及的个体的多少,可以将关系概念分为二元关系概念、三元关系概念等。涉及两个个体之间关系的概念称为二元关系概念,如"重于"、"红于"等等;涉及三个个体之间关系的概念称为三元关系概念,如"在……和……之间"等。特别地,性质概念也可以称为一元关系概念。

判断关系概念是几元关系概念,其关键是看这个概念涉及几个个体。如"落霞与孤鹜齐飞"中的"与……齐飞"涉及两个个体之间的关系,因此是二元关系概念。而"花谢花飞飞满天"中的"飞"只涉及一个个体,因此是一元关系概念,即性质概念。判断关系概念是多少元关系概念的一个简单办法是看表达该概念的语词要和多少个表达个体概念的语词结合形成句子。如对于概念"红于",有了两个个体概念如"霜叶"、"二月花"就能形成句子"霜叶红于二月花",因此"红于"是一个二元关系概念。

个体概念是和性质概念、关系概念相对而言的,同一个语词在不同的句子中可能有时表达的是个体概念,有时表达的是性质概念或者关系概念。

例 2.2.11

(1) 善良的皇后以她的德行赢得了人们的尊重。

(2) 善良、诚实和谦逊一样,都是君子应该具备的美德。

在例(1)中,"善良"是一个性质概念;在例(2)中相对于性质概念"美德"而言,"善良"、"谦逊"都是个体概念。

四、正概念与负概念

依据概念所反映的对象是否具有某种属性,可以将概念分为正概念和负概念。

1. 正概念

反映对象具有某种属性的概念称为正概念。

例 2.2.12

(1) 律己之道在于温、良、恭、谦、让。
(2) 教师应该成为主流价值观的引导者。
(3) 有动物"建筑师"和古脊椎动物"活化石"之称的河狸处于濒临灭绝的境地。

上例中的"温"、"良"、"主流"和"脊椎动物"都是正概念。

2. 负概念

反映对象不具有某种属性的概念称为负概念。

例 2.2.13
(1) 银行的不良资产主要指不良贷款,俗称呆坏账。
(2) 特殊的个性化符号往往都是一些非主流符号。
(3) 桃花水母是一种非常珍稀的无脊椎动物。

上例中的"不良"、"非主流"和"无脊椎动物"都是负概念。

负概念一般都带有否定词,如"不"、"非"、"无"等。但是带有"不"、"非"、"无"的概念并非都是负概念。

例 2.2.14
(1) 冬不拉是一种哈萨克族民间流行的弹拨乐器。
(2) 韩非子是战国末期韩国人,是中国古代法家思想的代表人物。
(3) 南无阿弥陀佛。

上面例子中的"冬不拉"、"韩非子"、"南无"都不是负概念。

负概念总是相对于特定范围而言。如"无脊椎动物"其论域是"动物",指的是除"脊椎动物"之外的"动物",而决不包括"脊椎动物"之外的诸如"铅笔"、"蜡烛"等不是"动物"的事物。

第三节 概念间的关系

对于 A、B 两个概念,其外延之间可能存在如下五种关系:同一关系、真包含关系、真包含于关系、交叉关系和全异关系。

在本节中,两个概念之间的关系指的是两个概念外延之间的关系。为了叙述方便,我们直接用 A、B 来分别表示具有概念 A、概念 B 属性的

对象的集合,即用 A、B 来分别表示概念 A、概念 B 的外延。为了直观,我们用圆来表示一个概念的外延,图示如下:

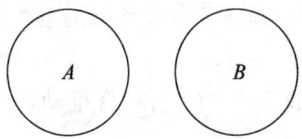

一、同一关系

概念 A 与概念 B 之间有同一关系,当且仅当概念 A 与概念 B 的外延完全相同。

例 2.3.1

(1) 太白金星即金星,它是天空中除日月之外肉眼能看到的最亮的天体。黎明时分出现在东方的金星被称为"启明星",也叫"晨星";黄昏时分出现在西方的金星被称为"长庚星",也叫"昏星"。

(2) 偶数指的是能被 2 整除的整数。

上面例子中的"太白金星"、"金星"、"启明星"、"长庚星"、"晨星"、"昏星"几个概念之间是同一关系,它们指称的都是同一颗星。"能被 2 整除的整数"和"偶数"其外延完全相同,也是同一关系。

使用不同的词语表达外延相同的概念,增加了语言表达的灵活性。这在汉语的古诗词中表现得尤其明显:

例 2.3.2

(1) 制芰荷以为衣,集芙蓉以为裳。①

(2) 菡萏香销翠叶残,西风愁起碧波间。还与韶光共憔悴,不堪看。细雨梦回鸡塞远,小楼吹彻玉笙寒。多少泪珠无限恨,倚栏杆。②

(3) 毕竟西湖六月中,风光不与四时同。接天莲叶无穷碧,映

---

① 屈原:《离骚》。
② 李璟:《浣溪沙》。

日荷花别样红。①

（4）倾国倾城恨有馀,几多红泪泣姑苏,倚风凝睇雪肌肤。吴主山河空落日,越王宫殿半平芜,藕花菱蔓满重湖。②

（5）远而望之,皎若太阳升朝霞;迫而察之,灼若芙蕖出渌波。③

上面例子中"芙蓉"、"菡萏"、"荷花"、"藕花"、"芙蕖"几个概念之间都是同一关系。

A、B两个概念之间的同一关系如下图所示：

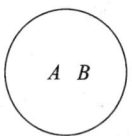

上述这种表示两个概念外延之间关系的图一般称为欧拉图。

外延上具有同一关系的两个概念其内涵未必相同,如前述例子中的"长庚星"和"启明星"其内涵就不同。再如"土豆"和"马铃薯"这两个概念不仅外延相同,其内涵也相同,只是词语表达不同而已,一个是日常用名,一个是学名。

例2.3.3

维多利亚办完公务,已经夜深。来到卧室前,她敲了敲门。

她的丈夫阿尔伯特亲王在里面问："谁？"

她习惯地回答："我是女王！"

门没有开,她犹豫了一下,又敲了敲门。

里面又问："谁？"

她客气地答道："维多利亚！"

门还是没有开,她徘徊了一阵,又敲了敲门。

里面再次传来声音："谁？"

女王温柔地答道："你的妻子。"

---

① 杨万里：《晓出净慈送林子方》。
② 薛昭蕴：《浣溪沙》。
③ 曹植：《洛神赋》。

这一次,门打开了……。①

在上面例子中,"女王"、"维多利亚"、"你的妻子"的外延相同,但是内涵不同,具有不同的表达效果。

二、真包含关系

概念 A 与概念 B 之间有真包含关系,当且仅当,对于任一对象 x,如果 x 属于 B,则 x 也属于 A;并且存在对象 y,y 属于 A 但是不属于 B。

如在例 2.3.1(2)中,"整数"和"偶数"之间就是真包含关系。因为所有的偶数都是整数,但是有些整数不是偶数。

例 2.3.4

清雅脱俗的兰花深受国人的喜爱。兰花在我国有非常悠久的栽培历史,其种类繁多。根据开花的季节不同兰花大致可以分为春兰、蕙兰、建兰、寒兰、墨兰等。春兰,花期在早春,一茎一花,色泽淡黄泛绿或草绿、翠绿色。春兰因产地不同而各有特征,又可分为江浙春兰、河南春兰、湖北春兰等。蕙兰,又称九节兰,初夏开花,一茎能开七八朵甚至十余朵,色泽浅黄。建兰,因产于福建而得名,花香浓烈,一朵花可使满室芳香馥郁,一般初花期为 6 月,其间能多次开花,直至寒露。寒兰,花茎细长,每茎着花数朵,花色有紫、青、黄、白、桃红等多种颜色,通常花期在冬季。墨兰,又称报岁兰,年末至岁初开花,多分布于广东、福建,花色紫黑,故称墨兰。

在上例中,"兰花"与"春兰"、"蕙兰"、"建兰"、"寒兰"、"墨兰"等概念之间是真包含关系,"春兰"与"江浙春兰"、"河南春兰"、"湖北春兰"等概念之间、"花色"和"桃红"、"紫黑"等概念之间也都是真包含关系。

A、B 两个概念之间的真包含关系如下图所示:

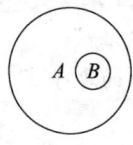

---

① 郑伟宏:《逻辑与智慧新编》,北京:北京大学出版社,2007 年,第 21 页。

如果概念 A 与概念 B 之间有真包含关系,外延大的概念 A 称为属概念,外延小的概念 B 称为种概念。如在上述"兰花"与"春兰"一对概念中,"兰花"是属概念,"春兰"是种概念;在"春兰"与"湖北春兰"一对概念中,"春兰"是属概念,"湖北春兰"是种概念。

三、真包含于关系

概念 A 与概念 B 之间有真包含于关系,当且仅当,对于任一对象 x,如果 x 属于 A,则 x 也属于 B;并且存在对象 y,y 属于 B 但是不属于 A。

如在上面例 2.3.4 中,"春兰"和"兰花"之间、"草绿"与"色泽"之间都有真包含于关系。实际上,如果概念 A 与概念 B 之间有真包含关系,则概念 B 与概念 A 之间有真包含于关系。

A、B 两个概念之间的真包含于关系如下图所示:

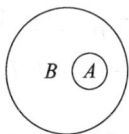

如果概念 A 与概念 B 之间有真包含于关系,则概念 A 为种概念、概念 B 为属概念。如在"草绿"与"色泽"之间,"草绿"是种概念,"色泽"是属概念。

四、交叉关系

概念 A 与概念 B 之间有交叉关系,当且仅当,(1) 存在对象 x,x 既属于 A 又属于 B;(2) 存在对象 y,y 属于 A 但是不属于 B;(3) 存在对象 z,z 属于 B 但是不属于 A。

例 2.3.5

国画按题材分主要有人物画、花鸟画、山水画等等,按技法分主要有工笔画和写意画。文人画是国画的一种,泛指中国封建社会时期文人、士大夫所作之画,以别于民间画工和宫廷画院职业画家的绘画。近代陈衡恪认为:"文人画有四个要素:人品、学问、才情和思想,具此四者,乃能完善。"姚茫父对文人画给予了很高的评价"唐王右丞(维)援诗入画,然后趣由笔生,法随意转,言不必宫商而邱山皆韵,义不必比兴而草木成吟。"历代文人画对中国画的美学思想以及对工笔、写意等技法的发展,都有相当大的影响。

在上例中,"人物画"和"工笔画"之间、"花鸟画"和"写意画"之间、"文人画"和"花鸟画"之间、"写意画"与"文人画"之间都是交叉关系。

A、B两个概念之间的交叉关系如下图所示:

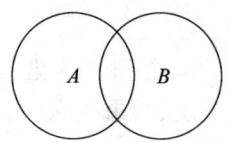

五、全异关系

概念A与概念B之间有全异关系,当且仅当,对于任一对象x,如果x属于A,则x不属于B;如果x属于B,则x不属于A。简言之,概念A与概念B的外延完全不同。

例2.3.6

(1)生当作人杰,死亦为鬼雄。至今思项羽,不肯过江东。①

(2)昔我往矣,杨柳依依。今我来思,雨雪霏霏。②

上面例子中的"生"与"死"之间、"人"与"鬼"之间、"往"与"来"之间、"杨"与"雨"之间、"柳"与"雪"之间都是全异关系。

A、B两个概念之间的全异关系如下图所示:

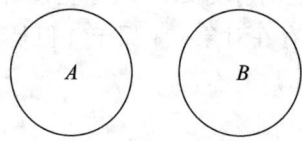

相对于它们的属概念C,A、B两个概念之间的全异关系还可以进

---

① 李清照:《夏日绝句》。
② 《诗经·采薇》。

一步分为矛盾关系和反对关系。

1. 矛盾关系

如果具有全异关系的两个概念 A、B 的外延之和等于它们的属概念 C 的外延,那么称 A、B 两个概念之间(相对于属概念 C)有矛盾关系。

例 2.3.7

(1) 此时无声胜有声。

(2) 经验包括两种,一种是直接经验,一种是间接经验。

(3) 学生不得在机动车道上使用滑板、旱冰鞋等滑行工具,但可以在非机动车道上使用。

上面例子中,"无声"和"有声"之间(相对于"课堂状态")、"直接经验"和"间接经验"之间(相对于"经验")、"机动车"和"非机动车"之间(相对于"车辆")都有矛盾关系。

相对于属概念 C,A、B 两个概念之间的矛盾关系如下图所示:

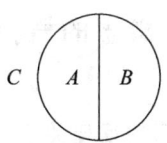

2. 反对关系

如果具有全异关系的两个概念 A、B 的外延之和小于它们的属概念 C 的外延,那么称 A、B 两个概念之间(相对于属概念 C)有反对关系。

例 2.3.8

(1) 劳动光荣,盗窃可耻。

(2) 唐诗、宋词、元曲是中国文学史上三道绚烂的风景。

(3) 依据形态结构、进化发展及血缘关系等因素,蝴蝶可以分为凤蝶、粉蝶、斑蝶、喙蝶等。

上面例子中,"劳动"和"盗窃"之间(相对于"收获方式")、"唐诗"和"宋词"之间(相对于"中国文学")、"凤蝶"和"喙蝶"之间(相对于"蝴蝶")都有反对关系。

相对于属概念 C,A、B 两个概念之间的反对关系如下图所示：

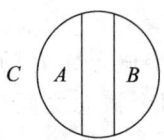

A、B 两个概念的外延如果存在相同的部分,则称 A、B 两个概念之间有相容关系;A、B 两个概念的外延如果不存在相同的部分,则称 A、B 两个概念之间有不相容关系。可总结如下：

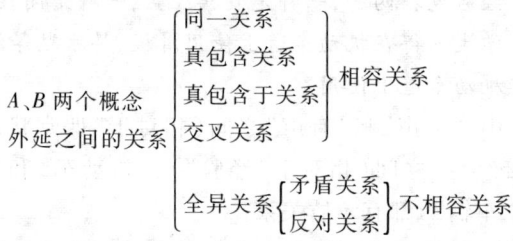

第四节　概念的概括与限制

一、概念内涵与外延之间的反变关系

概念的内涵与外延是相互依存的。具有属种关系的两个概念,其内涵与外延之间存在着反变关系。即：一个概念的内涵越多,则它的外延越小;一个概念的内涵越少,则它的外延越大。反之,一个概念的外延越大,则它的内涵越少;一个概念的外延越小,则它的内涵越多。

例 2.4.1

（1）三角形包括直角三角形和非直角三角形,直角三角形包括等腰直角三角形和非等腰直角三角形。

（2）水果种类很多,一般可分为仁果、核果、浆果和坚果等几类。在仁果类果肉中,分布有不带硬壳的种仁,故称为仁果,如苹果、梨、柿子、柑橘等。在核果类果肉中,带有一木质硬核,核内有种仁,故称为核果,如桃、杏、枣子、樱桃等。浆果类果肉成熟后呈浆液状,故称浆果,浆果一般种仁小而多,如葡萄、猕猴桃、草莓等。

坚果类水果含水量很少,其果外部为一硬壳,壳内可食部分就是种仁,如核桃、栗子、白果等。

在上面例子中,"三角形"、"直角三角形"、"等腰直角三角形"之间依次存在着属种关系,其内涵越来越丰富,而其外延也越来越小。同样,在"水果"、"仁果类水果"、"苹果"之间也依次存在着属种关系,其外延越来越小,而其内涵也越来越丰富。

概念内涵与外延之间的反变关系,只存在于具有属种关系(真包含关系)或者种属关系(真包含于关系)的概念之间,并且这种反变关系只是一种大体的趋势,并不是十分严格的数学关系。

依据属种概念之间的这种反变关系,我们可以对概念进行概括和限制,以达到明确概念的目的。

二、概念的限制

概念的限制是通过增加概念的内涵、缩小概念的外延来明确概念的一种逻辑方法。

例2.4.2

一个外国人,毫无利己的动机,把中国人民的解放事业当作他自己的事业,这是什么精神?这是国际主义的精神,这是共产主义的精神,每一个中国共产党党员都要学习这种精神。……我们大家要学习他毫无自私自利之心的精神。从这点出发,就可以变为大有利于人民的人。一个人能力有大小,但只要有这点精神,就是一个高尚的人,一个纯粹的人,一个有道德的人,一个脱离了低级趣味的人,一个有益于人民的人。①

在上面例子中,"国际主义的精神"、"共产主义的精神"都是对"精神"的限制,通过这种限制,明确了白求恩的精神实质所在。"高尚的人"、"纯粹的人"、"有道德的人"、"脱离了低级趣味的人"和"有益于人民的人"都是对"人"的限制,通过这种限制,明确了一个人应该成为什么样的人。

---

① 毛泽东:《纪念白求恩》。

对概念进行限制的基本方法是由属概念增加内涵过渡到相应的种概念。在汉语表达中,限制通常有两种方法。一种是给属概念增加限定词的方法,如上例中将"精神"限制为"国际主义的精神"。一种是由外延较大的属概念直接过渡到外延较小的种概念的方法,如例 2.4.1(2)中由"水果"到"坚果"再到"白果"。

但是,在属概念前面增加限定词并非都是增加概念的内涵,有时只是为了强调该概念反映的某一方面的属性,如在"侵略战争"前面增加"不得人心的"得到"不得人心的侵略战争"其内涵并没有增加,因此外延也没有缩小。

对属概念进行限制,其极端是单独概念。当对单独概念再增加内涵时,一般并不能减少该概念的外延。如对"鲁迅"增加内涵得到"《野草》作者鲁迅",并没有减少其外延,这两个概念的外延始终都是同一个人。

对属概念进行限制所增加的内涵不能与该属概念已有的属性相冲突,否则就会犯"限制不当"的逻辑错误。

例 2.4.3

(1) 这是一种神奇的偏方,是一种能够医治各种疑难杂症的偏方。

(2) 小李幼时父母离异,成年后走上犯罪道路,他的犯罪是值得同情的犯罪。

在上面例子中,将"偏方"限制为"能够医治各种疑难杂症的偏方"、将"犯罪"限制为"值得同情的犯罪"都犯了"限制不当"的逻辑错误。

三、概念的概括

概念的概括是通过减少概念的内涵、扩大概念的外延来明确概念的一种逻辑方法。

例 2.4.4

(1) 过失犯罪也是犯罪。

(2) 京剧、江南丝竹都是非物质文化遗产。

(3) 语言学和心理学既属于自然科学又属于社会科学。

在上面例子中,"犯罪"是对"过失犯罪"的概括,通过这一概括,指出了"过失犯罪"的严重性。"非物质文化遗产"是对"京剧"、"江南丝竹"的概括,通过这种概括,明确了"京剧"和"江南丝竹"的共同属性。"自然科学"、"社会科学"都是对"语言学"、"心理学"的概括,通过这种概括,明确了"语言学"和"心理学"共同的学科特性。

对概念进行概括的基本方法是由种概念减少内涵过渡到相应的属概念。在汉语表达中,概括通常有两种方法。一种是给种概念减少限定词的方法,如将"东方古代哲学"概括为"哲学"、"过失犯罪"概括为"犯罪"。一种是由外延较小的种概念直接过渡到外延较大的属概念的方法,如例 2.4.4(3) 中由"语言学"到"自然科学"、由"心理学"到"社会科学"。

例 2.4.5

楚王张繁弱之弓,载忘归之矢,以射蛟、兕于云梦之圃,而丧其弓。左右请求之。王曰:"止!楚人遗弓,楚人得之,又何求乎?"仲尼闻之曰:"楚王仁义而未遂也。亦曰人亡弓,人得之而已,何必楚!"①

在上例中,通过由"楚王"到"楚人"再到"人"的不断概括,"仁义"的境界也随之而提升。

对种概念进行概括,其极端是最一般的普遍概念。当对最一般的普遍概念再减少内涵时,一般并不能增加该概念的外延。

例 2.4.6

(1) 有一种哲学认为,世界是由运动的物质组成的。

(2) 世界上只有正在被认识或者将要被认识的存在之物,而没有不能被认识的存在之物。

---

① 语出《公孙龙子·迹府》。这段话大意为:楚王张开良弓,搭上好箭,在云梦的场圃打猎,结果把弓弄丢了。随从们请求去找。楚王说:"不用了。楚国人丢了弓,楚国人拾了去,又何寻找呢?"孔子听到了说:"楚王是够仁义的了,但是还没有做到家。还可以说人丢了弓、人拾了去就是了,何必要说楚国呢?"

如果对上面例子中的"运动的物质"和"存在之物"这两个概念减少其内涵得到"物质"和"物"这两个概念,其外延并没有增加,只是概念变得更加抽象而已。

对种概念进行概括,种概念的外延必须包含于概括后得到的属概念的外延之中,否则就会犯"概括不当"的逻辑错误。

例 2.4.7

(1)狡辩的"辩证法"也是辩证法。

(2)植物的生长,要吸收水、氮、磷、钾等肥料。

(3)猿人也是人,我们应该充分尊重它们的生存权。

在上面例子中,将"狡辩的'辩证法'"概括为"辩证法"、将"水"概括为"肥料"、将"猿人"概括为"人"都犯了"概括不当"的逻辑错误。

第五节 概念的定义

一、什么是定义

定义就是以确切、简明的语句揭示概念的内涵或者外延的逻辑方法。

例 2.5.1

(1)伯罗奔尼撒战争是以雅典为首的提洛同盟与以斯巴达为首的伯罗奔尼撒联盟之间的一场战争。

(2)中国的五岳名山指的是东岳泰山、西岳华山、南岳衡山、北岳恒山和中岳嵩山。

上面例(1)是概念"伯罗奔尼撒战争"的定义,它用"以雅典为首的提洛同盟与以斯巴达为首的伯罗奔尼撒同盟之间的一场战争"揭示了"伯罗奔尼撒战争"的特有属性。例(2)是概念"中国的五岳名山"的定义,它用"东岳泰山、西岳华山、南岳衡山、北岳恒山和中岳嵩山"揭示了"中国的五岳名山"的外延。

定义一般由被定义项、定义项和定义联项三部分组成。

被定义项是需要揭示其内涵或外延的概念,如上面例子中的"伯罗奔尼撒战争"、"中国的五岳名山"都是被定义项。

定义项是用来揭示被定义项内涵或外延的概念,如上面例子中的"以雅典为首的提洛同盟与以斯巴达为首的伯罗奔尼撒同盟之间的一场战争"、"东岳泰山、西岳华山、南岳衡山、北岳恒山和中岳嵩山"都是定义项。

定义联项是连接被定义项和定义项的概念,如上面例子中的"是"、"指的是"都是定义联项。

定义的结构一般可以表示为:

$$D_S \text{ 就是 } D_P。$$

其中,D_S表示被定义项,D_P表示定义项。

二、定义的方法

1. "属加种差"定义

给概念下定义的基本方法是"属加种差"的方法。

例 2.5.2

(1) 闪婚就是闪电般相识、结合的结婚方式。

(2) 控制论是研究各种系统的控制和调节的一般规律的科学。

运用"属加种差"的方法来下定义,一般分三步进行:

第一步,找出与被定义概念相邻近的属概念。如给"闪婚"、"控制论"下定义,首先找出其邻近的属概念"结婚方式"、"科学"。

第二步,找出被定义概念与该邻近属概念下其他种概念之间的差别(简称"种差")。如"闪婚"与其他"结婚方式"的差别是"闪电般相识、结合","控制论"与其他"科学"的差别是"研究各种系统的控制和调节的一般规律"。

第三步,将被定义项、种差和邻近的属概念使用定义联项连接起来形成定义,如"控制论是研究各种系统的控制和调节的一般规律的科学"。

属加种差的定义方法可用公式表示为:

$$被定义概念 = 种差 + 邻近的属概念$$

"属加种差"定义是最常用的一种定义方法,其他定义方法可以统称为非"属加种差"定义。

2. 同义定义

这是通过给出表达同一个概念的不同语词来明确概念的定义方法。

例2.5.3

(1) 俦侣:即伴侣。

(2) 吃香:即受欢迎。

(3) 玉茭:即玉米。

"俦侣"是一个书面语,"吃香"是一个口语,"玉茭"是一个方言,它们分别可以通过三个与之同义的语词"伴侣"、"受欢迎"、"玉米"来定义。

同义定义在外语学习的初期也被大量使用。如"baby"(英语)意指"小孩"、"amigo"(西班牙语)意指"朋友"等等。

3. 示例定义

这是通过列举出外延中具有代表性的一些对象来明确概念的定义方法。

例2.5.4

(1) 中国历史人物指的是项羽、铁木真、文天祥、朱元璋等等。

(2) 摩天大楼指的是诸如纽约帝国大厦、南京紫峰大厦、迪拜哈里发塔那样的高楼大厦。

这是一种不太严格的定义方法,因为它只是列举出外延中具有代表性的一些对象,没有揭示概念的全部外延,从而也不能准确概括出概念所反映的本质属性或者特有属性。所以它只是一种辅助性的定义方法。

4. 枚举定义

这是一种列举出全部外延以明确概念的定义方法。

例2.5.5

(1) 六朝指我国历史上先后建都于建康的吴、东晋、宋、齐、梁、陈等六个朝代。

（2）竹林七贤指的是晋代的阮籍、嵇康、山涛、刘伶、阮咸、向秀和王戎等七位名士。

枚举定义适用于概念的外延只是少数的、有限个对象的情况。当外延中有很多甚至是无限个对象的时候，使用枚举定义就非常困难甚至是不可能的。

5．递归定义

这是按照下述方法给出概念 A 的外延的操作性定义方法。

概念 A 的外延当且仅当有限次使用下列两条规则产生：

规则一，确定某些对象属于概念 A 的外延。

规则二，如果一些对象属于概念 A 的外延，那么由这些对象按照固定的程序产生的新的对象也属于概念 A 的外延。

例 2.5.6

一个数是自然数当且仅当它是有限次使用下列两条规则生成：

规则一，0 是自然数。

规则二，如果 x 是自然数，那么 $x+1$ 也是自然数。

按照上述定义，就给出了"自然数"这个概念的外延中的所有对象：

按照规则一，0 是自然数。

按照规则二，如果 0 是自然数，那么 1 是自然数；结合规则一可知：1 是自然数。

按照规则二，如果 1 是自然数，那么 2 是自然数；结合上述所得可知：2 是自然数。

按照规则二，如果 2 是自然数，那么 3 是自然数；结合上述所得可知：3 是自然数。

……

依次类推，可以得出"自然数"这个概念的外延是 $\{0,1,2,3,\cdots\}$。

在例 2.5.6 这个递归定义中，规则一直接指认 0 属于"自然数"的外延。规则二规定，如果 x 属于"自然数"的外延，那么按照程序 $x+1$ 产生的新的对象也属于"自然数"的外延。

值得注意的是,在递归定义的规则二中,由已知对象产生新对象的"固定的程序"在不同的递归定义中可能是不同的。

递归定义是一种非常严格的定义方法,而且它不受概念外延大小的限制,因而它在严格的科学理论系统中被经常使用。

除了上述方法之外,还有公理定义等定义方法。

三、定义的种类

依据明确概念角度的不同,定义大致可以分为内涵定义、外延定义以及内涵与外延相结合的复合定义。

例 2.5.7

(1) 宇宙速度指物体能够克服地心引力的作用离开地球进入星际空间的速度。

(2) 四书指的是《大学》、《中庸》、《论语》和《孟子》。

(3) 五帝指的是传说中的五个帝王。通常指黄帝、颛顼、帝喾、唐尧和虞舜。

上面例子中的三个定义就分别是内涵定义、外延定义和复合定义。

依据是直接明确概念还是通过明确表达概念的语词的意义来间接明确概念,定义又可以分为实质定义和语词定义。

1. 实质定义

所谓实质定义就是直接揭示概念所反映的思维对象及其特有属性或者本质属性的定义。

例 2.5.8

(1) 月球运行到地球和太阳的中间时,太阳的光被月球挡住,不能射到地球上来,这种现象叫日食。

(2) 佛教经典分为经、律、论三个部分,总称三藏。

上面例子就是对"日食"、"三藏"这两个概念的实质定义。

依据所反映的属性的不同,实质定义又可以分为性质定义、功用定义、发生定义、关系定义等。

揭示概念所反映的对象的性质的定义叫性质定义。

例 2.5.9

（1）商品就是用来交换的劳动产品。

（2）莴萝是一种一年生的草本植物,缠绕茎,叶子呈丝状,花冠细长,花为白色或红色。

揭示概念所反映的对象的功能或作用的定义叫功用定义。

例 2.5.10

（1）餐具指吃饭的用具。

（2）客厅指的是接待客人的大房间。

揭示概念所反映的对象产生或者形成的过程的定义叫发生定义。

例 2.5.11

（1）铁丝指的是用铁拉制成的丝状成品。

（2）混凝土指的是用水泥、砂、石子和水按一定比例混合制成的建筑材料。

揭示概念所反映的对象与其他对象之间的关系的定义叫关系定义。

例 2.5.12

（1）叔父指的是父亲的弟弟。

（2）两条直线平行指的是两条直线不相交。

2. 语词定义

所谓语词定义就是说明或规定语词意义的定义。语词定义又可以分为两种:说明的语词定义和规定的语词定义。

对已有确定意义的语词加以解释说明的定义叫做说明的语词定义。

例 2.5.13

（1）花旦是戏曲中旦角的一种,饰演的是性格活泼或放荡泼辣的年轻女子的角色。

（2）太后指的是帝王的母亲。

对新词或者在特定语境下使用的某个词语规定其意义的定义叫做规定的语词定义。

例 2.5.14

（1）幸福的最高境界是"三心二意":爱情称心、工作顺心、生活舒心、父母满意、子女如意。

(2) 在本文中,"命题"指的是已经获得了证明的语句。

在上面例子中,"三心二意"、"命题"与其通常的意义有所不同,都具有特定的意义,对这两个概念的定义属于规定的语词定义。

四、定义的规则

一个合适的定义,需要遵守下列规则:

1. 定义项和被定义项的外延必须是同一关系

因为定义要明确揭示被定义项的内涵或外延,因此定义项和被定义项的外延就必须完全相同,否则就违反了定义的本意了。

违反这一定义规则,就会犯"定义过窄"、"定义过宽"、"定义交叉"和"定义全异"等逻辑错误。

例 2.5.15

(1) 人指的是懂哲学、会思考的理性动物。

(2) 古生物学指的是研究各个地质时代的动物形态、生活条件及其发展的科学。

在上述定义中,因为有些人并不懂哲学,所以"懂哲学、会思考的理性动物"的外延小于"人"的外延。因为古生物学除了研究各个地质时代的动物形态、生活条件及其发展规律之外,还研究各个地质时代的植物、微生物的形态、生活条件及其发展规律,所以"研究各个地质时代的动物形态、生活条件及其发展规律的科学"的外延小于"古生物学"的外延。上述两个定义犯了"定义过窄"的逻辑错误。

例 2.5.16

(1) 人指的是能够直立行走的哺乳动物。

(2) 犯罪指的是违反法律的行为。

在上述定义中,因为"能够直立行走的哺乳动物"除了"人"之外,还有"大猩猩"等,所以"能够直立行走的哺乳动物"的外延大于"人"的外延。因为"违反法律的行为"并不一定都是"犯罪",所以,"违反法律的行为"的外延大于"犯罪"的外延。上述两个定义犯了"定义过宽"的逻辑错误。

例 2.5.17

(1) 中国公民指的是在中国出生的人。

(2) 鸟指的是在天空中飞的动物。

在上述定义中,"中国公民"既有在中国出生的,也有不是在中国出生的。同时,"在中国出生的人"既有中国公民,也有不是中国公民的。因此,"中国公民"的外延和"在中国出生的人"的外延之间是交叉关系。同样,"鸟"的外延和"在天空中飞的动物"外延之间也是交叉关系。上述两个定义犯了"定义交叉"的逻辑错误。

例 2.5.18

(1) 侍郎指的是侍候人的现代青年男子。

(2) 首义指的是最重要的意义。

上述语句作为对"侍郎"、"首义"的定义都是不正确的,都是望文生义的结果。实际上,"侍郎"是古代一种官名,"首义"指的是首先起义。"侍郎"的外延和"侍候人的现代青年男子"的外延之间、"首义"的外延和"最重要的意义"的外延之间都是全异关系。作为定义,上述两个语句犯了"定义全异"的逻辑错误。

2. 定义项不能直接或间接包含被定义项

当下定义的目的是为了明确被定义项的内涵时,如果定义项直接或间接包含了被定义项,那么定义项的内涵又需要被定义项来明确,这样就达不到明确被定义项内涵的目的。

违反这一定义规则,就会犯"同语反复"或"循环定义"的逻辑错误。

"同语反复"指的是在定义项中直接包含了被定义项。

例 2.5.19

(1) 物理学指的是研究物理的科学。

(2) 生产工具指的是生产中使用的工具。

上述两个语句作为定义,都犯了"同语反复"的逻辑错误。

"循环定义"指的是在定义项中间接包含了被定义项。

例 2.5.20

(1) 客人指的是被主人接待的人,主人指的是接待客人的人。

(2) 原因就是导致结果的事件,结果就是被原因导致的事件。

上述两个语句作为定义,都犯了"循环定义"的逻辑错误。

需要指出的是,"定义项不能直接或间接包含被定义项"是针对内涵定义而给出的。而递归定义是一种纯外延定义,因此这一规则并不适用于作为纯外延定义的递归定义。实际上,如果我们仔细分析递归定义所给出的概念外延的操作程序,就会发现递归定义并不存在"同语反复"和"循环定义"的问题。

3. 定义项中不能包含含混的概念或语词,一般不能使用比喻

如果定义项中包含了含混的概念或语词,就不能起到揭示概念内涵的作用。同样比喻作为一种修辞手法,对于揭示概念内涵只能发挥辅助性作用,并不能明确揭示概念的内涵。因此,定义项中不能包含含混的概念或语词,一般不能使用比喻。

违反这一定义规则,就会犯"定义含混"或"以比喻代定义"的逻辑错误。

例 2.5.21

(1) 风姿指的是一个人所表现出来的样子。

(2) 潘多拉星球是一颗有着天堂般景色的绝美星球。

(3) 所谓记忆就是岁月这个刻刀在大脑这块蜡版上留下的痕迹。

上述三个语句作为定义,犯了"定义含混"或"以比喻代定义"的逻辑错误。

但是对于一些含有比喻的概念下定义是可以使用比喻的。

例 2.5.22

(1) 雷动指的是声音像打雷一样。

(2) 虎踞龙盘,像虎蹲着,像龙盘着,形容地势险要。

因为"雷动"、"虎踞龙盘"本身就是含有比喻的概念,因此给它们下定义是可以使用比喻的。

4. 定义项一般不应包含负概念

因为负概念是反映对象不具有某种属性的概念,它没有反映出对象具有什么属性,因而负概念一般不能用来揭示另一正概念的内涵。

例 2.5.23

(1) 清晰就是不模糊。

(2) 公共指不是私人的。

因为"不模糊"、"不是私人的"都是负概念,没有正面揭示出"清晰"、"公共"这两个概念具有什么属性,因此上述两句作为定义是不明确的。

但是如果被定义项本身就是负概念,则定义项可以使用负概念。

例 2.5.24

(1) 非法就是不合法。

(2) 无机物就是不含碳的化合物。

五、定义的作用

1. 通过定义,能够把人们对于某一事物的认识总结并巩固下来

例 2.5.25

(1) 甲型 H1N1 流感是一种因甲型流感病毒引起的、人畜共患的急性呼吸道传染性疾病。甲型 H1N1 流感,又称为 A(H1N1)型流感,旧称人感染猪流感。H1N1 流感病毒里的 H 代表红细胞凝集素,共有 1-15 个类型,N 代表神经氨酸苷酶,共有 1-9 种类型,"甲型 H1N1 流感"病毒中的 H 和 N 均是 1 型,因此称为 H1N1。

(2) 低碳经济是指在可持续发展理念的指导下,通过技术创新、制度创新、产业转型、新能源开发等多种手段,尽可能地减少煤炭、石油等高碳能源消耗,减少温室气体排放,达到经济发展与生态环境保护双赢的一种经济发展模式。

通过上述两个定义,将人们对于"甲型 H1N1 流感"和"低碳经济"的认识总结了下来。

2. 通过定义,可以使得概念更加准确,有利于建立科学、严格的理论体系

自然语言中,一词多义现象非常普遍,不利于建立严格的科学理论体系。但是通过定义,可以消除这种歧义现象。比如,在几何学中,就

包含着对"点"、"线"、"面"、"圆"、"三角形"等一系列概念的严格定义。通过这些定义,可以使"点"、"线"、"面"、"圆"、"三角形"等概念的意思确定下来。可以说,对基本概念的严格定义是建立任何一门科学理论体系的基础。

3. 通过定义,便于人们交流思想,消除分歧

例 2.5.26

一群哲学家在林间散步,这时一位哲学家发现在不远处的一棵杉树上,一只松鼠正扒在树干后面向他们张望。于是这位哲学家来到这棵杉树前,绕着这棵杉树想一探究竟,哪知,松鼠似乎发现了他的企图,总是躲着他。当这位哲学家来到杉树的东边,松鼠则躲到树干的西边;当这位哲学家来到杉树的南边,松鼠则躲到树干的北边;当这位哲学家来到杉树的西边,松鼠则躲到树干的东边;当这位哲学家来到杉树的北边,松鼠则躲到树干的南边。而且,不管这位哲学家绕树转得多么快,松鼠总是转得和他一样快。他始终只能看到松鼠窥视的头部,而看不到它的全身。

最后,这位哲学家只好回来,沮丧地对他的同事们抱怨:"绕树转了好几圈,竟然没能绕松鼠一圈。"他的话立即遭到了一位同事的反驳:"松鼠就在树上,你只要绕树转一圈不就是绕松鼠转了一圈吗?"他辩解说:"可是松鼠始终面对着我啊,我怎么可能绕松鼠一圈呢?!"

他们的争论吸引了在此散步的所有哲学家,结果形成了势均力敌的两派,各方都固执己见,谁也说服不了谁。

在上例中,"绕松鼠一圈"这个概念的歧义性是导致哲学家们争论的症结所在。只需对"绕松鼠一圈"下一个定义,就可以消除这场争论。如果"绕松鼠一圈"指的是"从松鼠的北边转到它的东边,接着转到它的南边,然后转到它的西边,再转到它的北边",那么那位哲学家显然"绕松鼠转了好几圈"。如果"绕松鼠一圈"指的是"从松鼠的正面转到它的左边,接着转到它的后面,然后转到它的右边,再转到它的正面",那么那位哲学家显然"没能绕松鼠转一圈"。

第六节 概念的划分

一、什么是划分

划分是通过把一个概念所反映的对象分为若干个小类来揭示这个概念的外延的逻辑方法。它通常是把一个属概念分为若干个种概念。

例 2.6.1

（1）现代逻辑可以分为纯逻辑和应用逻辑两种类型。

（2）中国民族乐器可分为吹奏乐器、弹拨乐器、拉奏乐器和打击乐器四大类。

划分包括三个要素，即划分的母项、划分的子项和划分的标准。

划分的母项就是被划分的概念，如上面例子中的"现代逻辑"和"中国民族乐器"。划分的子项就是划分后得到的种概念，如上例中的"纯逻辑、应用逻辑"、"吹奏乐器、弹拨乐器、拉奏乐器、打击乐器"。划分的标准就是把母项分为若干子项的根据，如将"现代逻辑"分为"纯逻辑"和"应用逻辑"的划分标准是"研究的推理规律是否涉及具体的学科领域"，将"中国民族乐器"分为"吹奏乐器"、"弹拨乐器"、"拉奏乐器"和"打击乐器"的划分标准是"演奏方法"。

划分与分解不同。分解是把一个表示对象整体的概念，分成表示该对象部分的概念。分解所得到的表示对象部分的概念未必具有表示对象整体的概念的内涵，但是划分所得到的子项均具有母项的内涵属性。

例 2.6.2

（1）树由树根、树干、树枝和树叶等构成。

（2）树木包括乔木和灌木两大类。

上例中，（1）是分解，而（2）是划分。因为分解所得到的表示对象部分的概念未必具有表示对象整体概念的内涵，所以"树根"、"树干"等都不是"树"。因为划分所得到的子项均具有母项的属性，所以"乔木"、"灌木"都是"树木"。

二、划分的种类

1. 按照划分次数的不同,划分可以分为一次划分和连续划分

一次划分就是根据划分标准,将母项分成若干子项而一次完成的划分。

例2.6.3

  (1) 三角形可以分为锐角三角形、直角三角形和钝角三角形。

  (2) 乔木可分为落叶乔木和常绿乔木。

连续划分就是把母项分成若干子项之后,再把子项作为母项继续进行划分,这样连续划分下去,直到满足需要为止。

例2.6.4

  (1) 哲学可以分为唯物主义和唯心主义,唯物主义可以分为朴素唯物主义、机械唯物主义和辩证唯物主义,唯心主义可以分为主观唯心主义和客观唯心主义。

  (2) 有理数包括整数和分数,整数包括正整数、零和负整数,分数包括正分数和负分数。

2. 按照子项数目的不同,划分可以分为二分法和多分法

二分法就是只有两个子项的划分。

例2.6.5

  (1) 车辆可分为机动车和非机动车。

  (2) 实数包括有理数和无理数两种。

二分法所得的两个子项是具有矛盾关系的,两子项往往一个是正概念,一个是与之相应的负概念,如上面例子中的"机动车"和"非机动车"、"有理数"和"无理数"。

多分法就是有三个或者三个以上子项的划分。

例2.6.6

  (1)《诗经》中的作品包括"风"、"雅"和"颂"。

  (2) 我国高校教师的职称分为助教、讲师、副教授和教授四种。

  (3) 周代贵族子弟所接受的教育内容主要有礼、乐、射、御、

书、数,即通常所说的"六艺"。

三、划分的规则

1. 划分后的各子项的外延之和必须与母项的外延相等

违反这一划分规则,就会犯"划分不全"或"多出子项"的逻辑错误。

例 2.6.7

(1) 颜色可分为红、黄、蓝、白、黑五色。

(2) 文学作品包括小说、诗歌、散文、戏剧、舞蹈、绘画等。

"颜色"除了"红、黄、蓝、白、黑五色"之外,还包括"绿、紫、橙"等,因此作为划分,上面例(1)犯了"划分不全"的逻辑错误。"舞蹈"、"绘画"均不属于"文学作品",因此作为划分,上面例(2)犯了"多出子项"的逻辑错误。

2. 每次划分必须按照同一标准进行

违反这一划分规则,就会犯"划分标准不同一"的逻辑错误。

例 2.6.8

(1) 三角形可分为不等边三角形、二等边三角形、三内角均为 60°的三角形。

(2) 高等学校可分为全日制研究型高等学校、全日制非研究型高等学校、非全日制高等学校。

在上例(1)中,前两个子项是按照"等边的数量"来划分的,后一子项是按照"内角的度数"来划分的,这就犯了"划分标准不同一"的逻辑错误。在上例(2)中,前两个子项是按照"是否是研究型"来划分的,后一子项是按照"是否是全日制"来划分的,这也犯了"划分标准不同一"的逻辑错误。

3. 划分所得的各子项应当互不相容

划分的目的在于明确概念的外延,所以各个子项之间必须是全异关系。违反这一划分规则,就会犯"子项相容"的逻辑错误。

例 2.6.9

(1) 农作物按用途可分为粮食作物、油料作物、经济作物、饲料作物和绿肥作物。

(2)大学专业包括文科专业、应用型专业和非应用型专业等。

在上例(1)中,有些"农作物"可能既是"粮食作物"又是"油料作物",还可能是"饲料作物"等等,作为划分,就犯了"子项相容"的逻辑错误。在上例(2)中,第一个子项"文科专业"和后两个子项"应用型专业"、"非应用型专业"都是交叉关系,作为划分,也犯了"划分标准不同一"的逻辑错误。

四、划分的作用

1. 通过划分,可以扩展、加深对事物的认识

比如,1900年,奥地利维也纳大学病理研究所的兰德施泰纳(Landsteiner)发现,将不同人的红细胞分别与别人的血清交叉混合后,有的血液之间发生凝集反应,有的则不发生。他和其他研究者通过进一步的研究,以人血液中红细胞上的抗原与血清中的抗体的不同将人的血液分成 A、B、O、AB 四种血型。如果按这种血型划分来指导输血就可以避免输血时频频发生的血液凝集而导致病人死亡的悲剧。1921年,世界卫生组织正式向全球推广认同 A、B、O、AB 四种血型。由于在血型发现和分类上的贡献,兰德施泰纳获得 1930 年的诺贝尔生理学和医学奖,并被誉为"血型之父"。

2. 通过划分,可以明确概念的外延,便于对不同种类的事物进行不同的处理

比如,谈起细菌,不少人往往会想到各种各样危害人类健康的病菌,甚至想到令人恐怖的细菌战。实际上,从人类健康的角度,细菌可以划分为有害菌、条件致病菌和益生菌。对于这三种不同种类的细菌,可以作不同的处理。一方面,我们要尽可能避免有害菌的侵害,并设法控制条件致病菌导致人体生病的条件;另一方面,我们也要充分发挥益生菌的效能,为人类的健康服务。

◼ 本章小结

概念是思维活动的基本元素,由概念形成判断,由判断形成推理。

所以,尽管逻辑学研究的主要对象是推理,但一般都是由研究概念入手。

概念是反映思维对象及其特有属性或者本质属性的思维形式。概念一般借助语词来表达,但是概念与语词并非严格的一一对应关系。这主要表现在:(1)不是所有的语词都表达概念,(2)有些概念并没有恰当的语词来表达它,(3)同一个概念可以使用不同的语词来表达,(4)同一个语词可以表达不同的概念。概念有两个基本的逻辑特征,即内涵和外延。

依据概念外延的大小,可以将概念分为空概念、单独概念和普遍概念。依据概念所反映的对象是否集合体,可以将概念分为集合概念和非集合概念。依据概念所反映的是个体、性质还是关系可以将概念分为个体概念、性质概念和关系概念。依据概念所反映的对象是否具有某种属性,可以将概念分为正概念和负概念。

两个概念的外延之间可能存在五种关系:同一关系、真包含关系、真包含于关系、交叉关系和全异关系。

明确概念内涵与外延的方法主要有:概括与限制,定义与划分等。

具有属种关系的两个概念,其内涵与外延之间存在着反变关系。这是对概念进行概括和限制的理论依据。

定义和划分有多种方法和种类,定义和划分必须遵守一定的规则。

本章学习的重点是:(1)概念的内涵和外延,内涵与外延之间的反变关系,(2)概念的种类,(3)概念间的关系,(4)概念的概括和限制,(5)定义的方法、种类以及定义的规则,(6)划分的种类和规则。

复习思考题

1. 什么是概念?概念与语词有什么联系和区别?
2. 什么是概念的内涵和外延?
3. 概念有哪些种类?
4. 什么是空概念、单独概念和普遍概念?
5. 如何区分集合概念和非集合概念?
6. 什么是个体概念、性质概念和关系概念?

7. 什么是正概念和负概念？
8. 概念的外延之间有哪几种关系？如何用图形表示这些关系？
9. 如何区分概念外延之间的矛盾关系和反对关系？
10. 什么是概念的概括和限制？
11. 什么是定义？定义是由哪几部分构成的？
12. 定义有哪些方法？什么是"属加种差"定义？什么是递归定义？
13. 定义有哪些种类？
14. 定义有哪些规则？
15. 什么是划分？划分包括哪些要素？
16. 划分有哪些规则？

练习题

1. 指出下列语句中，哪些是揭示加点概念的内涵的，哪些是揭示加点概念的外延的。

1.01 思维形式包括概念、判断、推理等。

1.02 竖琴是一种在直立的三角形架上安着四十六根弦的弦乐器。

1.03 古生代指的是地质年代的第三个代，分为寒武纪、奥陶纪、志留纪、泥盆纪、石炭纪和二叠纪。

1.04 白鹤，鹤的一种，羽毛白色，翅膀大，末端黑色，能高飞，头顶红色，颈和腿很长，常涉水吃鱼、虾等，叫的声音高而响亮。也叫仙鹤或丹顶鹤。

1.05 法人是具有民事权利和民事行为能力，依法独立享有民事权利和承担民事义务的组织。它分为国有型法人、集体型法人、私营型法人和混合型法人。

1.06 森林资源包括林木和林地，以及林区范围内的植物和动物。根据森林的不同效益，将它分为五类：防护林、用材林、经济林、薪炭林和特殊用途林。

1.07 无脊椎动物指的是体内没有脊椎骨的动物。种类很多，包括原生动物、海绵动物、腔肠动物、蠕形动物、软体动物、节肢动物和棘皮动物等。

1.08 自然科学是研究自然界的物质形态、结构、性质和运动规律的科学。包括数学、物理学、化学、天文学、气象学、海洋学、地质学、生物学等基础科学，以及材料科学、能源科学、空间科学、农业科学、医药科学等应用技术科学。

2. 指出下列加点概念是空概念、单独概念还是普遍概念。

2.01 西安交通大学是我国著名的高等学府。

2.02 飞虎公司决定2010年2月30日正式对外营业。

2.03　凡是能被2整除的数都是偶数,因此,能被2整除的奇数也是偶数。

2.04　明祖陵又称明代第一陵,位于江苏省盱眙县境内的洪泽湖岸边,是明朝开国皇帝朱元璋祖父、曾祖父、高祖父的衣冠冢,也是朱元璋祖父朱初一的实际殁葬地。

3. 指出下列加点概念是集合概念还是非集合概念。

3.01　《数学与文化》丛书是一套颇有影响的出版物。

3.02　海明威的著作是全世界人民的宝贵的精神财富。

3.03　整个社会财富有相当一部分掌握在中产阶级手中。

3.04　东钱湖南宋石刻群位于浙江省宁波市东南15公里处,石刻形态各异,列起阵来颇有兵马俑的气势,因而被誉为"江南兵马俑"。

4. 指出下列加点概念是个体概念、性质概念还是关系概念。

4.01　岳麓书院是中国最古老的书院之一。

4.02　每个正偶数都至少大于一个正奇数。

4.03　王阳明是一位令人敬仰的中国哲学家。

4.04　宋将王坚在合川钓鱼城大败蒙哥军队。

4.05　咖啡里含有咖啡因,而咖啡因刺激心跳加速。

4.06　编辑应当引导读者的兴趣,而不是迎合读者的喜好。

4.07　麦古,那只特别喜爱孩子的可爱的母猩猩,就坐在离他几米远的地方,叉着胳膊,抬着下巴,表情严肃地看着他。

4.08　每年,地球要积攒大约3万吨的太空尘埃,要是扫成一堆,那可真不少,但若是撒在整个地球上,那简直微乎其微。

5. 指出下列加点概念是正概念还是负概念。

5.01　农业是不丹的支柱产业。

5.02　心中自有千言万语,一时却无从说起。

5.03　这款瓷器是非卖品,只用来赠送给亲朋好友。

5.04　李广曾任未央宫卫尉,程不识曾任长乐宫卫尉。

5.05　有志之士往往不惜一切代价去实现自己的理想。

5.06　海市蜃楼刚才还清晰可见,可是转瞬间就化为乌有。

5.07　小王不努力工作,经常想入非非,以为天上可以掉馅饼。

5.08　非洲的沙漠面积约占全洲面积的三分之一,是地球上沙漠面积最大的洲。

6. 指出下列各题中加点概念之间的关系,并用图形表示出来。

6.01　揣度即推测。

6.02 绿树村边合,青山郭外斜。

6.03 有些书法家是教授。

6.04 元素包括金属元素和非金属元素。

6.05 司马迁是我国著名的史学家和文学家。

6.06 麋鹿原产我国,是一种非常珍稀的哺乳动物,也叫四不像。

7. 对下列加点概念各作一次概括和限制。

7.01 德天瀑布位于中越边境。

7.02 宁波大学在浙江省宁波市。

7.03 公务员应该成为奉公守法的楷模。

7.04 这场雨对于农作物的生长非常有利。

7.05 曹操是三国时期的著名政治家、军事家。

7.06 南京的紫金山上曾经有老虎,明代大学士宋濂在其《游钟山记》中就有紫金山有老虎的描述。

8. 指出下列各题中加点概念之间是否属于概括或者限制。

8.01 嫩江县位于黑龙江省。

8.02 蚂蚁的一个复眼由50个小眼构成。

8.03 复活节是基督教纪念耶稣复活的节日。

8.04 寒露是我国的二十四个节气之一。

8.05 "六书"指的是象形、指事、会意、形声、转注和假借。

8.06 小时候的雅琴生活在农村的外婆家,长大后,雅琴才回到成都父母的身边。

9. 下列语句作为定义是否正确?如不正确,说明它犯了什么逻辑错误。

9.01 建筑是凝固的音乐。

9.02 理性就是合乎逻辑的行动。

9.03 矩形就是四角相等的四边形。

9.04 真诚就是不虚伪,虚伪就是不真诚。

9.05 直径是连接圆周上任意两点的线段。

9.06 城镇居民指的是不在农村居住的居民。

9.07 生命就是内在关系对外部环境的不断适应。

9.08 过失犯罪就是由于某种过失而导致的犯罪。

10. 使用合适的定义方法给下列概念下定义并说明是何种定义方法。

10.01 绸缪

10.02 五行

10.03　彩虹

10.04　金砖四国

11. 下列语句作为划分是否正确?如不正确,说明它犯了什么逻辑错误。

11.01　服务包括有偿服务和无偿服务。

11.02　电影包括科幻片、故事片、武打片。

11.03　小说按篇幅可分成长篇小说和短篇小说。

11.04　自然界可分为非生物界、动物界、植物界和微生物界。

11.05　文学作品有现代文学作品、近代文学作品和外国文学作品等。

11.06　直系亲属包括祖父母、外公外婆、父母、子女、兄弟、姐妹、叔伯、姑母、舅父、姨母等。

12. 分析下述论证中在概念方面存在的逻辑错误。

12.01　孔子东游,见两小儿辩斗,问其故。

一儿曰:"我以日始出时去人近,而日中时远也。"

一儿曰:"我以日初出远,而日中时近也。"

一儿曰:"日初出大如车盖,及日中则如盘盂,此不为远者小而近者大乎?"

一儿曰:"日初出沧沧凉凉,及其日中如探汤,此不为近者热而远者凉乎?"

孔子不能决也。两小儿笑曰:"孰为汝多知乎?"

12.02　海洛因和吗啡一类的毒品容易使人上瘾,形成有害的嗜好。因此,这些东西绝对不能使用,即使是用于止痛等医疗目的也不应该。

13. 在下列各题给出的若干选项中,找出符合要求的一项。

13.01　居维叶不费多少工夫就能把一堆堆支离破碎的骨头安放成形,人们对他的才华赞叹不已。据说,只要看一颗牙齿或一块下巴骨,他就可以描述出那个动物的样子和性情,而且往往还说得出它是哪个属、哪个种。

以下哪项中加点的两个概念之间的关系与上述句子中的"骨头"和"牙齿"之间的关系类似?

A. 韩信曾经是项羽手下的一名将领。

B. 孟德尔1822年出生于奥地利帝国的一个偏僻小镇。

C. 他在担任大学教授之前曾经是一名海军陆战队的军官。

D. 我国的科研机构除了高等院校,还有中国科学院和中国社会科学院等等。

13.02　企鹅是生活在南极的动物。

以下哪项中加点的三个概念,与上述加点概念之间的外延关系最为类似?

・95・

A. 复旦大学的学生有些来自于太平洋中的小岛国。

B. 小龙虾以产自于盱眙县境内洪泽湖水域中的最为出名。

C. 中国社会科学院是中国人文社会科学的高等研究机构。

D. 北京的秋天是最美的季节。

13.03 老马和老赵下象棋,连输三盘,感到很郁闷。老王安慰他说:"下象棋吗,不是你输,就是他输,何必那么认真呢?"

以下哪项与老王所犯的谬误最相似?

A. 在校生可分为小学生、中学生和大学生。

B. 文件可以分为秘密文件、绝密文件和非绝密文件。

C. 没有任何证据表明他在现场,所以,他没有犯罪嫌疑。

D. 这家集团涉及的行业可分为房地产业、文化教育业、服务娱乐业、影视业和餐饮业。

13.04 完全数指的是除自身外的因子之和等于该数的自然数,例如 6,因为 $1+2+3=6$。

根据上述定义,以下哪项是完全数?

A. 12

B. 18

C. 24

D. 28

13.05 四声词指的是含有阴平、阳平、上声、去声四种声调,由四个汉字构成的词。

根据以上定义,则以下除哪项外都是四声词?

A. 深谋远虑、调虎离山

B. 水落石出、举世无双

C. 头重脚轻、感激涕零

D. 集思广益、抑扬顿挫

13.06 在一次学术研讨会上,邵研究员提出了"燕形标"的概念。所谓"燕形标"指的是只能有限次使用下列两条规则产生的符号:

规则一:符号 ← 是燕形标;

规则二:如果 x 是燕形标,那么 x 平面旋转 $45°$ 得到的符号也是燕形标。

根据邵研究员的定义,以下除哪项外,都是燕形标?

A. →

B. ↖

C. ⬇
D. ⤵

13.07 "文饰码"指的是只能有限次使用下列两条规则产生的图案:

规则一:单独的一个符号ఌ是文饰码。

规则二:如果 *x* 是文饰码,那么ఌ xx、x ఌఌ也都是文饰码。

根据上述定义,以下哪项是文饰码?

A. ఌఌఌ

B. ఌఌఌఌ

C. ఌఌఌఌఌ

D. ఌఌఌఌఌఌ

13.08 战略发展部的 82 名工作人员中,男性 42 人,有博士学位的 33 人,女性无博士学位的 22 人。

根据以上陈述,战略发展部中男性有博士学位的有几人?

A. 14 人

B. 15 人

C. 16 人

D. 17 人

13.09 有一种观点认为:应该由国家,而不是由企业或者个人来为流落街头的弱势群体提供帮助。因为解决社会弱势群体的救助问题是一个庞大的社会工程,也是一个世界性难题,任何企业或者个人都没有如此巨大的能力。

以下哪项指出了上述观点论证中的一个缺点?

A. 它混淆了弱势群体整体和个别的区别。

B. 它没有指出国家如何去解决弱势群体的救助问题。

C. 它没有意识到国家用来救助的资金也是由企业或者个人所提供。

D. 它忽视了世界上有些国家已经解决了弱势群体的救助问题这一客观事实。

13.10 信贷杠杆是指国家根据国民经济运行状况,通过调节利率和确定不同的贷款方向、贷款数量、贷款成本,以控制和引导资金运用、调整国民经济运行的重要手段。

根据以上定义,下面运用信贷杠杆的是哪项?

A. 国家提高房贷利率。

B. 国家调整人民币汇率。

C. 公司发行股票以吸引社会资金。

D. 人们为了获得利息把钱存进银行。

（中央机关及其直属机构 2006 年度考试录用公务员《行政职业能力测验》试卷）

13.11 在公元之初，牧师们将基督教在整个罗马帝国中传播开来。基督教的普及首先涉及的是各大城市的平民阶层。基督徒们反对皇权意识，因此君主们都把他们视为威胁，并组织起对他们的暴力摧残。然而这并没有中断新信仰的扩展，它一点点赢得了贵族阶级和最有影响力的人士，而且很快触及了皇帝周围的人和最高君主本人。公元 312 年的米兰敕令为迫害画上了句号。公元 380 年，狄奥多西敕令使基督教成为国教。因此，公元 4 世纪标志着基督教概念中的转折点。

根据这段话，可得到的正确推论是：

A. 基督教从开始就反对皇权统治，且一直与罗马皇帝及其政权斗争。
B. 基督教成为国教，意味着它由非法而合法、由被迫害而被推崇。
C. 公元 312 年基督教赢得了贵族阶级和最有影响力的人士的支持。
D. 公元 380 年以后，基督徒不再受到迫害，基督教被承认。

（中央机关及其直属机构 2003 年度考试录用公务员《行政职业能力测验》试卷）

13.12 组织公民行为指的是一种由员工自主决定的行为，不包括在员工的正式工作要求当中，但它无疑会促进组织的有效性。

以下哪项属于组织公民行为？

A. 小李被迫在周末加班。
B. 小李按时上下班。
C. 小李经常和同事起冲突。
D. 小李经常帮助同事。

（中央机关及其直属机构 2005 年度考试录用公务员《行政职业能力测验》试卷）

13.13 天然孳息是指按照物质的自然生长规律而产生的果实与动物的出产物，与原物分离前，是原物的一部分。天然孳息，由所有权人取得；既有所有权人又有用益物权人的，由用益物权人取得。当事人另有约定的，按照约定。

根据上述定义，下列哪项不属于天然孳息？

A. 送给他人的猫崽。
B. 从羊身上剪下的羊毛。
C. 牛被宰杀后发现的牛黄。

D. 公园里的柿子树所结的果实。

(中央机关及其直属机构 2008 年度考试录用公务员《行政职业能力测验》试卷)

13.14 S 市环保监测中心的统计分析表明,2009 年空气质量为优的天数达到了 150 天,比 2008 年多出 22 天;二氧化硫、一氧化碳、二氧化氮、可吸入颗粒物四项污染物浓度平均值,与 2008 年相比分别下降了约 21.3%、25.6%、26.2%、15.4%。S 市环保负责人指出,这得益于近年来本市政府持续采取的控制大气污染的相关措施。

以下除哪项外,均能支持上述 S 市环保负责人的看法?

A. S 市广泛开展环保宣传,加强了市民的生态理念和环保意识。
B. S 市启动了内部控制污染方案:凡是排放不达标的燃煤锅炉停止运行。
C. S 市执行了机动车排放国 IV 标准,单车排放比国 III 标准降低了 49%。
D. S 市市长办公会最近研究了焚烧秸秆的问题,并着手制定相关条例。
E. S 市制定了"绿色企业"标准,继续加快污染重、能耗高企业的退出。

(MBA、MPA、MPAcc 2010 年联考试卷)

13.15 在某次思维训练课上,张老师提出"尚左数"这一概念的定义:在连续排列的一组数字中,如果一个数字左边的数字都比其大(或无数字),且其右边的数字都比其小(或无数字),则称这个数字为尚左数。

根据张老师的定义,在 8、9、7、6、4、5、3、2 这列数字中,以下哪项包含了该列数字中所有的尚左数?

A. 4、5、7 和 9。
B. 2、3、6 和 7。
C. 3、6、7 和 8。
D. 5、6、7 和 8。
E. 2、3、6 和 8。

(MBA、MPA、MPAcc 2010 年联考试卷)

13.16 克鲁特是德国家喻户晓的"明星"北极熊,北极熊是名副其实的北极霸主。因此,克鲁特是名副其实的北极霸主。

以下除哪项外,均与上述论证中出现的谬误相似?

A. 儿童是祖国的花朵,小雅是儿童。因此,小雅是祖国的花朵。
B. 鲁迅的作品不是一天能读完的,《祝福》是鲁迅的作品。因此,《祝福》不是一天能读完的。
C. 中国人是不怕困难的,我是中国人。因此,我是不怕困难的。

D. 康怡花园坐落在清水街,清水街的建筑属于违章建筑。因此,康怡花园的建筑属于违章建筑。

E. 西班牙语是外语,外语是普通高等学校招生的必考科目。因此,西班牙语是普通高等学校招生的必考科目。

(MBA、MPA、MPAcc 2010 年联考试卷)

第三章
简单判断

第一节 判断概述

一、判断及其基本特征

判断是对思维对象有所断定的思维形式。

例 3.1.1
　　（1）腊梅一般在冬天开花。
　　（2）孙悟空能够腾云驾雾，会七十二般变化。
　　（3）伯牙和钟子期是好朋友。
　　（4）6 能被 1、2、3、6 整除。

在上例中的四个判断中，"腊梅"、"孙悟空"、"伯牙"、"钟子期"、"1"、"2"、"3"、"6"都是思维对象。思维对象既可以是具体的事物，也可以是抽象的事物；既可以是存在的事物，也可以是不存在的事物；既可以是物质的，也可以是精神的；可以是有形的，也可以是无形的。总之，思维所能指向的一切事物都可以作为思维对象。

判断所断定的，既可以是思维对象的性质，如上例中的"在冬天开花"、"能够腾云驾雾"；也可以是思维对象之间的关系，如上例中的"是好朋友"、"能被……整除"。

判断有两个基本特征：

第一，判断都有所断定。

例 3.1.2

  (1)"背水一战"说的是谁的故事?
  (2)请你说一下"背水一战"的故事。
  (3)"背水一战"说的是淮阴侯韩信的故事。
  (4)"背水一战"说的是楚霸王项羽的故事。

在上面例子中,(1)是一个疑问,(2)是一个请求,都没有断定,因而不是判断。(3)和(4)都有所断定,都是判断。(3)是一个真判断,(4)是一个假判断。

第二,判断都有真假。既然判断对思维对象有所断定,那么就存在断定是否符合实际的问题。如果一个判断所作的断定符合实际情况,那么这个判断就是真的;否则便是假的。比如,例3.1.2(3)中的判断是真的,例3.1.2(4)中的判断是假的。

逻辑学一般不研究一个判断在具体内容上的真假,一个判断在具体内容上的真假通常由各门具体科学去解决。逻辑学主要从形式上来研究一个判断的真假以及判断与判断之间的真假关系。比如"宇宙空间存在类人的智慧生物"、"宇宙空间不存在类人的智慧生物"这两个判断在内容上的真假是由空间生命科学去解决的。逻辑学则从形式上研究如下这些问题:"宇宙空间存在类人的智慧生物,或者不存在类人的智慧生物"是真的,"宇宙空间存在类人的智慧生物并且不存在类人的智慧生物"是假的;如果"宇宙空间存在类人的智慧生物"是真的,那么"宇宙空间不存在类人的智慧生物"就是假的。

二、判断和语句

语句是判断的语言表达形式,判断是语句表达的思想内容。

但是语句与判断并不是一一对应的。

第一,不是所有的语句都表达判断。一般而言,陈述句、反问句表达判断,疑问句、祈使句、感叹句不表达判断。

例 3.1.3

  (1)东汉时期的马援曾经官拜伏波将军。
  (2)两情若是久长时,又岂在朝朝暮暮?

(3) 现在还有野生的华南虎吗?

(4) 请你回家!

(5) 啊,我的神啦!

(6) 难道不正是"个人正义"在维护着"国家正义"吗?难道不正是"个人尊严"才组成"国家尊严"吗?国家唯一能让国人感到骄傲和安全的——难道不正是她对每一个公民利益所作出的承诺和保障吗?假如连这一点都做不到,这样的国家制度还有什么权威与荣誉可言?还有什么值得拥戴的基本价值?①

上面例子中的(1)是一个陈述句,(2)是一个反问句,(6)是一组反问句,都是判断。但是(3)是一个疑问句,(4)是一个祈使句,(5)是一个感叹句,都不是判断。

判定一个语句是否表达判断,标准有两条:(1)是否有所断定,(2)是否有真假。有所断定并有真假的语句就表达一个判断,否则就不表达判断。

第二,同一个判断可以使用不同的语句来表达。

例3.1.4

(1) 所有人都应该遵守交通规则。

(2) 没有人不应该遵守交通规则。

(3) 难道有人不应该遵守交通规则吗?

上面例子中的三个语句表达的是同一个判断。

第三,同一个语句可以表达不同的判断。

例3.1.5

(1) 房门没有锁。

(2) 连诸葛亮都不知道。

(3) 思念的人远在重洋之外。

(4) 我看到她那年只有十一二岁。

在不同的语境中,上面例子(1)中的"锁"既可以理解为名词,又可以理解为动词;(2)既可以理解为"诸葛亮不知道",也可以理解为"不

---

① 王开岭:《是"国家"错了》。

知道诸葛亮";(3)中的"思念的人"既可以理解为"思念(他)的人",也可以理解为"(他)思念的人";(4)中的"那年只有十一二岁"既可以理解为"我那年只有十一二岁",又可以理解为"她那年只有十一二岁"。

判断和表达判断的语句是不同的,尽管如此,在不引起混淆的情况下,下文中我们不再区分判断和表达判断的语句。

三、命题和命题形式

表达判断的语句称为命题,命题的逻辑形式称为命题形式。命题的逻辑形式指的是与命题具体内容相对的形式结构。

例 3.1.6

(1) 所有恒星都是发光的。

(2) 所有金属都是导电的。

(3) 所有事物都是发展变化的。

(4) 一幽默大师对某些国会议员的做法非常不满,在一次演讲中说:"我国国会中的有些议员是狗娘养的。"国会议员们对此感到非常愤怒,强烈要求他公开道歉。迫于压力,该幽默大师在全国各大报刊登载了道歉声明。其文曰:"吾为前日所说'我们国会中的有些议员是狗娘养的'郑重道歉,兹将前言更正如下:'我们国会中的有些议员不是狗娘养的'"。

上面例子(1)、(2)、(3)中的三个命题,虽然内容不同,但是它们具有相同的命题形式:

$$\text{所有 } S \text{ 都是 } P。$$

上面例子(4)中幽默大师前后所言,虽然内容相关,但是它们具有不同的命题形式:

$$\text{有的 } S \text{ 是 } P,$$
$$\text{有的 } S \text{ 不是 } P。$$

例 3.1.7

(1) 这个数要么是有理数,要么是无理数。

(2) 要么武松打死老虎,要么老虎吃了武松。

(3) 要么物质是第一性的,要么意识是第一性的。

上面例子中的三个命题,尽管内容不同,但是如果我们以简单语句作为基本单位来分析,那么它们也具有相同的命题形式:

要么 p,要么 q。

在命题形式中,我们通常用大写字母 S、P 等表示词项变项,用小写字母 p、q 等表示命题变项。词项变项和命题变项都称为逻辑变项,"所有……都是……"、"有的……是……"、"要么……要么……"等称为逻辑常项。当把命题形式中的词项变项替换为具体的词项,或者把命题形式中的命题变项替换为具体的命题,命题形式就变成一个具体的命题。

下文中,在不引起混淆的情况下,我们不再区分判断和表达判断的语句(命题)。

四、判断的种类

按照不同的标准,可以将判断分为不同的种类。

1. 简单判断和复合判断

简单判断是自身中不含有其他判断的判断,复合判断是自身中包含有其他判断的判断。

例 3.1.8

(1) 有些花是蓝色的。

(2) 落霞与孤鹜齐飞,秋水共长天一色。

上面例子(1)是一个简单判断,(2)是一个复合判断。

2. 性质判断和关系判断

性质判断是断定对象是否具有某种性质的判断,关系判断是断定对象与对象之间是否具有某种关系的判断。

例 3.1.9

(1) 3 大于 2 而小于 4。

(2) 吊瓜是一种多年生的藤本植物。

上面例子(1)是一个关系判断,(2)是一个性质判断。

3. 模态判断和非模态判断

模态判断指的是包含模态词的判断,非模态判断指的是不包含模态词的判断。所谓模态词指的是描摹事物状态的词,如"可能"、"必然"、"曾经"、"永远"等。

例3.1.10
（1）紫霞湖在南京的紫金山上。
（2）凡是正在经历的,将永远是曾经发生的。

上面例子中(1)是一个非模态判断,(2)是一个模态判断。

第二节　性　质　判　断

本节所讨论的性质判断指的是简单判断中的性质判断。

一、性质判断的结构

性质判断由主项、谓项、联项和量项四部分构成。

例3.2.1
（1）有些教授不是博士。
（2）所有嫩江人都是东北人。

主项表示性质判断所断定的对象,如上面例子中的"教授"、"嫩江人"。

谓项表示性质判断所断定的性质,如上面例子中的"博士"、"东北人"。

联项表示主谓项的联系。联项分为两种,即肯定联项和否定联项,如上面例子中的"不是"、"是"。

量项表示主项被断定的数量或范围,如上面例子中的"有些"、"所有"。

在表示性质判断的命题形式时,我们通常使用大写字母"S"表示判断的主项,使用大写字母"P"表示判断的谓项。这样,例3.2.1中两个判断的命题形式可以分别表示为:

（1）有些S不是P;
（2）所有S都是P。

在性质判断的命题形式中,主项和谓项是逻辑变项,联项和量项是逻辑常项。

二、性质判断的种类

1. 按质分

所谓按质分,就是按照性质判断的联项来进行划分。联项包括肯定联项和否定联项,相应地性质判断分为肯定判断和否定判断。

肯定判断是断定对象具有某性质的判断。

例 3.2.2

(1) 陈阿娇曾经是汉武帝刘彻的皇后。

(2) 有些道家经典是非常富有哲理的。

上面例子中的两个判断都是肯定判断。

肯定判断的标准形式是:S 是 P。

否定判断就是断定对象不具有某性质的判断。

例 3.2.3

(1) 纪晓岚不是明朝人。

(2) 他不是在无理取闹。

上面例子中的两个判断都是否定判断。

否定判断的标准形式是:S 不是 P。

判定一个性质判断是肯定判断还是否定判断,其标准只有一个,就是看它的联项是肯定的还是否定的。

例 3.2.4

(1) 上课讲话是不礼貌的行为。

(2) 上课讲话不是礼貌的行为。

上面例子中的两个判断其意思是相近的,但是(1)是个肯定判断,(2)是个否定判断。

2. 按量分

所谓按量分,就是按照性质判断的量项来进行划分。性质判断按量分,可以分为单称判断、全称判断和特称判断。

单称判断是断定单个对象具有或不具有某性质的判断。

例 3.2.5

(1) 孔子不是齐国人。

(2) 五大连池是世界著名的风景名胜区。

上面例子中的两个判断都是单称判断。

用以说明单称的量项如"这个"、"那个"在单称判断中一般不出现。因为单称判断的主项是一个单独概念,所以即使量项省略了,仍然不影响对于单称判断的判定。

单称判断的标准形式是:这个 S 是(不是)P。

全称判断是断定某类对象的全部都具有或不具有某性质的判断。

例 3.2.6

(1) 所有三角形都不是四边形。

(2)《史记》中的"本纪"记述的都是历代君主或实际统治者的事迹。

上面例子中的两个判断都是全称判断。

全称判断的标准形式是:所有 S 都是(不是)P。

特称判断是断定某类对象中至少有一个对象具有或不具有某性质的判断。

例 3.2.7

(1) 有的动物是冬眠的。

(2) 有的偶数不是奇数。

上面例子中的两个判断都是特称判断。

特称判断的标准形式是:有的 S 是(不是)P。

需要注意的是,特称判断标准形式中的"有的"和日常语言中的"有的"含义不完全相同。在日常语言中,当我们说"有的野生蘑菇可以吃"的时候,还意味着"有的野生蘑菇不可以吃"。但是,特称判断标准形式中的"有的"并没有这一层意思,"有的 S 是(不是)P"所表达的仅仅是"至少有一个 S 是(不是)P",至于究竟是否是全体,它并没有断定,它可能是全体,也可能不是全体。

作为一个概念,主项可以是普遍概念、单独概念,也可以是一个空概念,因此严格地说,性质判断按量分,除了单称判断、全称判断和特称判断之外,还应该包括主项为空概念的"无称判断"。但是,因为空概念比较特殊,在自然语言中也很少使用,所以本书中讨论性质判断以及涉及性质判断的推理时,一般不考虑空概念的情形,即我们假定性质判断的主项、谓项是非空的。

3. 按质量结合分

性质判断按质量结合分,可以分为单称肯定判断、单称否定判断、全称肯定判断、全称否定判断、特称肯定判断和特称否定判断六种。

例 3.2.8

(1) 赵云是蜀汉的镇东将军。

(2) 秦琼不是汉代人。

(3) 所有侠士都曾云游燕赵间。

(4) 所有墨者都不是主张攻伐的。

(5) 有些丞相是大学士出身。

(6) 有些隐逸之士不是结庐在山野。

上面例子中的六个判断分别是单称肯定判断、单称否定判断、全称肯定判断、全称否定判断、特称肯定判断和特称否定判断。

单称肯定判断的标准形式是:这个 S 是 P。

单称否定判断的标准形式是:这个 S 不是 P。

全称肯定判断的标准形式是:所有 S 都是 P。

全称否定判断的标准形式是:所有 S 都不是 P。

特称肯定判断的标准形式是:有的 S 是 P。

特称否定判断的标准形式是:有的 S 不是 P。

在上述六种判断形式中,如下四种形式为基本形式:

全称肯定判断,标准形式为:所有 S 都是 P,简记为 SAP,简称 A 判断。

全称否定判断,标准形式为:所有 S 都不是 P,简记为 SEP,简称 E 判断。

特称肯定判断,标准形式为:有的 S 是 P,简记为 SIP,简称 I 判断。

特称否定判断,标准形式为:有的 S 不是 P,简记为 SOP,简称 O 判断。

三、自然语言中性质判断形式的规范化

在自然语言中,性质判断并不都是以上述标准形式来表达的,其表现形式是灵活多样的。

例3.2.9

(1) 凡益之道,与时偕行。

(2) 无巧不成书。

(3) 率土之滨,莫非王土。

(4) 存在不劳而获者。

(5) 虚名岂能长久?!

(6)《古诗十九首》中的所有作品都脍炙人口。

在自然语言中,全称量项除了标准形式中的"所有"之外,还有"每一"、"任何"、"凡"、"莫非"等。特称量项除了标准形式中的"有的"之外,还有"有些"、"存在"等。

在自然语言中,量项和联项结合也是多样化的,如上面例子中(2)、(3)中使用"无……不"、"莫非"表示全称肯定判断。

在自然语言中,全称量项、联项有时被省略,如上面例子中(5)省略了全称量项、上面例子中(1)、(6)省略了联项。

将自然语言中的性质判断整理为标准形式,需要注意两点:

第一,不能改变判断的原意。

第二,同一判断,可以整理为不同的标准形式。如上面例子中(5)既可以整理为一个全称肯定判断"所有的虚名都是不能长久的",也可以整理为一个全称否定判断"所有的虚名都不是能够长久的"。

四、同素材的性质判断之间的真假关系

同素材的性质判断指的是主项、谓项均相同的判断。

例3.2.10

(1) 有些蔬菜是水果。

(2) 有些蔬菜不是水果。

(3) 有些蔬菜是绿色食品。

(4) 有些野果是水果。

(5) 有些野果不是绿色食品。

在上面例子中,(1)和(2)是同素材的性质判断,但是(2)、(3)、(4)、(5)不是同素材的性质判断。

不同素材的性质判断之间一般没有真假制约关系。如假设"所有的香瓜都是甜的"为真,不能推知"有的苦瓜是甜的"的真假,因为这两个性质判断的素材不同。但是同素材的性质判断之间存在真假制约关系,如假设"所有的香瓜都是甜的"为真,就可以推知"有的香瓜不是甜的"为假。

作为两个概念,性质判断的主项 S 和谓项 P 之间的关系不外乎有五种:同一关系、真包含关系、真包含于关系、交叉关系和全异关系。下表列出了同素材的 A、E、I、O 四个性质判断在这五种可能情况下的真假状况。在本书中,通常用"1"表示"真"、用"0"表示"假"。

判断形式 \ S和P之间的关系	S P (同一)	S P (真包含于)	S P (真包含)	S P (交叉)	S P (全异)
SAP	1	1	0	0	0
SEP	0	0	0	0	1
SIP	1	1	1	1	0
SOP	0	0	1	1	1

因为性质判断的主项 S 和谓项 P 之间只能有上述五种关系,所以上表给出了同素材的 A、E、I、O 四个性质判断在所有可能情况下的真假状况。下面依次用实例说明之:

第一列,S 和 P 是全同关系。如 S 为"土豆",P 为"马铃薯",这时 SAP"所有的土豆都是马铃薯"为真,SEP"所有的土豆都不是马铃薯"为假,SIP"有的土豆是马铃薯"为真,SOP"有的土豆不是马铃薯"为假。

第二列,S 和 P 是真包含于关系。如 S 为"蘑菇",P 为"菌类生物",这时 SAP"所有的蘑菇都是菌类生物"为真,SEP"所有的蘑菇都不是菌类生物"为假,SIP"有的蘑菇是菌类生物"为真,SOP"有的蘑菇不是菌类生物"为假。

第三列,S 和 P 是真包含关系。如 S 为"蘑菇",P 为"香菇",这时 SAP"所有的蘑菇都是香菇"为假,SEP"所有的蘑菇都不是香菇"为假,SIP"有的蘑菇是香菇"为真,SOP"有的蘑菇不是香菇"为真。

第四列,S 和 P 是交叉关系。如 S 为"水产品",P 为"商品",这时 SAP"所有的水产品都是商品"为假,SEP"所有的水产品都不是商品"为假,SIP"有的水产品是商品"为真,SOP"有的水产品不是商品"为真。

第五列,S 和 P 是全异关系。如 S 为"乌贼",P 为"螃蟹",这时 SAP"所有的乌贼都是螃蟹"为假,SEP"所有的乌贼都不是螃蟹"为真,SIP"有的乌贼是螃蟹"为假,SOP"有的乌贼不是螃蟹"为真。

由上表可以看出,同素材的 A、E、I、O 四个性质判断之间存在如下的真假关系:

1. 矛盾关系。分别存在于 A 和 O、E 和 I 之间。具有矛盾关系的两个判断,既不能同真,也不能同假。即如果一个判断是真的,则另一个判断就是假的;如果一个判断是假的,则另一个判断就是真的。

2. 反对关系。存在于 A 和 E 之间。具有反对关系的两个判断,不能同真,可以同假。即如果一个判断是真的,则另一个判断就是假的;如果一个判断是假的,则另一个判断真假不定。

3. 下反对关系。存在于 I 和 O 之间。具有下反对关系的两个判断,不能同假,可以同真。即如果一个判断是假的,则另一个判断就是真的;如果一个判断是真的,则另一个判断真假不定。

4. 差等关系。分别存在于 A 和 I、E 和 O 之间。具有差等关系的两个判断,一个是全称判断,一个是特称判断。具有差等关系的两个判断之间具有如下的真假关系:如果全称判断是真的,则特称判断也是真的;如果全称判断是假的,则特称判断真假不定;如果特称判断是真的,则全称判断真假不定;如果特称判断是假的,则全称判断也是假的。

同素材的 A、E、I、O 四个性质判断之间所存在的上述关系,可以用如下的逻辑方阵图来表示:

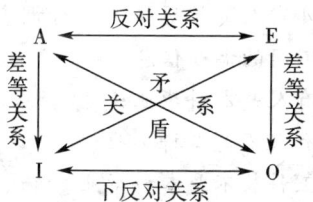

同素材的 A、E、I、O 四个性质判断之间所存在的上述关系,一般称为 A、E、I、O 之间的对当关系。

根据同素材的 A、E、I、O 之间的对当关系,我们可以由其中一个判断的真假推知其他三个判断的真假。

例 3.2.11

假设"所有天长人都不是定远人"真,求同素材的其他判断的真假。

解析:"所有天长人都不是定远人"是一个 E 判断。

根据矛盾关系,如果 E 判断是真的,则 I 判断是假的,即"有的天长人是定远人"假。

根据反对关系,如果 E 判断是真的,则 A 判断是假的,即"所有天长人都是定远人"假。

根据差等关系,如果 E 判断是真的,则 O 判断是真的,即"有的天长人不是定远人"真。

例 3.2.12

假设"有的安阳人是南阳人"假,求同素材的其他判断的真假。

解析:"有的安阳人是南阳人"是一个 I 判断。

根据矛盾关系,如果 I 判断是假的,则 E 判断是真的,即"所有安阳人都不是南阳人"真。

根据下反对关系,如果 I 判断是假的,则 O 判断是真的,即"有的安阳人不是南阳人"真。

根据差等关系,如果 I 判断是假的,则 A 判断是假的,即"所有安阳人都是南阳人"假。

例 3.2.13

在对某局一处室人员学历情况进行调查统计时,从不同渠道获得了如下几条不同的调查信息:

(1) 该处室有人是本科毕业;

(2) 该处室有人不是本科毕业;

(3) 该处室王科长不是本科毕业。

最后,经过进一步核实,发现上述信息只有一条是真的,那么该处室的李处长是否是本科毕业?

解析:"该处室有人是本科毕业"、"该处室有人不是本科毕业"分别是同素材的 I 判断和 O 判断,它们之间是下反对关系。对于具有下反对关系的两个判断,如果一个判断是假的,则另一个判断就是真的。因此它们之中至少有一个是真的,根据题意,三条信息中只有一条是真的,可见,"该处室有人是本科毕业"和"该处室有人不是本科毕业"两个判断中有且只有一个是真的,那么另一条信息"该处室王科长不是本科毕业"就是假的。由此可见,"该处室王科长是本科毕业"是真的。由此可得,"该处室有人是本科毕业"为真。因此,"该处室有人不是本科毕业"为假,根据矛盾关系,如果 O 判断为假,则 A 判断为真,即"该处室所有人都是本科毕业"为真。由此可得,该处室的李处长是本科毕业。

在同素材的 A、E、I、O 之间的对当关系中,矛盾关系是基本的,由矛盾关系加上其他三种关系中的任何一个都可以将其他两种关系推导出来。

例 3.2.14

已知在同素材的 A、E、I、O 之间,矛盾关系和反对关系成立,试证明差等关系、下反对关系也成立。

证明:

(1) 先证明差等关系成立。

假设 A 真,那么根据反对关系可得 E 假,由 E 假,根据矛盾关系可得 I 真。

假设 A 假,那么根据反对关系可得 E 真假不定,由 E 真假不定,根据矛盾关系可得 I 真假不定。

假设 I 真,那么根据矛盾关系可得 E 假,由 E 假,根据反对关系可得 A 真假不定。

假设 I 假,那么根据矛盾关系可得 E 真,由 E 真,根据反对关系可得 A 假。

因此,A 和 I 之间的差等关系成立。

同理可证,E 和 O 之间的差等关系也成立。

(2) 再证下反对关系成立。

假设 I 假,那么根据矛盾关系可得 E 真,由 E 真,根据反对关系可得 A 假,由 A 假,根据矛盾关系可得 O 真。同理可证,如果 O 假则 I 真。

假设 I 真,那么根据矛盾关系可得 E 假,由 E 假,根据反对关系可得 A 真假不定,由 A 真假不定,根据矛盾关系可得 O 真假不定。同理可证,如果 O 真则 I 真假不定。

因此,I 和 O 之间的下反对关系成立。

五、性质判断主、谓项的周延性

在一个性质判断中,如果其主项(或谓项)的全部外延都得到了断定,就称该主项(或谓项)是周延的;否则,就称该主项(或谓项)是不周延的。

对于性质判断的四种基本形式 A、E、I、O 而言,主、谓项的周延性如下:

1. 全称判断 A、E 的主项是周延的。全称量项"所有"即明确指出主项的全部外延都得到了断定。

2. 特称判断 I、O 的主项是不周延的。特称量项"有的"即明确指出主项的全部外延没有都得到断定。

3. 肯定判断 A、I 的谓项是不周延的。对于 A 判断而言,SAP 断定的是"所有的 S 都是 P",即断定 S 的外延全部都在 P 的外延之中,但是并没有断定 P 的外延都在 S 的外延之中。如,"所有的教授都是教师"断定的是"教授"的全部外延都在"教师"的外延之中,并没有断定"教师"的全部外延都在"教授"的外延之中。实际上,也只有"教师"的部分外延在"教授"的外延之中。所以,性质判断的基本形式 SAP 其谓项是不周延的。

对于 I 判断而言,SIP 断定的是"有的 S 是 P",即断定部分 S 的外延在 P 的外延之中,并没有断定 P 的外延都在 S 的该部分外延之中。如,"有的教授是博士"断定的是"教授"的部分外延(即既是教授又是博士的)在"博士"的外延之中,并没有断定"博士"的全部外延都在"教授"的该部分外延(即既是教授又是博士的)之中。实际上,存在不是教授的博士,即只有"博士"的部分外延在"教授"的该部分外延(即既是教授又是博士的)之中。所以,性质判断的基本形式 SIP 其谓项也是不周延的。

4. 否定判断 E、O 的谓项是周延的。对于 E 判断而言,SEP 断定的是"所有的 S 都不是 P",即断定 S 的外延全部都不在 P 的外延之中,也即断定"所有的 S 都不是任一 P",P 的全部外延都得到了断定。所以,性质判断的基本形式 SEP 其谓项是周延的。

对于 O 判断而言,SOP 断定的是"有的 S 不是 P",即断定 S 的部分外延不在 P 的外延之中,也即断定"有部分 S 不是任一 P",P 的全部外延都得到了断定。所以,性质判断的基本形式 SOP 其谓项是周延的。

综上所述,性质判断的四种基本形式 A、E、I、O 主、谓项的周延情况如下表:

判断形式	主项	谓项
A	周延	不周延
E	周延	周延
I	不周延	不周延
O	不周延	周延

第三节 关系判断

本节所讨论的关系判断指的是简单判断中的关系判断。

一、关系判断的结构

关系判断由关系者项、关系项和量项三部分构成。

例 3.3.1

  (1) 有些诤言胜过所有的阿谀奉承。

  (2) 余干县位于南昌市和万年县之间。

关系者项表示具有关系判断所断定关系的若干对象,即关系判断的主项,如上面例(1)中的关系者项是"诤言"和"阿谀奉承",例(2)中的关系者项是"余干县"、"南昌市"和"万年县"。

关系项表示关系判断所断定的关系,即关系判断的谓项,如上面例(1)中的关系项是"胜过",例(2)中的关系项是"位于……和……之间"。存在于两个对象之间的关系称为二元关系,存在于三个对象之间的关系称为三元关系。一般地,存在于 n 个对象之间的关系称为 n 元关系。

量项表示关系者项被断定的数量或范围。如上面例(1)中的量项是"有些"和"所有的"。如果关系者项是单独概念,则一般省略量项,如上面例(2)。

对于两个单独的对象 a、b,二元关系判断可以表示为:

$$R(a,b)$$

也可以表示为:

$$aRb$$

这里,R 是关系项,a、b 是两个单独的关系者项。

类似地,对于三个单独的对象 a、b、c,三元关系判断可以表示为:

$$R(a,b,c)$$

一般地,对于 n 个单独的对象 a_1、a_2、…、a_n,n 元关系判断可以表示为:

$$R(a_1,a_2,\cdots,a_n)$$

二、关系的性质

不同性质的关系具有不同的逻辑特征,下面我们从自返、对称、传递的角度来讨论关系的不同性质。

1. 自返

自返关系:如果对于特定论域中的任一对象 x,都有 $R(x,x)$ 成立,那么称关系 R 为该论域上的自返关系。

非自返关系:如果在特定论域中,存在对象 x,$R(x,x)$ 不成立,那么称关系 R 为该论域上的非自返关系。

禁自返关系:如果对于特定论域中的任一对象 x,$R(x,x)$ 都不成立,那么称关系 R 为该论域上的禁自返关系。

例 3.3.2

（1）△ABC 与 △DEF 相似。

（2）钟会了解邓艾。

（3）珞珈山在东湖的西边。

在上面例（1）中,因为任一三角形都与自身相似,所以"相似"就是"三角形"这个论域上的自返关系。在例（2）中,因为有些人并不一定了解自己,所以"了解"就是"人"这个论域上的非自返关系。在例（3）中,因为任一地点都不可能在自己的西边,所以"在……的西边"就是"地点"这个论域上的禁自返关系。

关系的性质是相对于特定的论域而言的,如在上面例（2）中,如果假设某群体 M 中人人都了解自己,那么"了解"就是"M"这个论域上的自返关系。

2. 对称

对称关系:如果对于特定论域中的任一对象 x 和任一对象 y,若 $R(x,y)$ 成立,则 $R(y,x)$ 一定成立,那么称关系 R 为该论域上的对称关系。

非对称关系:如果在特定论域中,存在对象 x、y,$R(x,y)$ 成立但是 $R(y,x)$ 不成立,那么称关系 R 为该论域上的非对称关系。

禁对称关系:如果对于特定论域中的任一对象 x 和任一对象 y,若 $R(x,y)$ 成立,则 $R(y,x)$ 一定不成立,那么称关系 R 为该论域上的禁对称关系。

例 3.3.3

(1) 婺源县和弋阳县是同一个省的。

(2) 花无缺认识怜星宫主。

(3) 玄武门之变发生在安史之乱之前。

在上面例(1)中,因为对于任意县 A 和 B,若 A 和 B 是同一个省的,那么 B 和 A 一定也是同一个省的,所以"……和……是同一个省的"就是"县"这个论域上的对称关系。在例(2)中,因为有些人认识很多明星,但是反过来,这些明星并不一定认识他们,所以"认识"就是"人"这个论域上的非对称关系。在例(3)中,因为对于任意历史事件 A 和 B,若 A 在 B 之前,那么 B 一定不在 A 之前,所以"……在……之前"就是"历史事件"这个论域上的禁对称关系。

3. 传递

传递关系:如果对于特定论域中的任一对象 x、任一对象 y 和任一对象 z,若 $R(x,y)$ 和 $R(y,z)$ 成立,则 $R(x,z)$ 一定成立,那么称关系 R 为该论域上的传递关系。

非传递关系:如果在特定论域中,存在对象 x、y、z,$R(x,y)$ 和 $R(y,z)$ 成立但是 $R(x,z)$ 不成立,那么称关系 R 为该论域上的非传递关系。

禁传递关系:如果对于特定论域中的任一对象 x、任一对象 y 和任一对象 z,若 $R(x,y)$ 和 $R(y,z)$ 成立,则 $R(x,z)$ 一定不成立,那么称关系 R 为该论域上的禁传递关系。

例 3.3.4

(1) 6 能被 3 整除。

(2) 柏拉图是亚里士多德的老师。

(3) 邓曼是楚文王的母亲。

在上面例(1)中,因为对于任意正整数 A、B 和 C,若 A 能被 B 整除并且 B 能被 C 整除,那么 A 一定能被 C 整除,所以"……能被……整除"就是"正整数"这个论域上的传递关系。在例(2)中,因为柏拉图是亚里士多德的老师,亚里士多德是亚历山大的老师,但是柏拉图并不是亚历山大的老师,所以"……是……老师"就是"人"这个论域上的非传递关系。在例(3)中,因为对于任何 A、B 和 C,若 A 是 B 的母亲并且 B 是 C 的母亲,那么 A 一定不是 C 的母亲,所以"……是……的母亲"就是"人"这个论域上的禁传递关系。

本章小结

判断是构成推理的基本单位。判断是对思维对象有所断定的思维形式。判断有两个基本特征：(1)判断都有所断定,(2)判断都有真假。

语句是判断的语言表达形式,判断是语句表达的思想内容。但是语句与判断并不是一一对应的。这是因为：(1)不是所有的语句都表达判断,(2)同一个判断可以使用不同的语句来表达,(3)同一个语句可以表达不同的判断。

表达判断的语句称为命题,命题的逻辑形式指的是与命题具体内容相对的形式结构。

判断按照不同的标准可以分为：简单判断和复合判断、性质判断和关系判断、模态判断和非模态判断等。

性质判断由主项、谓项、联项和量项四部分构成。性质判断按质量结合分,可以分为单称肯定判断、单称否定判断、全称肯定判断、全称否定判断、特称肯定判断和特称否定判断六种。

同素材的 A、E、I、O 四个性质判断之间存在矛盾关系、反对关系、下反对关系和差等关系等对当关系。

对于性质判断的四种基本形式 A、E、I、O 而言,主、谓项的周延性是：(1)全称判断 A、E 的主项是周延的;(2)特称判断 I、O 的主项是不周延的;(3)肯定判断 A、I 的谓项是不周延的;(4)否定判断 E、O 的谓项是周延的。

关系判断由关系者项、关系项和量项三部分构成。不同性质的关系具有不同的逻辑特征。

本章学习的重点是：(1)判断的基本特征,(2)判断的种类,(3)性质判断的构成和种类,(4)同素材性质判断之间的对当关系,(5)基本性质判断主谓项的周延性,(6)关系判断的构成及其不同的逻辑特征。

▣ 复习思考题

1. 什么是判断？判断的基本特征是什么？
2. 判断与语句有何联系和区别？
3. 什么是命题和命题形式？
4. 判断有哪些种类？
5. 什么是性质判断？
6. 性质判断是由哪几部分构成的？
7. 性质判断有哪些种类？
8. 什么是同素材的 A、E、I、O 之间的对当关系？具体内容是什么？
9. 性质判断主、谓项的周延性指的是什么？A、E、I、O 主、谓项的周延性如何？
10. 什么是关系判断？
11. 关系判断是由哪几部分构成的？
12. 什么是自返关系、对称关系和传递关系？

▣ 练习题

1. 下列语句是否表达判断？

1.01 月是故乡明。

1.02 一寸光阴一寸金,寸金难买寸光阴!

1.03 皮之不存,毛将焉附？

1.04 海内存知己,天涯若比邻。

1.05 无为在歧路,儿女共沾巾。

1.06 来日绮窗前,寒梅著花未？

1.07 无论去与往,俱是梦中人。

1.08 旦为朝云,暮为行雨,朝朝暮暮,阳台之下。

1.09 或者言听计从,或者拍案而起。

1.10 π 是有理数。

1.11 2020 年 10 月 23 日载人飞行器成功陆火星。

1.12 明朝的都城一直是在南京。

2. 下列判断哪些是性质判断,哪些是关系判断？如果是性质判断,指出其主项是什么？如果是关系判断,指出其关系者项是什么？

2.01 刘秀、阴丽华两人是夫妻。

2.02 泰山在黄河之南。

2.03 山海关和嘉峪关相隔万里。

2.04 螺髻山景区是四川省著名的风景名胜区。

2.05 公正包括实体公正和程序公正。

2.06 宪法是国家的根本大法。

2.07 燕雀安知鸿鹄之志哉。

2.08 飘风不终朝,骤雨不终日。

2.09 凡是合理的终将成为现实,凡是不合理的终将成为历史。

2.10 一个人他可能在某一时刻欺骗所有的人,也可能在所有的时刻欺骗某一个人,但他不能在所有的时刻欺骗所有的人。

3. 下列句子表达的是哪种类型的性质判断?

3.01 有些问题是没有答案的。

3.02 任何成绩都不是骄傲的资本。

3.03 合肥是安徽省的省会。

3.04 所有人都应该救助弱者。

3.05 哈佛是世界上最好的大学之一。

3.06 有很多议员不是白人。

3.07 人无完人。

3.08 每一种创伤都造就一种成熟。

3.09 存在很多非正义战争。

3.10 众人莫不拍手称快。

3.11 有些意会之事不可言传。

3.12 凡所有相,皆是虚妄。

4. 假设下列判断为真,根据对当关系,指出同素材的 A、E、I、O 四个性质判断中其他判断的真假:

4.01 有些伤害是过失造成的。

4.02 有些教授不是学者。

4.03 所有的矛盾都是可以化解的。

4.04 所有的偶数都不是奇数。

5. 假设下列判断为假,根据对当关系,指出同素材的 A、E、I、O 四个性质判断中其他判断的真假:

5.01 有些经济犯也是刑事犯。

5.02 有些盗窃犯不是抢劫犯。

5.03 所有冲动之举都不是理智的行为。

5.04 所有的犯罪行为都将受到法律的惩罚。

6. 完成下列证明：

6.01 在对当关系中,已知矛盾关系和差等关系成立,求证反对关系和下反对关系也成立。

6.02 在对当关系中,已知矛盾关系和下反对关系成立,求证反对关系和差等关系也成立。

7. 回答下列问题：

7.01 对当关系中,已知反对关系和差等关系成立,能否证明矛盾关系和下反对关系也成立？为什么？

7.02 在对当关系中,已知反对关系和下反对关系成立,能否证明矛盾关系和差等关系也成立？为什么？

7.03 在对当关系中,已知下反对关系和差等关系成立,能否证明矛盾关系和反对关系也成立？为什么？

7.04 在对当关系中,已知反对关系、下反对关系和差等关系成立,能否证明矛盾关系也成立？为什么？

8. 根据对当关系,指出能驳斥下列判断的相应判断。

8.01 有些乔木是灌木。

8.02 有些棠梨不是能吃的。

8.03 所有菊花都不是野生的。

8.04 所有的牡丹都是富贵的象征。

9. 指出下列性质判断主、谓项的周延性情况：

9.01 海里有些大型动物不是鱼。

9.02 有些深海动物是发光的。

9.03 所有贝类都不是鱼类。

9.04 所有的珊瑚都应该受到保护。

10. 分析下列关系判断中加点关系在论域"正整数"上是否自返关系、非自返关系、禁自返关系：

10.01 9 大于等于 8。

10.02 A 加 B 之和等于 6。

10.03 A 比 B 大 1。

11. 分析下列关系判断中加点关系在论域"人"上是否对称关系、非对称关系、禁对称关系：

11.01　孔子非常尊敬尧舜。

11.02　子贡是孔子的弟子。

11.03　荀攸为荀彧之侄。

11.04　周逸群和卢德铭同为黄埔军校第二期学员。

11.05　耻食周粟，饿死首阳山的伯夷和叔齐是兄弟。

12.　分析下列关系判断中加点关系在论域"概念的外延"上是否传递关系、非传递关系、禁传递关系：

12.01　"无理数"和"不能表示为两个整数之比的数"是同一关系。

12.02　"青年"和"好学青年"是真包含关系。

12.03　"中国"和"国家"是真包含于关系。

12.04　"副教授"和"局长"是交叉关系。

12.05　"对称关系"和"非对称关系"是全异关系。

12.06　王莽是汉元帝皇后王政君的侄子。

13.　在下列各题给出的若干选项中，找出符合要求的一项。

13.01　对十种哲学书籍的一项售后调查显示，只有不到10%的人完整阅读了所购买的书，有超过30%的人只是翻了翻所购书的目录，甚至有超过40%的人书买回去之后就再也没有看过。由此可见，大部分人购买哲学书不是为了阅读。

以下哪项如果为真，最能反驳上述结论？

A. 研究生购买哲学书籍都是为了自己阅读。

B. 只有少部分购买哲学书是为了装饰自己的新居。

C. 购买哲学书籍的人除了自己阅读外，大部分是为了给自己的亲人阅读。

D. 有些人购买哲学书籍不是为了现在阅读，而是为了充实退休后的生活。

13.02　李赫、张岚、林宏、何柏、邱辉五位是同事，近日他们各自买了一辆不同品牌小轿车，分别为雪铁龙、奥迪、宝马、奔驰、桑塔纳。这五辆车的颜色分别与五人名字的最后一个字谐音：黑、蓝、红、白、灰，但他们各自所买车的颜色都与其名字的最后一个字谐音的颜色不同。已知李赫买的是蓝色的雪铁龙。

以下哪项排列可能依次对应张岚、林宏、何柏、邱辉所买的车？

A. 灰色的奥迪、白色的宝马、黑色的奔驰、红色的桑塔纳

B. 黑色的奥迪、红色的宝马、灰色的奔驰、白色的桑塔纳

C. 红色的奥迪、灰色的宝马、白色的奔驰、黑色的桑塔纳

D. 白色的奥迪、黑色的宝马、红色的奔驰、灰色的桑塔纳
E. 黑色的奥迪、灰色的宝马、白色的奔驰、红色的桑塔纳
(MBA、MPA、MPAcc 2010 年联考试卷)

第四章
复合判断

复合判断就是自身中包含有其他判断的判断。

例 4.0.1

(1) 并非经过验证的理论都是正确的。

(2) 叶香胜过花香,这是可能的。

(3) 天意怜幽草,人间重晚晴。

(4) 只有坚持不懈,你才能获得成功。

(5) 或者你选择,或者你被选择。

(6) 如果所有的思想都是清楚的,那么就没有思想需要解释了;如果所有的思想都不是清楚的,那么就没有思想能解释清楚。

在上面例子中,(1)包含一个简单性质判断,(2)包含一个简单关系判断,(3)包含两个简单关系判断,(4)、(5)都包含两个简单性质判断,(6)包含两个复合判断。因此,它们都是复合判断。

与简单判断相比,复合判断具有以下几个特点:

第一,复合判断都包含别的判断,有些复合判断甚至包含其他复合判断。构成复合判断的判断称为支判断。

第二,复合判断通常由"联结词"联结支判断构成。如在上面例子中,"并非"、"这是可能的"、"只有……才……"、"或者……或者……"、"如果……那么……"都是联结词。

第三,复合判断的真假由其支判断的真假和逻辑联结词的性质决定。

本章讨论几种常见的复合判断的逻辑特征。

第一节 联言判断

一、什么是联言判断

联言判断是断定几种事物情况同时存在的判断。

例 4.1.1

(1) 唐代的王维不但是大诗人,而且是著名的书画家。

(2) 君子博学而日三省乎己。

(3) 春风一夜吹乡梦,又逐春风到洛城。①

(4) 刘郎已恨蓬山远,更隔蓬山一万重。②

上面例子中的句子都是联言判断。

联言判断的命题形式是:

  p 并且 q。

其中,p、q 称作联言支,"并且"是一个联言判断联结词。联言判断的联结词通常用符号"∧"来表示,联言判断的命题形式有时也写作:

$$p \wedge q。$$

读作:p 合取 q。

需要特别注意的是,在自然语言中,"并且"的含义是非常丰富的。有时表示递进关系,如"内黄姐盛名天下,并且是历代帝王御用的贡品"。有时还含有时间上的先后关系,如"他不仅参加了比赛,而且获得了二等奖"。但是,联言判断的命题形式"p 并且 q"中的联结词"并且"并不含有自然语言中的诸多含义,它只表达一种确定的意思:断定几种事物情况同时存在。在下文中,对于其他命题形式中出现的联结词均有类似的情况,不再说明。

在自然语言中,表示联言判断的联结词是多种多样的,如"而且"、

---

① 武元衡:《春心》。
② 李商隐:《无题》。

"而"、"不但……而且……"、"既……又……"、"不仅……还……"、"虽然……但是……"等。

在自然语言中,还有大量的联言判断不使用联结词。

例 4.1.2

（1）天行健,君子当自强不息;地势坤,君子以厚德载物。①

（2）锦瑟无端五十弦,一弦一柱思华年。庄生晓梦迷蝴蝶,望帝春心托杜鹃。沧海月明珠有泪,蓝田日暖玉生烟。此情可待成追忆,只是当时已惘然。②

上面例（1）中的复合判断,就是一个没有使用联结词的联言判断;例（2）中的每一句都是一个复合判断,大都没有使用联结词。

联言支的主项或者谓项如果相同,则联言判断可以省略一个主项或者谓项。

例 4.1.3

（1）李广是西汉名将,曾任卫将军。

（2）杜甫、李白都是影响久远的伟大诗人。

二、联言判断真假的确定

联言判断既然是断定几种事物情况同时存在的判断,那么一个联言判断为真当且仅当其联言支都为真。即只有当联言支都真时,联言判断才为真;当联言支至少有一个为假时,联言判断为假。

例如,"这套家具是明代的,并且是檀木的"这个联言判断要为真,只有当"这套家具是明代的"和"这套家具是檀木的"这两个联言支都真时,该联言判断才为真。当"这套家具是明代的"和"这套家具是檀木的"这两个联言支至少有一个为假时,该联言判断就为假。可以将上述情况排列如下表:

---

① 《周易》。
② 李商隐:《锦瑟》。

这套家具是明代的	这套家具是檀木的	这套家具是明代的,并且是檀木的
1	1	1
1	0	0
0	1	0
0	0	0

一个联言判断的真假情况可以用下表来表示:

p	q	p∧q
1	1	1
1	0	0
0	1	0
0	0	0

通常把上面这样的表称作"真值表"。实际上,真值表是对命题形式"p 并且 q"或者"p∧q"的含义的最准确的表达之一。

"p∧q"的真值特征是:只有在 p、q 都真时,"p∧q"才真,其余情况下"p∧q"均假。

第二节 选言判断

一、什么是选言判断

选言判断是断定几种事物情况至少有一种存在的判断。

例 4.2.1

(1) 或者时间有始,或者时间无终。

(2) 要么一举成名,要么一败涂地。

(3) 一部好的作品,或者思想深刻,或者艺术精湛。

(4) 要么"东邪"击败"西毒",要么"西毒"战胜"东邪"。

上面例子中的句子都是选言判断。

选言判断的支判断称为选言支。两个选言支的主项或者谓项如果相同,在自然语言中,可以省略其中的一个。

例4.2.2

(1) 巴西队或者德国队将最终夺冠。

(2) 李煜要么做个好君主,要么做一个好词人。

选言支所断定的几种事物情况,有时是能够同时成立的,有时是不能同时成立的。

例4.2.3

(1) 或者李隆基深爱杨玉环,或者杨玉环深爱李隆基。

(2) 第一个登上"木卫二"的要么是美国人,要么不是美国人。

在上面例(1)中,因为李隆基和杨玉环可能相互深爱,所以例(1)中的两个选言支"李隆基深爱杨玉环"和"杨玉环深爱李隆基"是能够同时成立的。在上面例(2)中,因为任何一个人不可能既是美国人又不是美国人,所以例(2)中的两个选言支"第一个登上'木卫二'的是美国人"和"第一个登上'木卫二'的不是美国人"是不能同时成立的。

如果选言支所断定的几种事物情况能够同时成立,则称这个选言判断的选言支相容。如果选言支所断定的几种事物情况不能同时成立,则称这个选言判断的选言支不相容。

二、选言判断的种类

根据选言支是否相容,可以将选言判断分为相容选言判断和不相容选言判断。

1. 相容选言判断

因为相容选言判断的选言支相容,所以相容选言判断就是断定几个选言支中至少有一个为真并且可以同时为真的选言判断。

相容选言判断的命题形式是:

　　p 或者 q。

其中,p、q是选言支,"或者"是一个相容选言判断联结词。相容选

言判断的联结词通常用符号"∨"来表示,相容选言判断的命题形式有时也写作:

p∨q。

读作:p 析取 q。

在自然语言中,表示相容选言判断的联结词是多种多样的,如"或许"、"或许……或许……"、"可能……可能……"等。

例 4.2.4

(1) 在这盘象棋比赛中,或许慕容芬不能战胜上官诚,或许上官诚不能战胜慕容芬。

(2) 双向选择,可能是你选择对方,也可能是对方选择你。

相容选言判断既然是断定能够同时成立的几种事物情况至少有一种存在的判断,那么一个相容选言判断为真当且仅当其选言支至少有一个为真。即只要选言支有一个或者一个以上为真,相容选言判断就为真。只有当选言支都假时,相容选言判断才为假。

例如,"龙虎山中或者有珍禽,或者有异兽"这个相容选言判断要为真,只要选言支"龙虎山中有珍禽"和"龙虎山中有异兽"有一个为真或者两个都为真,该相容选言判断就为真。只有当选言支"龙虎山中有珍禽"和"龙虎山中有异兽"都假时,相容选言判断才为假。可以将上述情况排列如下表:

龙虎山中有珍禽	龙虎山中有异兽	龙虎山中或者有珍禽,或者有异兽
1	1	1
1	0	1
0	1	1
0	0	0

一般地,一个相容选言判断的真假情况可以用如下的真值表来表示:

p	q	p∨q
1	1	1
1	0	1
0	1	1
0	0	0

"p∨q"的真值特征是:只有在 p、q 都假时,"p∨q"才假,其余情况下"p∨q"均真。

2. 不相容选言判断

因为不相容选言判断的选言支不相容,所以不相容选言判断就是断定几个选言支中恰好有一个为真的选言判断。

不相容选言判断的命题形式是:

要么 p,要么 q。

其中,p、q 是选言支,"要么……要么……"是一个不相容选言判断联结词。不相容选言判断的联结词通常用符号"$\dot{\vee}$"来表示,不相容选言判断的命题形式有时也写作:

p $\dot{\vee}$ q。

读作:p 不相容析取 q。

在自然语言中,表示不相容选言判断的联结词是多种多样的,如"……二者择其一"、"或者……或者……二者只居其一"、"可能……可能……二者不可得兼"等。

例 4.2.5

(1) 这粒种子要么是葵花子,要么是松子。

(2) 或者洁身自好,或者同流合污,二者必居其一。

不相容选言判断既然是断定不能同时成立的几种事物情况至少有一种存在的判断,那么一个不相容选言判断为真当且仅当其选言支恰好有一个为真。即只有当选言支至少有一个并且至多有一个为真,不相容选言判断才为真;否则,不相容选言判断为假。

例如,"要么物质第一,要么意识第一"这个不相容选言判断要为真,只有当选言支"物质第一"和"意识第一"恰有一个为真时,该不相容选言判断才为真。当选言支"物质第一"和"意识第一"都真或者都假时,不相容选言判断为假。可以将上述情况排列如下表:

物质第一	意识第一	要么物质第一,要么意识第一
1	1	0
1	0	1
0	1	1
0	0	0

一般地,一个不相容选言判断的真假情况可以用如下的真值表来表示:

p	q	p $\underline{\vee}$ q
1	1	0
1	0	1
0	1	1
0	0	0

"p $\underline{\vee}$ q"的真值特征是:只有在 p、q 的值不同时,"p $\underline{\vee}$ q"才真,其余情况下"p $\underline{\vee}$ q"均假。

第三节 假言判断

一、什么是假言判断

假言判断是断定某一事物情况的存在(或不存在)是另一事物情况存在(或不存在)的条件的判断。假言判断也称条件判断。

例 4.3.1
  (1) 如果布谷鸟叫了,那么夏天就到了。
  (2) 只有尊重别人,才能赢得别人的尊重。
  (3) 只要思考,就会有所发现;也只有思考,才能有所发现。
  (4) 若非一番寒彻骨,哪得梅花扑鼻香?
  (5) 逢人不说人间事,便是人间无事人。①

上面例子中的句子都是假言判断。

假言判断由两个支判断构成,前一个支判断称为假言判断的前件,后一个支判断称为假言判断的后件。

两事物情况之间存在各种各样的条件关系,逻辑学主要研究充分条件、必要条件和充分必要条件这三种条件关系。

对于两个事物情况 p 和 q,如果有 p,就必定有 q,则称 p 是 q 的充分条件。如"这个几何图形是正方形"就是"这个图形的四个角相等"的充分条件。因为,如果"这个几何图形是正方形"成立,那么"这个图形的四个角相等"也一定成立。

对于两个事物情况 p 和 q,如果没有 p,就必定没有 q,则称 p 是 q 的必要条件。如"这个几何图形是四边形"就是"这个图形是菱形"的必要条件。因为,如果"这个几何图形是四边形"不成立,那么"这个图形是菱形"也一定不成立。

对于两个事物情况 p 和 q,如果有 p,就必定有 q;如果没有 p,就必定没有 q,则称 p 是 q 的充分必要条件。如"这个三角形三条边相等"就是"这个三角形三个角相等"的充分必要条件。因为,如果"这个三角形三条边相等"成立,那么"这个三角形三个角相等"也一定成立;并且,如果"这个三角形三条边相等"不成立,那么"这个三角形三个角相等"也一定不成立。

二、假言判断的种类

根据所断定事物间条件关系的不同,假言判断也有不同的形式。

---

① 荀鹤:《赠质上人》。

1. 充分条件假言判断

充分条件假言判断指的是断定事物情况之间具有充分条件关系的假言判断。

例 4.3.2
  (1) 如果物体相互摩擦,那么物体就会生热。
  (2) 只要你不断地努力,就一定有可能成功。
  (3) 若能转物,则同如来。

上面例子中的句子都是充分条件假言判断。

充分条件假言判断的命题形式是:

  如果 p,那么 q。

其中,p 是充分条件假言判断的前件,q 是充分条件假言判断的后件,"如果……那么……"是一个充分条件假言判断联结词。充分条件假言判断的联结词通常用符号"→"来表示,充分条件假言判断的命题形式有时也写作:

  p→q。

读作:p 蕴涵 q。

在自然语言中,表示充分条件假言判断的联结词是多种多样的,如"如果……则……"、"……就……"、"一旦……就……"、"若……则……"、"……则……"等。

充分条件假言判断既然是断定事物情况之间具有充分条件关系的假言判断,那么一个充分条件假言判断为真当且仅当如果其前件为真,则后件一定为真。即只有当前件真且后件假时,充分条件假言判断才为假。其他情况下,充分条件假言判断均为真。

例如,"如果太阳落山了,那么天暗下来了"这个充分条件假言判断只有在前件真后件假时,即在"太阳落山了,但是天没有暗下来"的情况下,该充分条件假言判断才为假。而在"太阳落山了,天也暗下来了"、"太阳没落山,但天暗下来了"和"太阳没落山,天也没暗下来"三种情况下,该充分条件假言判断均为真。可以将上述情况排列如下表:

太阳落山了	天暗下来了	如果太阳落山了,那么天暗下来了
1	1	1
1	0	0
0	1	1
0	0	1

一般地,一个充分条件假言判断的真假情况可以用如下的真值表来表示:

p	q	p→q
1	1	1
1	0	0
0	1	1
0	0	1

"p→q"的真值特征是:只有在 p 真 q 假时,"p→q"才假,其余情况下"p→q"均真。

2. 必要条件假言判断

必要条件假言判断指的是断定事物情况之间具有必要条件关系的假言判断。

例 4.3.3

(1) 只有亲自登上黄山,才能真正感受到黄山的秀美。

(2) 除非你理解世上最令人发笑的趣事,你才能解决最为棘手的难题。

上面例子中的句子都是必要条件假言判断。

必要条件假言判断的命题形式是:

只有 p,才 q。

其中,p 是必要条件假言判断的前件,q 是必要条件假言判断的后件,"只有……才……"是一个必要条件假言判断联结词。必要条件假言判断的联结词通常用符号"←"来表示,必要条件假言判断的命题形

式有时也写作:

  p←q。

读作:p 逆蕴涵 q。

在自然语言中,表示必要条件假言判断的联结词是多种多样的,如"若非……哪得……"、"没有……没有……"、"除非……不……"等。

必要条件假言判断既然是断定事物情况之间具有必要条件关系的假言判断,那么一个必要条件假言判断为真当且仅当只有其前件为真,后件才为真。即只有当前件假但后件为真时,必要条件假言判断才为假。其他情况下,必要条件假言判断均为真。

例如,"只有到了一个月的中旬,你才能看到圆月"这个必要条件假言判断只有在前件假后件真时,即在"没到一个月的中旬,但是却看到了圆月"的情况下,该必要条件假言判断才为假。而在"到了一个月的中旬,你看到了圆月"、"到了一个月的中旬,但你没能看到圆月"和"没到一个月的中旬,你没能看到圆月"三种情况下,该必要条件假言判断均为真。可以将上述情况排列如下表:

到了一个月的中旬	你看到圆月	只有到了一个月的中旬,你才能看到圆月
1	1	1
1	0	1
0	1	0
0	0	1

一般地,一个必要条件假言判断的真假情况可以用如下的真值表来表示:

p	q	p←q
1	1	1
1	0	1
0	1	0
0	0	1

"p←q"的真值特征是:只有在 p 假 q 真时,"p←q"才假,其余情况下"p←q"均真。

充分条件假言判断和必要条件假言判断可以相互转化:如果 p 是 q 的充分条件,那么 q 是 p 的必要条件;如果 q 是 p 的必要条件,那么 p 是 q 的充分条件。

3. 充分必要条件假言判断

充分必要条件假言判断指的是断定事物情况之间具有充分必要条件关系的假言判断。

例 4.3.4

(1) 一个孩子成为大人当且仅当他意识到自己有犯错误的权利。

(2) 如果你谦虚,那么将获得尊重;并且只有谦虚,你才能获得尊重。

上面例子中的句子都是充分必要条件假言判断。

充分必要条件假言判断的命题形式是:

P 当且仅当 q。

其中,p 是充分必要条件假言判断的前件,q 是充分必要条件假言判断的后件,"当且仅当"是一个充分必要条件假言判断联结词。充分必要条件假言判断的联结词通常用符号"↔"来表示,充分必要条件假言判断的命题形式有时也写作:

p ↔ q。

读作:p 等值 q。

在自然语言中,表示充分必要条件假言判断的联结词是多种多样的,如"……当且仅当……"、"如果……那么……,并且只有……才……"等。

充分必要条件假言判断既然是断定事物情况之间具有充分必要条件关系的假言判断,那么一个充分必要条件假言判断为真当且仅当其前件、后件同为真或者同为假。即当前、后件真假相同时,充分必要条件假言判断为真。当前、后件真假不同时,充分必要条件假言判断为假。

例如,"宙斯是阿波罗的父亲,当且仅当阿波罗是宙斯的儿子"这个充分必要条件假言判断只有在前、后件都真或者都假时,即在"宙斯是阿波罗的父亲,并且阿波罗是宙斯的儿子"或者"宙斯不是阿波罗的父亲,并且阿波罗不是宙斯的儿子"的情况下,该充分必要条件假言判断为真。而在前、后件真假不同时,即在"宙斯不是阿波罗的父亲,但阿波罗是宙斯的儿子"或者"宙斯是阿波罗的父亲,但阿波罗不是宙斯的儿子"的情况下,该充分必要条件假言判断为假。可以将上述情况排列如下表:

宙斯是阿波罗的父亲	阿波罗是宙斯的儿子	宙斯是阿波罗的父亲,当且仅当阿波罗是宙斯的儿子
1	1	1
1	0	0
0	1	0
0	0	1

一般地,一个充分必要条件假言判断的真假情况可以用如下的真值表来表示:

p	q	$p \leftrightarrow q$
1	1	1
1	0	0
0	1	0
0	0	1

"$p \leftrightarrow q$"的真值特征是:只有在 p、q 值相等时,"$p \leftrightarrow q$"才真,其余情况下"$p \leftrightarrow q$"均假。

第四节 负 判 断

一、什么是负判断

负判断是否定某个判断的判断。负判断又叫判断的否定判断,简称判断的否定。前面所讨论的复合判断都有两个或者两个以上的支判断,但是负判断只有一个支判断。

例 4.4.1
　　(1) 并非事事皆如所愿。
　　(2) 不是齐国一出兵,魏国就解除了对赵国都城邯郸的围攻。

上面例子中的句子都是负判断。在例(1)中,其支判断是"事事皆如所愿"。在例(2)中,其支判断是"齐国一出兵,魏国就解除了对赵国都城邯郸的围攻"。

负判断和简单性质判断中的否定判断不同。负判断否定的是一个判断,而简单性质判断中的否定判断否定的是一个性质。

例 4.4.2
　　(1) 不是所有的胆怯都是勇敢。
　　(2) 所有的胆怯都不是勇敢。

上面例(1)中的句子是一个负判断,它否定的是支判断"所有的胆怯都是勇敢"。例(2)中的句子是一个否定判断,它否定的是性质"勇敢"。

负判断的命题形式是:
　　　　并非 p。

其中,p 是负判断的支判断,"并非"是一个负判断联结词。负判断的联结词通常用符号"¬"来表示,负判断的命题形式有时也写作:
　　　　¬p。

读作:非 p。

在自然语言中,表示负判断的联结词主要有"并非"、"不是"、"这不是事实"等。

负判断既然是对某个判断进行否定,那么一个负判断为真当且仅当其支判断为假。即如果支判断为真,则负判断为假;如果支判断为假,则负判断为真。

例如,如果支判断"芍药灿若牡丹"为真,则负判断"并非芍药灿若牡丹"为假。如果支判断"芍药灿若牡丹"为假,则负判断"并非芍药灿若牡丹"为真。可以将上述情况排列如下表:

芍药灿若牡丹	并非芍药灿若牡丹
1	0
0	1

一般地,一个负判断的真假情况可以用如下的真值表来表示:

p	¬p
1	0
0	1

"¬p"的真值特征是:¬p 与 p 的真值相反。

负判断的支判断可以是一个简单判断,也可以是一个复合判断。因此,负判断可以分为简单判断的负判断和复合判断的负判断。

二、简单判断的负判断

前文所讨论的六种简单性质判断,它们的负判断分别为:

(1) 并非这个 S 是 P。
(2) 并非这个 S 不是 P。
(3) 并非所有 S 都是 P。
(4) 并非所有 S 都不是 P。
(5) 并非有的 S 是 P。
(6) 并非有的 S 不是 P。

如果命题均为真或者均为假,则称这两个命题等值。如果两个命题形式,不论其中的变项代入什么内容,所得到的两个命题均等值,则称这两个命题形式等值。不难给出与上述负判断命题形式相等值的命题形式。

1."并非这个 S 是 P"等值于"这个 S 不是 P"。如"并非北京是大唐都城"等值于"北京不是大唐都城"。

2."并非这个 S 不是 P"等值于"这个 S 是 P"。如"并非项羽不是真英雄"等值于"项羽是真英雄"。

3."并非所有 S 都是 P"等值于"有的 S 不是 P"。如"并非所有的梦想都是彩色的"等值于"有些梦想不是彩色的"。

4."并非所有 S 都不是 P"等值于"有的 S 是 P"。如"并非所有的花都不是夜间开放的"等值于"有的花是夜间开放的"。

5."并非有的 S 是 P"等值于"所有 S 都不是 P"。如"并非有的借口是理由"等值于"所有的借口都不是理由"。

6."并非有的 S 不是 P"等值于"所有 S 都是 P"。如"并非有的诗人不是文学家"等值于"所有的诗人都是文学家"。

三、复合判断的负判断

前文所讨论的七种复合判断,它们的负判断分别为:

(1) 并非(p 并且 q)。

(2) 并非(p 或者 q)。

(3) 并非(要么 p,要么 q)。

(4) 并非(如果 p,那么 q)。

(5) 并非(只有 p,才 q)。

(6) 并非(p 当且仅当 q)。

(7) 并非(并非 p)。

下面给出与上述负判断命题形式相等值的命题形式。

1."并非(p 并且 q)"等值于"(并非 p)或者(并非 q)"。

要判定命题形式"并非(p 并且 q)"和"(并非 p)或者(并非 q)"是否等值,就是要判定不论其中的变项 p、q 代入什么内容,所得到的两个命题均等值。这可以通过如下步骤来完成:

第一步,列出 p、q 代入具体内容后所有可能的真假情况:(1) p、q

都真;(2) p 真、q 假;(3) p 假、q 真;(4) p、q 都假。可以列出如下真值表:

p	q
1	1
1	0
0	1
0	0

第二步,按照复合判断命题形式的真值表,逐次算出待比较的命题形式在各种情况下的真值:

p	q	p∧q	¬(p∧q)	¬p	¬q	(¬p)∨(¬q)
1	1	1	0	0	0	0
1	0	0	1	0	1	1
0	1	0	1	1	0	1
0	0	0	1	1	1	1

第三步,判定是否等值。从上表可以看出,命题形式"并非(p 并且 q)"和"(并非 p)或者(并非 q)"在四种情况下,真假均相同,所以,"并非(p 并且 q)"等值于"(并非 p)或者(并非 q)"。

例如,"并非物美价廉"等值于"或者物不美或者价不廉"。

2."并非(p 或者 q)"等值于"(并非 p)而且(并非 q)"。

可以同样用真值表证明如下:

p	q	p∨q	¬(p∨q)	¬p	¬q	¬p∧¬q
1	1	1	0	0	0	0
1	0	1	0	0	1	0
0	1	1	0	1	0	0
0	0	0	1	1	1	1

例如,"并非世家或者大族"等值于"既非世家亦非大族"。

3."并非(要么 p,要么 q)"等值于"(p 而且 q)或者((并非 p)并且(并非 q))"。

可以同样用真值表证明如下:

p	q	p∨̇q	¬(p∨̇q)	p∧q	¬p	¬q	¬p∧¬q	(p∧q)∨(¬p∧¬q)
1	1	0	1	1	0	0	0	1
1	0	1	0	0	0	1	0	0
0	1	1	0	0	1	0	0	0
0	0	0	1	0	1	1	1	1

例如,"并非(要么对要么错)"等值于"(既对且错)或者(既不对又不错)"。

4."并非(如果 p,那么 q)"等值于"p 而且(并非 q)"。

可以同样用真值表证明如下:

p	q	p→q	¬(p→q)	¬q	p∧¬q
1	1	1	0	0	0
1	0	0	1	1	1
0	1	1	0	0	0
0	0	1	0	1	0

例如,"并非(如果登上泰山,则一定能够看到日出)"等值于"登上泰山但未必能看到日出"。

5."并非(只有 p,才 q)"等值于"(并非 p)而且 q"。

可以同样用真值表证明如下:

p	q	p←q	¬(p←q)	¬p	¬p∧q
1	1	1	0	0	0
1	0	1	0	0	0
0	1	0	1	1	1
0	0	1	0	1	0

例如,"并非(只有党员才能当干部)"等值于"不是党员也能当干部"。

6. "并非(p当且仅当q)"等值于"(p并且(并非q))或者((并非p)而且q)"。

可以同样用真值表证明如下:

p	q	p↔q	¬(p↔q)	¬q	p∧¬q	¬p	¬p∧q	(p∧¬q)∨(¬p∧q)
1	1	1	0	0	0	0	0	0
1	0	0	1	1	1	0	0	1
0	1	0	1	0	0	1	1	1
0	0	1	0	1	0	1	0	0

例如,"并非(小明成为大学生当且仅当小明通过高考)"等值于"(小明成为大学生但是他没有通过高考)或者(小明没有成为大学生但是他通过了高考)"。

7. "并非(并非p)"等值于"p"。

可以同样用真值表证明如下:

p	¬p	¬(¬p)
1	0	1
0	1	0

例如,"并非(不是所有的人都赞成)"等值于"所有的人都赞成"。还可以通过如下的真值表来检验"并非(并非p)"等值于"p"。

p	¬p	¬(¬p)	(¬(¬p))↔p
1	0	1	1
0	1	0	1

即,要判定两个逻辑形式 A 和 B 是否等值,只需列出 A↔B 的真值表。如果在真值表中 A↔B 始终为真,即在真值表的各行中 A↔B

均为真,则可断定 A 和 B 等值;否则,则不等值。

通常将在真值表各行中均取真值的公式称为永真式。使用真值表方法我们还可以判断两个逻辑形式 A 和 B 之间是否有蕴涵关系。方法是,列出 A→B 的真值表,如果 A→B 为永真式,则可断定 A 和 B 之间有蕴涵关系;否则,没有蕴涵关系。

例 4.4.3

判断 p∧q 和 p∨q 之间、p→q 和 p∨q 之间是否有蕴涵关系。

解析:

p	q	p∧q	p∨q	p→q	(p∧q)→(p∨q)	(p→q)→(p∨q)
1	1	1	1	1	1	1
1	0	0	1	0	1	1
0	1	0	1	1	1	1
0	0	0	0	1	1	0

由上述真值表可以看出,(p∧q)→(p∨q)是永真式,(p→q)→(p∨q)不是永真式,所以,p∧q 和 p∨q 之间有蕴涵关系,p→q 和 p∨q 之间没有蕴涵关系。

第五节 模态判断

一、什么是模态判断

模态词指的是描摹事物状态的词。如本体论模态词有"可能"、"必然"、"偶然"等等,认识论模态词有"相信"、"知道"、"怀疑"等等,时间模态词有"一直"、"永远"、"曾经"、"将会"等等,道义模态词有"应该"、"允许"、"禁止"等等。模态判断指的是包含模态词的判断。

例 4.5.1

(1) 长安曾经非常繁华。

(2) 正义的事业必然胜利。

（3）禁止任何极端的暴力行为。
（4）人们怀疑这座大墓是三国时期的。
（5）大家都相信天上是不会掉下馅饼的。
（6）奔跑的野兔撞到树上折了脖子这是非常偶然的事情。

上面例子中的句子都是模态判断。

模态判断中的模态词有作用于词项之上的,有作用于语句之上的。

例 4.5.2

（1）应该有人当选。
（2）有人应该当选。
（3）可能这座山里有野兔。
（4）这座山里可能有野兔。
（5）必然有人在摸彩中获奖。
（6）有人在摸彩中必然获奖。

在上例（1）、（3）、（5）中,模态词是作用于语句之上的,在例（2）、(4)、(6)中,模态词是作用于词项之上的。本书只研究模态词作用于命题之上的模态判断,因此这类模态判断也属于复合判断的一种。

下面我们讨论断定事情情况必然性或者或然性的模态判断。其中"必然"、"可能"是模态词。这是一种狭义的模态判断,前文所讨论的是广义的模态判断。

二、模态判断的种类

根据对事情情况的肯定或者否定所作的必然性或者或然性的断定,可以将狭义模态判断分为必然肯定判断、必然否定判断、或然肯定判断和或然否定判断四种。

1. 必然肯定判断

必然肯定判断是对事情情况的肯定作出必然性的断定的判断。

例 4.5.3

（1）必然是适者生存,不适者消亡。
（2）人要经历生离死别,这是必然的。

上例中的两个句子都是必然肯定判断。

必然肯定判断的命题形式是:

必然 p。

现代逻辑通常用符号"□"表示"必然",这样,必然肯定判断的命题形式也写作:

□p

读作:必然 p。

2. 必然否定判断

必然否定判断是对事情情况的否定作出必然性的断定的判断。

例 4.5.4

(1) 必然不是人人都主动愿意修行。

(2) 刘邦依靠德行在楚汉相争中获胜,必然不是这样的。

上面例子中的两个句子都是必然否定判断。

必然否定判断的命题形式是:

必然¬p。

在现代逻辑中,必然否定判断的命题形式也写作:

□¬p

读作:必然并非 p。

3. 或然肯定判断

或然肯定判断是对事情情况的肯定作出或然性的断定的判断。

例 4.5.5

(1) 可能麻烦都是自找的。

(2) 通过不懈的努力获得成功,这是可能的。

上面例子中的两个句子都是或然肯定判断。

或然肯定判断的命题形式是:

可能 p。

现代逻辑通常用符号"◇"表示"可能",这样,或然肯定判断的命题形式也写作:

◇p

读作:可能 p。

4. 或然否定判断

或然否定判断是对事情情况的否定作出或然性的断定的判断。

例4.5.6

（1）可能不是通过别人救赎自己。

（2）快乐是永恒的,可能并非如此。

上面例子中的两个句子都是或然否定判断。

或然否定判断的命题形式是：

可能¬p。

在现代逻辑中,或然否定判断的命题形式也写作：

◇¬p

读作:可能并非 p。

三、模态判断之间的真假关系

与同素材的 A、E、I、O 四个性质判断之间存在的对当关系类似,同素材的"必然 p"、"必然并非 p"、"可能 p"、"可能并非 p"之间也具有一种对当关系。可以用如下的逻辑方阵图来表示：

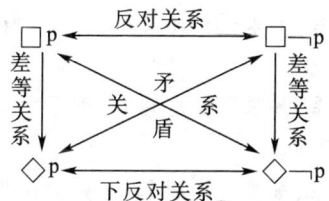

由此可见：

1. □p 与 ◇¬p、□¬p 与 ◇p 之间存在矛盾关系。它们之间具有如下的真假关系:既不能同真,也不能同假。即如果一个判断是真的,则另一个判断就是假的;如果一个判断是假的,则另一个判断就是真的。

2. □p 与 □¬p 之间存在反对关系。它们之间具有如下的真假关系:不能同真,可以同假。即如果一个判断是真的,则另一个判断就是假的;如果一个判断是假的,则另一个判断真假不定。

3. ◇p 与 ◇¬p 之间存在下反对关系。它们之间具有如下的真假关系:不能同假,可以同真。即如果一个判断是假的,则另一个判断就是真的;如果一个判断是真的,则另一个判断真假不定。

4. □p 与 ◇p、□¬p 与 ◇¬p 之间存在差等关系。它们之间具有如下的真假关系:如果必然判断是真的,则或然判断也是真的;如果必然判断是假的,则或然判断真假不定;如果或然判断是真的,则必然判断真假不定;如果或然判断是假的,则必然判断也是假的。

由如上关系,不难得出:

¬□p 等值于 ◇¬p;

¬□¬p 等值于 ◇p;

¬◇p 等值于 □¬p;

¬◇¬p 等值于 □p。

根据同素材 □p、□¬p、◇p 与 ◇¬p 之间的对当关系,我们可以由其中一个判断的真假推知其他三个判断的真假。

例 4.5.7

假设"必然黄金贵于白银"真,求同素材的其他判断的真假。

解析:"必然黄金贵于白银"是一个必然肯定判断。

根据矛盾关系,如果 □p 是真的,则 ◇¬p 是假的,即"可能并非黄金贵于白银"假。

根据反对关系,如果 □p 是真的,则 □¬p 是假的,即"必然不是黄金贵于白银"假。

根据差等关系,如果 □p 是真的,则 ◇p 是真的,即"可能黄金贵于白银"真。

例 4.5.8

假设"可能并非相由心生"假,求同素材的其他判断的真假。

解析:"可能并非相由心生"是一个或然否定判断。

根据矛盾关系,如果 ◇¬p 判断是假的,则 □p 是真的,即"必然相由心生"真。

根据下反对关系,如果 ◇¬p 是假的,则 ◇p 是真的,即"可能相由心生"真。

根据差等关系,如果 ◇¬p 是假的,则 □¬p 是假的,即"必然并非相由心生"假。

▣ **本章小结**

　　复合判断就是自身中包含有其他判断的判断。与简单判断相比，复合判断具有以下几个特点：(1) 复合判断都包含别的判断；(2) 复合判断通常是由"联结词"联结支判断构成；(3) 复合判断的真假由其支判断的真假和逻辑联结词的性质决定。

　　联言判断就是断定几种事物情况同时存在的判断。联言判断只有当联言支都真时才真，否则为假。

　　选言判断就是断定几种事物情况至少有一种存在的判断。选言判断包括相容选言判断和不相容选言判断两种。相容选言判断只有当选言支都假时才假，否则为真。不相容选言判断只有当选言支恰好有一个为真时才真，否则为假。

　　假言判断就是断定某一事物情况的存在(或不存在)是另一事物情况存在(或不存在)的条件的判断。假言判断主要有充分条件假言判断、必要条件假言判断和充分必要条件假言判断三种。充分条件假言判断只有当前件真、后件假时才假，否则为真。必要条件假言判断只有当前件真、后件真是才假，否则为真。充分必要条件假言判断只有当前后件同真或者同假时才真，否则为假。

　　负判断就是否定某个判断的判断。负判断有与其等值的判断。

　　模态判断指的是包含模态词的判断。狭义模态判断分为必然肯定判断、必然否定判断、或然肯定判断和或然否定判断四种。同素材的模态判断之间存在对当关系。

　　本章学习的重点是：(1) 联言判断及其真值条件，(2) 选言判断、假言判断的种类及其真值条件，(3) 否定判断及其等值判断，(4) 模态判断的种类及其对当关系。

▣ **复习思考题**

　1. 什么是联言判断？
　2. 什么是选言判断？相容选言判断与不相容选言判断有什么区别？
　3. 假言判断有哪几种？它们有什么不同？

4. 什么是负判断？各种负判断的等值判断是什么？
5. 如何使用真值表判定两个命题形式是否等值？
6. 什么是模态判断？
7. 什么是模态判断之间的对当关系？具体内容是什么？

练习题

1. 下列判断属于哪种复合判断？

1.01 为无为,则无不治。①

1.02 人若不学,则无以成。

1.03 不入虎穴,焉得虎子？

1.04 芳草鲜美,落英缤纷。②

1.05 是道则进,非道则退。

1.06 唯有努力处下,才能品性高贵。

1.07 穷则独善其身,达则兼善天下。③

1.08 明月自来还自去,更无人倚玉阑干。④

1.09 书山有路勤为径,学海无涯苦作舟。

1.10 个别娱乐节目不但雷死人,并且媚俗得要命。

1.11 懂得珍惜与遗忘,当且仅当,经历成功与创伤。

1.12 为天地立心,为生民立命,为往圣继绝学,为万世开太平。⑤

1.13 浩瀚宇宙中,或者有超乎想象的绝美仙境,或者有风姿绰约的绝代佳人。

2. 写出下列复合判断的命题形式：

2.01 满招损,谦受益。

2.02 逆水行舟,不进则退。

2.03 木秀于林,风必摧之。

2.04 若要人不知,除非己莫为。

---

① 老子:《道德经》。
② 陶渊明:《桃花源记》。
③ 孟子:《孟子·尽心上》。
④ 崔橹:《华清宫·其一》。
⑤ 张载:《张子全集·近思录》。

2.05 没有好品质,就没有大智慧。

2.06 除非学会遗忘,才能不断获得快乐。

2.07 或者是账号不对,或者是密码错误。

2.08 君子之交淡若水,小人之交甘若醴。

2.09 只有意志坚强的人,才能获得最后的成功。

2.10 要么诚心道歉,请求原谅;要么固执到底,等待法律裁决。

3. 写出与下列负判断相等值的判断:

3.01 并非德才兼备。

3.02 并非有些小恶可为之。

3.03 并非所有的路可以重来

3.04 并非有些成功不是耻辱。

3.05 并非不是高尚就是丑陋。

3.06 并非只有博士才可以当教授。

3.07 并非所有的人都懂得珍惜自己。

3.08 并非或者学习逻辑,或者学习数学。

4. 判定下列命题形式是否等值:

4.01 $p \rightarrow q$ 与 $q \leftarrow p$

4.02 $p \vee q$ 与 $\neg p \rightarrow q$

4.03 $p \vee (\neg q)$ 与 $(\neg p) \vee q$

4.04 $(\neg p) \leftrightarrow q$ 与 $p \wedge (\neg q)$

4.05 $\neg(p \leftarrow \neg q)$ 与 $\neg p \wedge q$

4.06 $\neg(p \vee (\neg q))$ 与 $(\neg p) \wedge q$

5. 判定下列命题形式是否有蕴涵关系:

5.01 $p \rightarrow q$ 与 p

5.02 $p \vee q$ 与 q

5.03 $p \vee (\neg q)$ 与 $(\neg p) \vee q$

5.04 $p \wedge q$ 与 $p \vee (\neg q)$

6. 写出如下判断的命题形式,并判定其中哪些判断有等值关系。

6.01 这片湿地或者放养龙虾,或者放养泥鳅。

6.02 如果这片湿地放养龙虾,那么就不放养泥鳅。

6.03 除非这片湿地放养龙虾,才放养泥鳅。

6.04 这片湿地如果不放养泥鳅,就放养龙虾。

6.05 这片湿地只有放养泥鳅,才不放养龙虾。

6.06 这片湿地要么放养泥鳅,要么放养龙虾,二者只选其一。

6.07 这片湿地放养龙虾,当且仅当不放养泥鳅。

6.08 这片湿地既放养龙虾,也放养泥鳅。

7. 假设下列判断为真,根据对当关系,指出同素材的□p、□¬p、◇p 与 ◇¬p 四个模态判断中其他判断的真假:

7.01 可能龙生龙。

7.02 必然长江后浪推前浪。

7.03 必然不是每个士兵都能成为元帅。

7.04 可能并非事实都如史书所记载的那样。

8. 假设下列判断为假,根据对当关系,指出同素材的□p、□¬p、◇p 与 ◇¬p 四个模态判断中其他判断的真假:

8.01 可能凤生凤。

8.02 必然不是人间处处皆春色。

8.03 可能并非人人都有所追求。

8.04 必然有最后一根压死骆驼的稻草。

9. 判定下列两个模态判断之间属于矛盾关系、反对关系、差等关系或者下反对关系。

9.01 □(p∧q)和◇p。

9.02 □(p∧q)和□(¬p∧¬q)。

9.03 □(p∧q)和◇(¬p∨¬q)。

9.04 ◇(p∨q)和◇(¬p∨¬q)。

10. 在下列各题给出的若干选项中,找出符合要求的一项。

10.01 亚里士多德学院的门口竖着一块牌子,上面写着"不懂逻辑者不得入内"。这天,来了一群人,他们都是懂逻辑的人。如果牌子上的话得到准确的理解和严格的执行,那么以下诸断定中,只有一项是真的。这一真的断定是:

A. 他们可能不会被允许进入。

B. 他们一定不会被允许进入。

C. 他们一定会被允许进入。

D. 他们不可能被允许进入。

(中央机关及其直属机构2004年度考试录用公务员《行政职业能力测验》试卷)

10.02 桌上放着红桃、黑桃和梅花三种牌,共20张,

[1] 桌上至少有一种花色的牌少于6张;

［2］桌上至少有一种花色的牌多于 6 张；
［3］桌上任意两种牌的总数将不超过 19 张。
上述判断中正确的是以下哪项？
A．［1］、［2］。
B．［1］、［3］。
C．［2］、［3］。
D．［1］、［2］和［3］。
（中央机关及其直属机构 2005 年度考试录用公务员《行政职业能力测验》试卷）

第五章
逻辑基本规律

逻辑的基本规律是关于思维的逻辑形式的规律,它们普遍适用于概念、判断和推理等。相对适用于各种具体逻辑形式的特殊规律而言,它们是最一般的逻辑规律。

逻辑基本规律主要有三条,即同一律、矛盾律和排中律。

第一节 同 一 律

一、同一律的内容和要求

同一律的内容是:在同一思维过程中,每一思想要保持其自身的同一性。

同一律可以用公式表示为:"A 是 A"或"p→p"。其中 A 表示任一概念,p 表示任一判断。"A 是 A"或"p→p"表示在同一思维过程中每一概念或者判断保持其自身的同一性。同一律的主旨是保持思想的确定性。

同一律对思维形式的要求包括两个方面:

1. 概念要明确

就概念而言,同一律要求在同一时间、同一地点对某一对象的属性要有明确的反映,即在同一思维过程中一个概念的内涵和外延必须具有确定性。

该要求与同一概念的古今语义变化、发展并不冲突。如"古稀老人"在古代其外延可能指的是70岁以上的老人,但是在今天其外延可能指的是90岁以上的老人。同一律要求的概念的确定性指的是在同一思维过程中。而古今概念的发展变化显然已经不在同一个思维过程中。

2. 判断要同一

就判断而言,同一律要求在同一思维过程中,一个判断断定了什么就是什么,不能更改。在同一思维过程中,如果一个判断肯定什么就肯定什么,否定什么就否定什么。

二、违反同一律所犯的逻辑错误

1. 混淆概念

混淆概念是无意识地违反同一律的要求,把不同的概念当作同一个概念来使用。

例5.1.1

(1) 晋平公问于祁黄羊曰:"南阳无令,其谁可而为之?"祁黄羊曰:"解狐可。"平公曰:"解狐非子之仇邪?"对曰:"君问可,非问臣之仇也。"平公曰:"善。"遂用之,国人称善焉。

居有间,平公又问祁黄羊曰:"国无尉,其谁可而为之?"对曰:"午可。"平公曰:"午非子之子邪?"对曰:"君问可,非问臣之子也。"平公曰:"善。"又遂用之,国人称善焉。

孔子闻之曰:"善哉,祁黄羊之论也!外举不避仇,内举不避子,祁黄羊可谓公矣。"[①]

(2) 强化部学生是南京大学最优秀的,张敏是强化部学生,所以,张敏是南京大学最优秀的。

在上面例(1)中,晋平公将"可胜任南阳令的人"和"除祁黄羊仇人之外可胜任南阳令的人"混为一谈;将"可胜任尉的人"和"除祁黄羊亲人之外可胜任尉的人"混为一谈。两次都犯了"混淆概念"的逻辑错

---

① 《吕氏春秋·去私》。

误。在上面例（2）中，"强化部学生是南京大学最优秀的"中的"强化部学生"是集合概念，而"张敏是强化部学生"中的"强化部学生"是非集合概念。在例（2）的三段论中，错误地将其混而为一，就犯了"混淆概念"的逻辑错误。作为三段论，这一推理还犯了"四项错误"。

2．偷换概念

偷换概念是有意违反同一律的要求，把不同的概念当作同一个概念来使用。

例5.1.2

（1）公款大吃大喝不应被认定为腐败，如果连吃喝都是腐败的话，那么大家都在腐败。

（2）谓鸡足一，数足二；二而一，故三。①

在上面例（1）中，论证者将"公款大吃大喝"这一概念故意偷换为"吃喝"，犯了"偷换概念"的逻辑错误。在例（2）中，公孙龙将"鸡足"的自名用法（即"鸡足"指的是"鸡足"这个概念或者语词本身）和"鸡足"的指称用法（即"鸡足"指的是通常所说的鸡的那两条腿）故意混为一谈，也是犯了"偷换概念"的逻辑错误。

3．转移论题

转移论题就是违反同一律的要求，把一个论题转换为与之不同的另一个论题。

例5.1.3

（1）孟子谓齐宣王曰："王之臣，有托其妻子于其友而之楚游者，比其返也，则冻馁其妻子，则如之何？"王曰："弃之。"曰："士师不能治士，则如之何？"曰："已之。"曰："四境之内不治，则如之何？"王顾左右而言他。②

（2）警察："你为什么醉酒驾驶？"

王伟："10年前的朋友从美国回来，难得喝几杯。"

---

① 公孙龙：《公孙龙子·通变论》。这段话的大意是：称之为"鸡足"的概念（或者名称）有一个，数一数鸡的实际的足，有两个；一加两个是三个，所以，鸡有三个足。

② 孟子：《孟子·梁惠王》。

在上面例(1)中,齐宣王对于"游者之友"、"士师"的处理意见可谓斩钉截铁,又是"弃之"又是"已之",但是当被孟子问道如何处理"政纪败乱,人民不能安居乐业的君王"的时候,齐宣王却故意转移了话题,这就在逻辑上犯了"转移论题"的错误。在例(2)中,警察问的是"为什么醉酒驾驶?",王伟却将其转移为"为什么喝酒?",这也犯了"转移论题"的逻辑错误。

4. 偷换论题

偷换论题就是违反同一律的要求,用一个不同的论题来暗中代替所要讨论的论题。

例5.1.4

(1) 明朝有个人叫靳贵,父亲靳瑜是个温州府属下的小官。靳贵在弘治三年(公元1490年)考中进士,初授编修,后官至武英殿大学士。尽管他用心教育子女,但他的儿子才学平平,书读得不好,没有什么出息;而靳贵的孙子却勤奋好学,后来也一举考中进士。对于不长进的儿子,靳贵见了常常没好气地数落他几句,说他是个不肖之子。一天,儿子又受了靳贵的批评,终于忍不住回嘴说:"你老是说我不肖不肖,实际上,你的父亲不如我的父亲,你的儿子不如我的儿子,两代都不如我,我究竟不肖在哪里!"听了这话,靳贵忍不住哈哈大笑,以后再也不数落儿子了。

(2) 这有一条狗,它是有儿女的,因而它是一个父亲;它是你的,因而它是你的父亲;你打它,就是打你自己的父亲。

在上例(1)中,靳贵的儿子将"你是不肖之子"偷换成"你的父亲不如我的父亲,你的儿子不如我的儿子",这就在逻辑上犯了"偷换论题"的错误。在上例(2)中,论证者将"它是狗的父亲"偷换成"它是一个父亲",将"它是你的,并且它是狗的父亲"偷换成"它是你的父亲",将"你打自己的狗,并且它是狗的父亲"偷换成"你打自己的父亲",这些都犯了"偷换论题"的逻辑错误。

第二节 矛 盾 律

一、矛盾律的内容和要求

矛盾律的内容是:在同一思维过程中,两个互相否定的思想不能同真,必有一假。

矛盾律可以用公式表示为:"A 不是非 A"或"$\neg(p \wedge \neg p)$"。矛盾律的主旨是保持思想的一致性。

矛盾律对思维形式的要求包括两个方面:

1. 概念要相容

就概念而言,矛盾律要求在同一时间、同一地点对同一对象是否具有某一属性要有一致的断定,不能在同一个概念中,一个对象既具有某一属性,又不具有某一属性。一个概念如果违反了这一要求,则称之为"矛盾概念",如"圆的方"就是一个矛盾概念。

例 5.2.1

16 这个数字,如果只用汉字来描述,可以使用如下八个汉字:"颠"这个字的笔画数。当然也可以使用如下五个汉字来描述:四个马腿数。但是肯定不能只有一个汉字来描述。由此可见,"'颠'这个字的笔画数"、"四个马腿数"都是概念,其外延只有一个对象,就是数字 16。同样,"不能只用一个汉字来描述的数"也是一个概念,其外延包括许多对象,如 16、17 等等。以此推之,"不能只用二十二个汉字来描述的正整数"也是一个概念,其外延也包括许多对象。同样,"不能只用二十二个汉字来描述的正整数中最小的数"也是一个概念,这个概念的外延只有一个对象,它是一个正整数,我们记为 a。请看这个正整数 a,一方面,根据其定义,它是不能只用二十二个汉字来描述的;可是另一方面,其定义"不能只用二十二个汉字来描述的正整数中最小的数"恰恰只用了二十二个汉字,它又是能够只用二十二个汉字来描述的。这样,概念"不能只用二十二个汉字来描述的正整数中最小的数"就断

定了正整数 a 既具有某一属性,又不具有某一属性,因而,它是一个矛盾概念。

2. 判断要一致

就判断而言,矛盾律要求在同一思维过程中,不能既断定某对象是什么,又断定它不是什么。

"矛盾"一词出自《韩非子》中的一则寓言故事:

> 楚人有鬻盾与矛者,誉之曰:"吾盾之坚,莫能陷也。"又誉其矛曰:"吾矛之利,于物无不陷也。"或曰:"以子之矛陷子之盾,何如?"其人弗能应也。①

在这则寓言中,楚人就违反了矛盾律的要求。因为由"吾盾之坚,莫能陷也"可以推出:他的矛不能刺穿他的盾;由"吾矛之利,于物无不陷也"可以推出:他的矛能够刺穿他的盾。对于他的盾楚人既断定了它是坚固无比的,又断定了它不是坚固无比的,得出了一对相互矛盾的命题。同样,对于他的矛楚人既断定了它是锋利无比的,又断定了它不是锋利无比的,也得出了一对相互矛盾的命题。

根据矛盾律的要求,不能同时肯定两个互相矛盾或者互相反对的判断都是真的,其中必定有一个是假的。具体地说,下列形式的判断都是不能同真的:

同素材的"这个 S 是 P"与"这个 S 不是 P";

同素材的 SAP 与 SOP;

同素材的 SEP 与 SIP;

同素材的 SAP 与 SEP;

p 与 $\neg p$。

例 5.2.2

(1)"陈省华是南部县人"与"陈省华不是南部县人"这两个判断的形式分别是"这个 S 是 P"与"这个 S 不是 P",属于矛盾关系,是不能同真的。

---

① 韩非:《韩非子·难一》。

(2)"三台、江油都是历史文化名城"与"三台、江油都不是历史文化名城"这两个判断的形式分别是同素材的 SAP 与 SEP,属于反对关系,是不能同真的。

(3)"禹迹山风景名胜区在南部县"和"禹迹山风景名胜区不在南部县"这两个判断的形式分别是 p 与 ┐p,属于矛盾关系,是不能同真的。

二、违反矛盾律所犯的逻辑错误

违反矛盾律所犯的逻辑错误称为"自相矛盾"。

例 5.2.3

(1)一个小村庄的理发师宣称:只给那些不给自己理发的人理发。

(2)好好先生雇了甲、乙两个园丁帮助自己管理菜地。在除草时,园丁甲发现一只蜗牛正在吃雇主的卷心菜,于是准备处死它,园丁乙急忙制止他,两个人为之争执起来。好好先生听到争吵声,走过来询问究竟。园丁甲说:"这只蜗牛在吃您的卷心菜,所以,得处死它。"好好先生说:"你说得对!"园丁乙说:"蜗牛也是一个生命啊,所以,不能处死它。"好好先生说:"你说得对!"他的夫人听到了,说:"可是他们两个人说的不可能都对啊!"好好先生说:"你说得也对!"

(3)历山之农者侵畔,舜往耕焉,期年甽亩正。河滨之渔者争坻,舜往渔焉,期年而让长。东夷之陶者器苦窳,舜往陶焉,期年而器牢。仲尼叹曰:"耕、渔与陶,非舜官也,而舜往为之者,所以救败也。舜其信仁乎! 乃躬藉处苦而民从之。故曰:圣人之德化乎!"

或问儒者曰:"方此时也? 尧安在?"

其人曰:"尧为天子。"

然则仲尼之圣尧奈何! 圣人明察,在上位,将使天下无奸也。今耕渔不争,陶器不窳,舜又何德而化? 舜之救败也,则是尧有失也。贤舜则去尧之明察,圣尧则去舜之德化,不可两得也。①

在上面例(1)中,乡村理发师的宣称看似合理,实质包含矛盾。按照他的宣称,他该不该给自己理发呢？如果他不给自己理发,则他属于不给自己理发的人,根据他的宣称,那么他该给自己理发。如果他给自己理发,则他属于给自己理发的人,根据他的宣称,那么他又不该给自己理发。这样,根据他的宣称,他既该给自己理发,又不该给自己理发。从而犯了"自相矛盾"的错误。在例(2)中,在对于蜗牛的实际行动上,要么处死它,要么不处死它。如果把甲的做法表示为 p,则乙的做法为 ¬p,好好先生同时肯定这两者,则是 p∧¬p,这违反了矛盾律。她夫人认为应该是:¬p∨¬¬p,好好先生又加以肯定,这等于同时肯定:p∧¬p 与¬p∨¬¬p,这又是一对矛盾,好好先生又一次违反矛盾律。在例(3)中,韩非子指出,"贤舜"与"圣尧"是一对矛盾,儒者们的观点实际上是犯了"自相矛盾"的逻辑错误。

第三节 排 中 律

一、排中律的内容和要求

排中律的内容是:在同一思维过程中,两个互相否定的思想不能都假,必有一真。

排中律可以用公式表示为:"A 或者非 A"或"p∨¬p"。排中律的主旨是保持思想的明确性。

排中律对思维形式的要求包括两个方面:

1. 概念要清晰

就概念而言,排中律要求在同一时间、同一地点对同一对象是否具有某一属性要有清晰的断定,不能在同一个概念中,既不断定对象具有某一属性,又不断定对象不具有某一属性。一个概念如果违反了这一

---

① 韩非:《韩非子·难一》。

要求,则称之为"模糊概念",如"无可无不可"就是一个模糊概念。

2. 判断要明确

就判断而言,排中律要求在同一思维过程中,不能既否定某对象是什么,又否定它不是什么。

根据排中律的要求,具有矛盾关系或者下反对关系的两个判断不能都是假的,其中必定有一个是真的。具体地说,下列形式的判断都是不能同假的:

同素材的"这个 S 是 P"与"这个 S 不是 P";

同素材的 SAP 与 SOP;

同素材的 SEP 与 SIP;

同素材的 SIP 与 SOP;

p 与 ¬p。

例 5.3.1

(1)"监利是芙蓉之国"与"监利不是芙蓉之国"这两个判断的形式分别是"这个 S 是 P"与"这个 S 不是 P",属于矛盾关系,是不能同假的。

(2)"有些曹州家庭是五代同堂"与"有些曹州家庭不是五代同堂"这两个判断的形式分别是 SIP 与 SOP,属于下反对关系,是不能同假的。

(3)"中江西眉湖既售银丝挂面,又售八宝油糕"和"中江西眉湖或者不售银丝挂面,或者不售八宝油糕"这两个判断的形式分别是 p∧q 与 ¬p∨¬q,属于矛盾关系,是不能同假的。

正确理解排中律的要求,需要注意以下几点:

第一,排中律并不适用于具有反对关系的两个命题之间,如"这朵花是红色的"和"这朵花是蓝色的"是两个具有反对关系的命题,对这两个命题都可以加以否定,即"这朵花既不是红色的,也不是蓝色的",这并不违反排中律。再如"利辛人都知道伍子胥"和"利辛人都不知道伍子胥"是两个具有反对关系的命题,对这两个命题都可以加以否定,即"并非利辛人都知道伍子胥,也并非利辛人都不知道伍子胥",这并不违反排中律。

第二,排中律也并不排斥人们对于某些事情的选择不定。

例 5.3.2

> 傅二棒槌又扭捏了半天,说道:"不瞒老师说;老师大远的带了门生到这外洋来,原想三年期满,提拔门生得个保举,以便将来出去做官便宜些。谁料平空里出了这个岔子,现在保举是没有指望。这是门生自己没有运气,辜负老师栽培,亦是没法的事。门生现在求老师赏个札子,不为别的,为的是将来回国之后,说起来面子好看些。虽说门生没有一处处走到,到底老师委过门生这们一个差使,将来履历上亦写着好看些。"
>
> 温钦差听了一笑,也不置可否。你道为何?原来温钦差的为人极为诚笃,说是委了差使不去这事便不实在,所以他不甚为然,因之没有下文。①

上例中,温钦差的不置可否,并不违反排中律。

第三,对于"复杂问语"的肯定回答和否定回答都加以否定,并不违反排中律。所谓复杂问语是一种不正当的问语,其中包含着对方没有承认或者不能接受的假设。

例 5.3.3

> 驴友张:七个蓬莱仙子都是女的吗?
>
> 蓬莱客:不是。
>
> 驴友张:七个蓬莱仙子不都是女的吗?
>
> 蓬莱客:不是。
>
> 驴友张:到底是还是不是?
>
> 蓬莱客:根本就没有七个蓬莱仙子。

在上例中,"驴友张"的问话是一个复杂问语,其中包含着一个预设:有七个蓬莱仙子。而这个预设是"蓬莱客"所不承认的。所以,蓬莱客对于"七个蓬莱仙子都是女的"和"七个蓬莱仙子不都是女的"这一对命题都加以否定,并不违反排中律。

---

① 李宝嘉:《官场现形记·第五十六回》。

二、违反排中律所犯的逻辑错误

违反排中律所犯的逻辑错误称为"模棱两可"。

"模棱两可"出自《旧唐书·苏味道传》。说的是,唐朝前期著名诗人苏味道,仕途顺利、官运亨通,仅做宰相前后就长达数年之久。但他在位并没做出什么突出成绩来。他老于世故,处事圆滑。他曾经对人说:"处事不欲决断明白,若有错误,必贻咎谴,但模棱以持两端可矣。"时人由是号为"苏模棱"。"模棱两可"实际意味"模棱两不可",凡事不做决断、不置可否。准确地说,苏味道如果是对于两个互相矛盾的命题都不做决断、不置可否,并不违反排中律。但是如果他对于两个互相矛盾的命题都做否定的决断,那么他就违反了排中律,真正犯了"模棱两可"的逻辑错误。

例 5.3.4

(1) 在如何对待传统文化的讨论中,有两种观点分别认为:传统文化有些应该继承,传统文化有些不应该继承。李娟认为这两种观点都是正确的,而王娟认为这两种观点都是错误的。

(2) 某镇长在向上级领导汇报工作时信誓旦旦地表示"我们镇的每一项工作都非常出色",但是当他面对媒体的质疑时又转而表示"我们镇的某些工作不是非常出色"。此事被网络曝光,该镇长又出来解释说:我既不赞成"我们镇的每一项工作都非常出色",也不赞成"我们镇的某些工作不是非常出色"。

在上面例(1)中,"传统文化有些应该继承"和"传统文化有些不应该继承"是一对下反对关系命题,这可以同真,但是不能同假。李娟认为这两种观点都是正确的,并不违反排中律。王娟认为这两种观点都是错误的,违反了排中律,犯了"模棱两可"的逻辑错误。在例(2)中,"我们镇的每一项工作都非常出色"和"我们镇的某些工作不是非常出色"是一对矛盾关系命题,不能同真,也不能同假。该镇长开始断定了一对矛盾关系命题,违反了矛盾律,犯了"自相矛盾"的逻辑错误。后来否定了一对矛盾关系命题,违反了排中律,又犯了"模棱两可"的逻辑错误。

本章小结

逻辑基本规律主要有三条,即同一律、矛盾律和排中律。

同一律的内容是:在同一思维过程中,每一思想要保持其自身的同一性。同一律对思维形式的要求包括两个方面:(1)概念要明确,(2)判断要同一。违反同一律所犯的逻辑错误主要包括:(1)混淆概念,(2)偷换概念,(3)转移论题,(4)偷换论题等。

矛盾律的内容是:在同一思维过程中,两个互相否定的思想不能同真,必有一假。矛盾律对思维形式的要求包括两个方面:(1)概念要相容,(2)判断要一致。违反矛盾律所犯的逻辑错误称为"自相矛盾"。

排中律的内容是:在同一思维过程中,两个互相否定的思想不能都假,必有一真。排中律对思维形式的要求包括两个方面:(1)概念要清晰,(2)判断要明确。违反排中律所犯的逻辑错误称为"模棱两可"。

本章学习的重点是:(1)同一律、矛盾律和排中律的基本内容和基本要求,(2)违反同一律、矛盾律和排中律所犯的逻辑错误。

复习思考题

1. 逻辑的基本规律主要有哪些?
2. 同一律的内容和要求是什么?违反同一律的要求会犯什么样的逻辑错误?
3. 矛盾律的内容和要求是什么?违反矛盾律的要求会犯什么样的逻辑错误?
4. 排中律的内容和要求是什么?违反排中律的要求会犯什么样的逻辑错误?
5. 矛盾律和排中律有什么区别?

练习题

1. 下列各题是否违反逻辑基本规律?如果违反,违反了什么规律?

1.01　同时肯定同素材的 SAP 和 SEP。

1.02　同时否定同素材的 SAP 和 SEP。

1.03　同时肯定同素材的 SAP 和 SIP。

1.04　同时否定同素材的 SAP 和 SIP。

1.05　同时肯定同素材的 SAP 和 SOP。

1.06　同时否定同素材的 SAP 和 SOP。

1.07　同时肯定同素材的 SEP 和 SIP。

1.08　同时否定同素材的 SEP 和 SIP。

1.09　同时肯定同素材的 SEP 和 SOP。

1.10　同时否定同素材的 SEP 和 SOP。

1.11　同时肯定同素材的 SIP 和 SOP。

1.12　同时否定同素材的 SIP 和 SOP。

1.13　同时肯定 p 和 ¬p。

1.14　同时否定 p 和 ¬p。

1.15　同时肯定 p→q 和 p∧¬q。

1.16　同时否定 p→q 和 p∧¬q。

1.17　同时肯定 p←q 和 ¬p∧q。

1.18　同时否定 p←q 和 ¬p∧q。

1.19　同时肯定 p↔q 和 ¬p↔q。

1.20　同时否定 p↔q 和 ¬p↔q。

1.21　同时肯定 p $\veebar$ q 和 p↔q。

1.22　同时否定 p $\veebar$ q 和 p↔q。

1.23　同时肯定 p∨q 和 ¬p∧¬q。

1.24　同时否定 p∨q 和 ¬p∧¬q。

1.25　同时肯定 p∧q 和 ¬p∨¬q。

1.26　同时否定 p∧q 和 ¬p∨¬q。

2. 分析下列断定,指出它们是否违反矛盾律或者排中律?

2.01　"或者把银杏加工项目放在邳州,或者把半夏生产项目放在睢宁"并且"既不把银杏加工项目放在邳州,也不把半夏生产项目放在睢宁"。

2.02　"或者把银杏加工项目放在邳州,或者把半夏生产项目放在睢宁"并且"如果把银杏加工项目放在邳州,那么把半夏生产项目放在睢宁"。

2.03　既非"或者把银杏加工项目放在邳州,或者把半夏生产项目放在睢宁",也非"既不把银杏加工项目放在邳州,也不把半夏生产项目放在睢宁"。

2.04　"或者把银杏加工项目放在邳州,或者把半夏生产项目放在睢宁"并且"要么把银杏加工项目放在邳州,要么把半夏生产项目放在睢宁"。

2.05　"或者不把银杏加工项目放在邳州,或者把半夏生产项目放在睢宁"并且"把银杏加工项目放在邳州,当且仅当把半夏生产项目放在睢宁"。

2.06　"把银杏加工项目放在邳州,当且仅当把半夏生产项目放在睢宁"并且

"把银杏加工项目放在邳州,当且仅当不把半夏生产项目放在睢宁"。

2.07 既非"把银杏加工项目放在邳州,并且把半夏生产项目放在睢宁",也非"或者不把银杏加工项目放在邳州,或者不把半夏生产项目放在睢宁"。

2.08 "如果银杏加工项目放在邳州,那么把半夏生产项目放在睢宁",并非"只有把银杏加工项目放在邳州,才把半夏生产项目放在睢宁"。

3. 分析下列叙述中,是否存在违反逻辑基本规律的情况。

3.01 你拥有你没有丢掉的东西,你没有丢掉角,所以,你有角。

3.02 你认识那个藏起来的人? 不认识。而他是你父亲,所以,你不认识你的父亲。

3.03 马者,所以命形也;白者,所以命色也。命色者非命形也,故曰:"白马非马"。①

3.04 或问文章有体乎? 曰:无。又问无体乎? 曰:有。然则果如何? 曰:定体则无;大体则有。

3.05 如果你知道你死了,你是死了;如果你知道你死了,你不是死了;所以,你不知道你死了。

3.06 人民群众是推动历史发展的决定因素,大多数太康人是人民群众,所以,大多数太康人是推动历史发展的决定因素。

3.07 洧水甚大,郑之富人有溺者,人得其死者,富人请赎之,其人求金甚多,以告邓析。邓析曰:"安之,人必莫之卖矣。"得死者患之,以告邓析。邓析又答之曰:"安之,此必无所更买矣。"②

3.08 上帝能否造出一块他自己举不起来的石头呢? 如果能,那么存在一块石头,上帝举不起来,因此,上帝不是万能的;如果不能,那么有一件事情上帝做不了,因此,上帝也不是万能的;上帝或者能或者不能造出一块他自己举不起来的石头。总之,上帝不是万能的。

3.09 范进没有中举时,被丈人胡屠户骂道:"不要失了你的时了! ……这些中老爷的都是天上的'文曲星'! 你不看见城里张府上那些老爷,都有万贯家私,一个个方面大耳? 像你这尖嘴猴腮,也该撒泡尿自己照照! ……"范进中举后,胡屠户道:"我那里还杀猪! 有我这贤婿,还怕后半世靠不着也怎的? 我每常说,我的这个贤婿,才学又高,品貌又好,就是城里头那张府、周府这些老爷,也没有我女

---

① 《公孙龙子·白马论》。
② 《吕览·离谓》。

婿这样一个体面的相貌。……"

4. 在下列各题给出的若干选项中,找出符合要求的一项。

4.01 对"这个推理不是间接推理,而是三段论"这一议论

A. 只违反矛盾律。

B. 只违反排中律。

C. 既违反矛盾律又违反排中律。

D. 不违反逻辑基本规律。

4.02 有一位雄心勃勃的年轻人想发明一种能够溶解一切物质的溶液。下面哪项劝告最能使这位年轻人改变初衷呢?

A. 许多人都已经对此做过尝试,没有一个是成功的。

B. 理论研究证明这样一种溶液是不存在的。

C. 研究此溶液需要复杂的工艺和设备,你的条件不具备。

D. 这种溶液研制出来以后,你打算用什么容器来盛放它呢?

(中央机关及其直属机构2001年度考试录用公务员《行政职业能力测验》试卷)

4.03 下面是济南、郑州、合肥、南京四城市某日的天气预报。已知四城市有三种天气情况,济南和合肥的天气相同。郑州和南京当天没有雨。以下推断不正确的是:

A. 济南小雨。

B. 郑州多云。

C. 合肥晴。

D. 南京晴。

(中央机关及其直属机构2002年度考试录用公务员《行政职业能力测验》试卷)

4.04 某家庭有6个孩子,3个孩子是女孩。其中5个孩子有雀斑,4个孩子有卷发。

以下哪项是可能的?

A. 两个男孩有卷发但没有雀斑。

B. 三个有雀斑的女孩都没有卷发。

C. 两个有雀斑的男孩都没有卷发。

D. 三个有卷发的男孩只有一个有雀斑。

(中央机关及其直属机构2003年度考试录用公务员《行政职业能力测验》试卷)

4.05 自1990年到2005年,中国的男性超重比例从4%上升到15%,女性超重比例从11%上升到20%。同一时期,墨西哥的男性超重比例从35%上升到68%,女性超重比例从43% 升到70%。由此可见,无论在中国还是在墨西哥,女性超重的增长速度都高于男性超重的增长速度。

以下哪项陈述最为准确地描述了上述论证的缺陷?
A. 某一类个体所具有的特征通常不是由这些个体所组成的群体的特征。
B. 中国与墨西哥两国在超重人口的起点上不具有可比性。
C. 论证中提供的论据与所得出的结论是不一致的。
D. 在使用统计数据时,忽视了基数、百分比和绝对值之间的相对变化。
(GCT2009年考试试卷)

4.06 胡品:谁也搞不清甲型流感究竟是怎样传入中国的,但它对我国人口稠密地区经济发展的负面影响是巨大的。如果这种疫病在今秋继续传播蔓延,那么,国民经济的巨大损失将是不可挽回的。

吴艳:所以啊,要想挽回这种损失,只需要阻止疫病的传播就可以了。

以下哪项陈述与胡品的断言一致而与吴艳的断言不一致?
A. 疫病的传播被阻断而国民经济遭受了不可挽回的损失。
B. 疫病继续传播蔓延而国民经济遭受了不可挽回的损失。
C. 疫病的传播被阻断而国民经济没有遭受不可挽回的损失。
D. 疫病的传播被控制在一定范围内而国民经济没有遭受不可挽回的损失。
(GCT2009年考试试卷)

4.07 小东在玩"勇士大战"游戏,进入第二关时,界面出现四个选项。第一个选项是"选择任意选项都需支付游戏币",第二个选项是"选择本项后可以得到额外游戏奖励",第三个选项是"选择本项后游戏不会进行下去",第四个选项是"选择某个选项不需支付游戏币"。

如果四个选项中的陈述只有一句为真,则以下哪项一定为真?
A. 选择任意选项都需支付游戏币。
B. 选择任意选项都无需支付游戏币。
C. 选择任意选项都不能得到额外游戏奖励。
D. 选择第二个选项后可以得到额外游戏奖励。
E. 选择第三个选项后游戏能继续进行下去。
(MBA、MPA、MPAcc 2010年联考试卷)

第六章
演绎推理（一）：基于词项的推理

第一节 推理概述

一、推理及其结构

推理是由若干判断得出一个判断的思维形式。

例 6.1.1

(1) 有些文学家是史学家，
    因此，有些史学家是文学家。

(2) 所有的鸟都会飞，
    有些鲈鱼是鸟，
    所以，有些鲈鱼会飞。

(3) 这件事如果不是张三所为，那么就是李四所为，
    这件事不是李四所为，
    所以，这件事是张三所为。

(4) 因云洒润，则芬泽易流，
    乘风载响，则音徽自远，
    是以德教侯物而济，荣名缘时而显。①

(5) 金导电，

---

① 萧统：《文选·连珠》。

银导电,

铜导电,

铁导电,

铅导电,

金、银、铜、铁、铅都是金属,

所以,所有金属都导电。

在上面例(1)中,由一个判断得出一个判断,在例(2)、(3)、(4)中,由两个判断得出一个判断,在例(5)中,由六个判断得出一个判断。它们都是推理。

推理分为前提和结论两个部分。前提是推理所依据的判断,结论是推理所得出的判断。如在上面例(1)中,"有些文学家是史学家"是前提,"有些史学家是文学家"是结论。我们通常使用横线将推理的前提和结论分开。

正如概念通过语词来表达,判断通过语句来表达一样,推理通过句群来表达。但是并非任何句群都表达推理。

例 6.1.2

(1) 你没法欺骗自己,所以,你骗不了所有人。

(2) 你骗得了别人,却永远骗不了你自己的良心。

在上面例(1)中,两个语句之间存在前提和结论的推出关系,是一个推理。而在例(2)中,两个语句之间不存在前提和结论的推出关系,不是推理。

在汉语中,表达前提和结论之间推出关系的词语有:

因为……所以……

由于……因此……

根据……可知……

……由此可见……

既然……就……

……则……

……因之……

……是以……

等等。我们除了用横线来表达推出关系外,也经常使用符号"⊢"来表示推出关系。

二、推理的种类

1. 演绎推理、归纳推理、类比推理

推理可分为异类相推和同类相推。异类相推称为类比推理。同类相推根据思维进程的不同又可以分为归纳推理和演绎推理。其中由特殊到一般的推理称为归纳推理,否则称为演绎推理。

例 6.1.3

(1) 黄牛有蹄,牦牛有蹄,水牛有蹄,所以,所有的牛都有蹄。

(2) 此牛角长,彼牛角短,角长者异于角短者,故此牛非彼牛。

(3) 所有的牛都不是马,所有的黄牛都是牛,所以,所有的黄牛都不是马。

(4) 牛不二,马不二,而牛马二。则牛不非牛,马不非马,而牛马非牛非马。[①]

(5) 水牛是牛,水牛都有角;黄牛也是牛,所以,黄牛也都有角。

在上面例子的四个推理中,(5)由水牛的属性推出黄牛的属性,属于异类相推,是类比推理。(1)、(2)、(3)、(4)均属于同类相推,其中(1)由特殊推出一般,属于归纳推理;(2)、(3)、(4)分别由特殊推出特殊、一般推出特殊、一般推出一般,属于演绎推理。

2. 必然性推理、或然性推理

根据前提和结论之间的逻辑联系,可以把推理分为必然性推理和或然性推理。

必然性推理指的是如果前提真,那么结论一定真的推理。演绎推理和完全归纳推理属于必然性推理。

或然性推理指的是如果前提真,那么结论仅仅可能真的推理。不

[①] 《墨经·经下》。

完全归纳推理和类比推理属于或然性推理。

3. 直接推理、间接推理

根据推理中前提所含判断数目的不同,可以把推理分为直接推理和间接推理。

直接推理指的是前提只有一个判断的推理。

间接推理指的是前提含有两个或两个以上判断的推理。

4. 模态推理、非模态推理

根据推理中是否包含模态判断,可以把推理分为模态推理和非模态推理。

模态推理指的是推理的前提或者结论中包含模态判断的推理。

非模态推理指的是推理的前提和结论中均不包含模态判断的推理。

三、推理的形式有效性及其判定

判断有真假之分,推理有有效、无效之别。

一个推理既涉及前提和结论之间内容上的联系,又涉及前提和结论之间形式上的联系。推理的有效性不是针对内容上的联系而言的,而是仅仅就形式上的联系而言。所以,推理的有效性指的是推理形式的有效性。

所谓推理形式,指的是推理的前提和结论在形式上的联系方式。例如,例 6.1.1 的推理形式是:

<u>有些 S 是 P,</u>

所以,有些 P 是 S。

或者更简单地写作:$SIP \vdash PIS$。

写出一个推理的推理形式,就是使用"$\vdash$"或者横线等其他推理符号将其前提和结论的命题形式连接起来。

一般来说,一个推理形式是有效的指的是假设其前提是真的,则其结论一定是真的。例如,根据前文的真值表可知,$p \vdash \neg \neg p$ 就是一个有效的推理形式。

由此可见,一个推理是有效的,指的是该推理的推理形式是有效的。而一个推理形式是有效的当且仅当具有此推理形式的任一推理都不会出现前提真而结论假的情况。即一个推理是形式有效的,当且仅当具有此推理形式的任一推理,如果其前提是真的,则其结论一定也是真的。

例 6.1.4
  所有的中华虎凤蝶都是蝴蝶,
  所有的蜜蜂都不是中华虎凤蝶,
  所以,所有的蜜蜂都不是蝴蝶。

该推理的推理形式是:
  所有的 M 都是 P,
  所有的 S 都不是 M,
  所以,所有的 S 都不是 P。

不难看出如下推理也具有上述推理形式:
  所有的蝴蝶都是昆虫,
  所有的蜜蜂都不是蝴蝶,
  所以,所有的蜜蜂都不是昆虫。

显然,这个推理的前提是真的,但是其结论是假的。因此,例6.1.4中的推理是一个无效的推理。

例 6.1.5
  所有的蝴蝶都不是昆虫,
  所有的中华虎凤蝶都是蝴蝶,
  所以,所有的中华虎凤蝶都不是昆虫。

该推理的推理形式是:
  所有的 M 都不是 P,
  所有的 S 都是 M,
  所以,所有的 S 都不是 P。

我们稍后可以证明,凡是具有此推理形式的任一推理,都不会出现前提真而结论假的情况。所以,例 6.1.5 中的推理是一个有效的推理。

要证明一个推理是无效的,只需像例 6.1.4 那样举出一个反例即可。但是要证明一个推理是有效的,用举例的方法显然是行不通的。

因为如果用举例的方法证明一个推理是有效的,需要举出在所有的实例下都不会出现前提真而结论假的情况。但是对于一个推理形式而言,理论上可以举无限多个例子,而这是做不到的。

研究哪些推理是有效的,如何判定一个推理形式是否有效,这是逻辑学研究的中心问题。

尽管例6.1.5是一个有效的推理,但是例6.1.5的结论"所有的中华虎凤蝶都不是昆虫"却是假的。这是因为,要由推理获得一个真结论,不仅要求推理是形式有效的,而且要求推理的前提也必须都是真的。而例6.1.5的前提之一"所有的蝴蝶都不是昆虫"是假的。

在本章,以下讨论的推理是以简单判断为基本单位的推理,这类推理的有效性主要依赖词项与词项之间的逻辑联系。我们在分析它们的推理形式时需要深入到句子内部,揭示以词项为基本单位的推理结构,所以称之为基于词项的推理。

第二节 直接推理

直接推理指的是以一个判断为前提的推理。本节讨论前提和结论都是简单性质判断的直接推理。

一、基于对当关系的直接推理

基于对当关系的直接推理是依据性质判断的逻辑方阵,在同素材的各种性质判断之间进行的推理。

1. 基于矛盾关系的推理

矛盾关系,存在于A和O、E和I之间。具有矛盾关系的两个判断,既不能同真,也不能同假。因此可以由一个判断为真,推出其矛盾判断为假;也可以由一个判断为假,推出其矛盾判断为真。

这样,根据矛盾关系,可得如下八个有效的推理形式:

SAP ⊢¬SOP

SEP ⊢¬SIP

SIP ⊢¬SEP

SOP ⊢ ¬ SAP
¬ SAP ⊢ SOP
¬ SEP ⊢ SIP
¬ SIP ⊢ SEP
¬ SOP ⊢ SAP

例 6.2.1

(1) 房山区张坊镇大峪沟村产的大磨盘柿都非常好吃,
所以,并非房山区张坊镇大峪沟村产的大磨盘柿有些不是非常好吃。

(2) 所有白鸡都不是油鸡,
所以,并非有些白鸡是油鸡。

(3) 并非麻花都是天津产的,
所以,有些麻花不是天津产的。

(4) 并非所有江苏人都不知道吴抄手,
所以,有些江苏人知道吴抄手。

2. 基于反对关系的推理

反对关系,存在于 A 和 E 之间。具有反对关系的两个判断,不能同真,可以同假。因此可以由一个判断为真,推出其反对判断为假。

这样,根据反对关系,可得如下两个有效的推理形式:

SAP ⊢ ¬ SEP
SEP ⊢ ¬ SAP

例 6.2.2

(1) 竹叶青酒均产自山西汾阳,
并非竹叶青酒均不产自山西汾阳。

(2) 所有高邮咸鸭蛋都不是白洋淀松花蛋,
所以,并非高邮咸鸭蛋都是白洋淀松花蛋。

3. 基于下反对关系的推理

下反对关系,存在于 O 和 I 之间。具有下反对关系的两个判断,不能同假,可以同真。因此可以由一个判断为假,推出其下反对判断为真。

这样,根据下反对关系,可得如下两个有效的推理形式:

⌐SIP ⊢SOP

⌐SOP ⊢SIP

例 6.2.3

(1) 并非有些上党连翘是河套蜜瓜,
所以,有些上党连翘不是河套蜜瓜。

(2) 并非有些阿克苏冰糖心不是苹果,
所以,有些阿克苏冰糖心是苹果。

4. 基于差等关系的推理

差等关系,存在于 A 和 I、E 和 O 之间。具有差等关系的两个判断,如果全称判断是真的,则特称判断也真的;如果全称判断是假的,则特称判断真假不定;如果特称判断是真的,则全称判断真假不定;如果特称判断是假的,则全称判断也是假的。因此可以由全称判断为真,推出其相应的特称判断为真;也可以由特称判断为假,推出其相应的全称判断为假。

这样,根据差等关系,可得如下四个有效的推理形式:

SAP ⊢SIP

SEP ⊢SOP

⌐SIP ⊢⌐SAP

⌐SOP ⊢⌐SEP

例 6.2.4

(1) 并非有些锦州玛瑙雕刻是抚顺煤精雕刻,
所以,并非锦州玛瑙雕刻都是抚顺煤精雕刻。

(2) 并非有些扶余四粒红不是花生,
所以,并非扶余四粒红都不是花生。

而以下的直接推理形式都是无效的。

⌐SAP ⊢SEP

⌐SEP ⊢SAP

SIP ⊢⌐SOP

SOP ⊢⌐SIP

¬SAP ├ ¬SIP
¬SEP ├ ¬SOP
SIP ├ SAP
SOP ├ SEP

例 6.2.5

(1) 并非水仙花都来自崇明，
所以，水仙花都不是来自崇明。

(2) 并非风味杀生鱼都不是来自赫哲族，
所以，风味杀生鱼都是来自赫哲族。

上面例子中的两个推理都是无效的。

二、基于换质、换位的直接推理

基于换质、换位的直接推理是通过改变前提的形式从而得出结论的直接推理。

1. 换质法

换质法是通过改变前提的质和谓项从而得出结论的直接推理。

例 6.2.6

(1) 除暴济贫的行为都是正义的，
所以，除暴济贫的行为都不是非正义的。

(2) 有些有理数是负数，
所以，有些有理数不是非负数。

换质法的基本规则是：

第一，结论和前提不同质，即前提是肯定的，则结论是否定的；前提是否定的，则结论是肯定的。

第二，结论的主项和前提相同，结论的谓项是前提谓项的矛盾概念。

根据上述规则，可以得到如下四个有效的推理形式（我们使用 $\overline{P}$ 表示 P 的矛盾概念）：

SAP ├ SE$\overline{P}$

SEP ⊢ SA$\overline{P}$

SIP ⊢ SO$\overline{P}$

SOP ⊢ SI$\overline{P}$

例 6.2.7

(1) 首先通行的都是机动车，

所以，首先通行的都不是非机动车。

(2) 张丽华养的宠物都不是脊椎动物，

所以，张丽华养的宠物都是无脊椎动物。

2. 换位法

换位法是通过交换前提中主、谓项的位置从而得出结论的直接推理。

例 6.2.8

(1) 生活在千岛湖的都是淡水鱼，

所以，有些淡水鱼是生活在千岛湖的。

(2) 有些昆虫是国家保护动物，

所以，有些国家保护动物是昆虫。

对于 A、E、I、O 四种性质判断，前提的谓项如果是单独概念，那么换为结论的主项之后就无法用全称量词或者特称量词来加以限制。因此，在涉及换位法的讨论中，A、E、I、O 四种性质判断，其主、谓项均为普遍概念。

换位法的基本规则是：

第一，结论和前提的质相同，即前提是肯定的，则结论也是肯定的；前提是否定的，则结论也是否定的。

第二，结论的主项和谓项，分别是前提的谓项和主项。

第三，前提中不周延的项，到结论中也不得周延。

根据上述规则，可以得到如下三个有效的推理形式：

SAP ⊢ PIS

SEP ⊢ PES

SIP ⊢ PIS

例 6.2.9

　　（1）有理数都是实数，_____
　　　　所以，有些实数是有理数。
　　（2）有理数都不是无理数，_____
　　　　所以，无理数都不是有理数。

O 判断不能换位，因为如果换位，在前提中 O 判断的主项是不周延的；换位后，成为结论中 O 判断的谓项，它就周延了。这违反了换位法的第三条规则。

以下的换位法推理形式都是无效的：

　　SAP ⊢ PAS
　　SOP ⊢ POS

例 6.2.10

　　（1）中国人都是地球人，_____
　　　　所以，地球人都是中国人。
　　（2）有些地球人不是中国人，_____
　　　　所以，有些中国人不是地球人。

上面例子中的两个推理都是无效的。

3. 换质法与换位法的综合运用

换质法与换位法的综合运用就是交替使用换质法和换位法来进行推理。在推理过程中既要遵守换质法的推理规则，也要遵守换位法的推理规则。

由先换位而进行的推理（简称换位质推理）：

　　SAP ⊢ PIS ⊢ $PO\overline{S}$

　　SEP ⊢ PES ⊢ $P A \overline{S}$ ⊢ $\overline{S} I P$ ⊢ $\overline{S} O P$

　　SIP ⊢ PIS ⊢ $PO\overline{S}$

SOP 不能换位，因此，SOP 无法先换位再换质。

例 6.2.11

　　（1）有机物都是化合物 ⊢ 有些化合物是有机物 ⊢ 有些化合物不是无机物

（2）软体动物都不是脊椎动物⊢脊椎动物都不是软体动物⊢脊椎动物都是非软体动物⊢有些非软体动物是脊椎动物⊢有些非软体动物不是无脊椎动物

（3）有些党员是博士⊢有些博士是党员⊢有些博士不是非党员

由先换质而进行的推理（简称换质位推理）：

SAP ⊢ $\overline{\text{SEP}}$ ⊢ $\overline{\text{PES}}$ ⊢ $\overline{\text{PAS}}$ ⊢ $\overline{\text{SIP}}$ ⊢ $\overline{\text{SOP}}$

SEP ⊢ $\overline{\text{SAP}}$ ⊢ $\overline{\text{PIS}}$ ⊢ $\overline{\text{POS}}$

SOP ⊢ $\overline{\text{SIP}}$ ⊢ $\overline{\text{PIS}}$ ⊢ $\overline{\text{POS}}$

SIP 换质后得到 $\overline{\text{SOP}}$，无法再进行换位，因此，SIP 无法先换质再换位。

例 6.2.12

（1）蕨类植物都不是菌类植物⊢蕨类植物都是非菌类植物⊢有些非菌类植物是蕨类植物⊢有些非菌类植物不是非蕨类植物

（2）有些有害物质不是金属⊢有些有害物质是非金属⊢有些非金属是有害物质⊢有些非金属不是无害物质

第三节 三 段 论

一、三段论及其结构

三段论是由两个包含着一个共同项的性质判断推出一个新的性质判断的推理。

例 6.3.1

（1）有些文昌市人是渔民，
　　所有文昌市人都是海南人，
　　所以，有些渔民是海南人。

（2）所有淮安人都不是沿海居民，
　　所有盱眙人是淮安人，
　　所以，所有盱眙人都不是沿海居民。

上面例子中的两个推理都是三段论。在(1)中,两个前提的共同项是"文昌市人"。在(2)中,两个前提的共同项是"淮安人"。

一个三段论是由三个 A、E、I、O 中的性质判断构成的,其中两个是前提,一个是结论。

三段论前提和结论中的主项和谓项统称为项。任一有效的三段论,都包括并且只包括三个不同的项,每个项各出现两次。

在前提中出现两次的项称为中项,结论的主项称为小项,结论的谓项称为大项。

包含大项的前提称为大前提,包含小项的前提称为小前提。

例 6.3.2

(1) 所有西安人都不是延安人,
所有长安人都是西安人,
所以,所有长安人都不是延安人。

(2) 有些儋州市人是山区居民,
所有儋州市人都不是东方市人,
所以,有些山区居民不是东方市人。

在上面例(1)中,"西安人"是中项,"长安人"是小项,"延安人"是大项。"所有西安人都不是延安人"是大前提,"所有长安人都是西安人"是小前提,"所有长安人都不是延安人"是结论。在例(2)中,"儋州市人"是中项,"山区居民"是小项,"东方市人"是大项。"所有儋州市人都不是东方市人"是大前提,"有些儋州市人是山区居民"是小前提,"有些山区居民不是东方市人"是结论。

一个标准的三段论形式通常将大前提排在前,随后是小前提,结论排在最后。在下文中,我们将按照标准形式来书写三段论及其推理形式。

在三段论的推理形式中,通常使用大写字母 P 表示大项,使用大写字母 M 表示中项,使用大写字母 S 表示小项。

例 6.3.2(1)的推理形式是:

所有 M 都不是 P
所有 S 都是 M,
所以,所有 S 都不是 P。

也可以记为:

MEP

SAM

SEP

例 6.3.2(2)的推理形式是:

所有 M 都不是 P

有的 M 是 S,

所以,有的 S 不是 P。

也可以记为:

MEP

MIS

SOP

二、三段论的公理

三段论的公理是:如果对一类对象的全部有所肯定或否定,则对该类对象的部分也有所肯定或否定。三段论的公理可以图示如下:

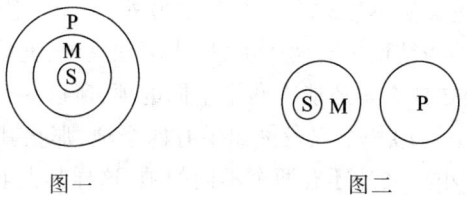

图一　　　　　　　　图二

图一表明,所有的 M 都是 P,S 是 M 的一部分,因此,所有的 S 都是 P。图二表明,所有的 M 都不是 P,S 是 M 的一部分,因此,所有的 S 都不是 P。三段论的这两条公理形式的有效性是自明的。

例 6.3.3

(1) 所有广元人都是四川人,

　　所有剑阁人都是广元人,

　　所以,所有剑阁人都是四川人。

(2) 所有泸州人都不是汉中人,

所有古蔺人都是泸州人，

所以，所有古蔺人都不是汉中人。

上面例子中的两个三段论其推理形式就是三段论的两个公理形式。

三段论的有效式有很多，但是它们都可以通过适当的途径由上述两个公理推导出来。只是其中的过程比较复杂，故本书对此不作详细介绍。

三、三段论的一般规则

除了用公理可以推导出三段论其他有效的推理形式之外，三段论的一般规则也是判定一个三段论是否有效的基本标准。一个三段论如果符合这些一般规则，那么它就是一个有效的三段论；反之，一个三段论如果违反了一般规则，那么它就是一个无效的三段论。

三段论的一般规则共有七条，其中前五条是基本规则，后两条是导出规则，即后两条规则可以由前五条规则推出来。

规则一：有且只有三个不同的项。

一个三段论显然不能只有一个项。另外，一个三段论不可能有四个以上的项。因为结论中有两个项，即小项和大项，大前提和小前提除了大项、小项之外至多还能有两个不同的项，所以一个三段论至多能有四个项。但是，(1)一个三段论如果有四个项，那么其大前提和小前提中除了大项、小项之外还有两个不同的项，这样其大前提和小前提中就没有共同的项。(2)一个三段论如果只有两个项，那么其大前提和小前提中除了大项、小项之外，没有别的项，这样其大前提和小前提中就会出现至少两个共同的项。这两种情形都不符合三段论的定义。因为根据定义，三段论的大前提和小前提中只包含一个共同的项。所以，一个三段论有且只有三个不同的项。

违反这一规则，通常会犯所谓的"四项错误"，即在两个前提中出现了四个不同的概念。

例 6.3.4

(1) 所有山阴县人都是朔州市人，

　　　　所有平顺县人都是长治市人，
　　　　所以，所有山阴县人都是平顺县人。
　　（2）人是万物之灵，
　　　　燕云十八将都是人，
　　　　所以，燕云十八将都是万物之灵。

　　在上面例（1）、（2）中，两个前提都是真的，但是结论都是假的，所以都是无效推理。在例（1）的两个前提中出现了四个不同的项"山阴县人"、"朔州市人"、"平顺县人"和"长治市人"。在例（2）的两个前提中，出现的同一个语词"人"，所表达的是不同的概念。大前提中的"人"是一个集合概念，小前提中的"人"是一个非集合概念。所以，在例（2）的两个前提中也出现了四个不同的项。因此，上面例子中的两个推理都犯了"四项错误"。

　　规则二：中项至少要周延一次。

　　在三段论中，中项是大项和小项相联系的中介。如果中项一次也不周延，那么说明在两个前提中，断定的都只是中项的部分外延。这样就可能导致大前提断定的是大项与中项的一部分相联系，小前提断定的是小项与中项的另一部分相联系。这样，大项和小项就不能通过中项发生联系，这样就不能由前提必然推出结论。

　　例6.3.5
　　（1）出生于巢湖边的都是出生于安徽省的，
　　　　出生于巢湖市的也都是出生于安徽省的，
　　　　所以，出生于巢湖市的……（？）
　　（2）出生于天长市的都是出生于安徽省的，
　　　　出生于巢湖市的也都是出生于安徽省的，
　　　　所以，出生于巢湖市的有些是出生于天长市的。
　　（3）出生于巢湖市的都是出生于安徽省的，
　　　　出生于庐江县的也都是出生于安徽省的，
　　　　所以，出生于庐江县的有些不是出生于巢湖市的。[①]

---

① 巢湖市、天长市都属于安徽省，庐江县属于巢湖市，但是天长市不属于巢湖市。

在上面例(1)中,由于中项"出生于安徽省的"在两个前提中都不周延,所以不能确定能够得出四种可能的性质判断"出生于巢湖市的都是出生于巢湖边的"、"出生于巢湖市的都不是出生于巢湖边的"、"出生于巢湖市的有些是出生于巢湖边的"、"出生于巢湖市的有些不是出生于巢湖边的"中的任一个。也许从实际情况看,"出生于巢湖市的有些是出生于巢湖边的"、"出生于巢湖市的有些不是出生于巢湖边的"作为结论,都是正确的。即使如此,以此作为结论的例(1)中的三段论仍然是一个无效的推理。

如果以"出生于巢湖市的有些是出生于巢湖边的"作为结论,那么上面例(1)的推理形式是:

PAM
SAM
─────
SIP

上面例(2)也是这种推理形式的三段论,这是一个前提真但是结论假的推理。因此,以"出生于巢湖市的有些是出生于巢湖边的"作为结论的例(1)是一个无效推理。

如果以"出生于巢湖市的有些不是出生于巢湖边的"作为结论,那么上面例(1)的推理形式是:

PAM
SAM
─────
SOP

例(3)也是这种推理形式的三段论,这是一个前提真但是结论假的推理。因此,以"出生于巢湖市的有些不是出生于巢湖边的"作为结论的例(1)仍然是一个无效推理。

违反这一规则,就会犯"中项两次不周延"的错误。

例6.3.6

有些长乐市人是国际级运动健将,
梅花镇人都是长乐市人,
─────────────────
所以,有些梅花镇人是国际级运动健将。

在上例中,中项"长乐市人"两次都不周延,就犯了"中项两次不周延"的错误。因而上例是一个无效的三段论。

规则三:在前提中不周延的项,到结论中也不得周延。

这条规则显然是针对前提中的大、小项的。如果大项或者小项在前提中不周延,那么说明在前提中只是断定了大项或者小项的部分外延,因而在结论中也只能断定大项或者小项的这一部分外延。

违反这一规则,就会犯"大项不当周延"或"小项不当周延"的错误。

例 6.3.7

(1) 所有蚂蚱都是昆虫,
　　所有蜻蜓都不是蚂蚱,
　　所以,所有蜻蜓都不是昆虫。

(2) 红蜻蜓都是非常美丽的,
　　红蜻蜓都是蜻蜓,
　　所以,蜻蜓都是非常美丽的。

在上面例(1)中,大项"昆虫"在大前提中是肯定命题的谓项,是不周延的,但是在结论中大项"昆虫"是否定判断的谓项,是周延的,犯了"大项不当周延"的错误。在例(2)中,小项"蜻蜓"在小前提中是肯定命题的谓项,是不周延的,但是在结论中小项"蜻蜓"是全称判断的主项,是周延的,犯了"小项不当周延"的错误。因而,上面例子中的两个三段论都是无效的。

规则四:两个否定前提推不出结论。

如果两个前提都是否定的,那么在前提中,大项、小项均与中项相互排斥,中项就起不到联系大项、小项的作用。因此,两个否定前提推不出结论。

例 6.3.8

　　所有的鲫鱼都不是鳜鱼,
　　所有的鲤鱼也都不是鳜鱼,
　　所以,所有的鲤鱼……(?)

因为两个否定前提都断定"鲫鱼"、"鲤鱼"和"鳜鱼"没有共同的外延。至于"鲫鱼"和"鲤鱼"之间的关系如何,由两个前提无法得出,因而推不出结论。

规则五:如果前提有一否定,则结论否定;如果结论否定,则前提有一否定。

根据规则四,如果前提有一否定,则另一前提必为肯定。这样,在两个前提中,中项必定与否定前提中的一个项在外延上排斥,与肯定前提中的一个项在外延上相容。所以,只能断定大项、小项在外延上排斥。同样的道理,如果结论否定,则前提有一否定。

例6.3.9
  所有秃鹰都是猛禽,
  所有天鹅都不是猛禽,
  所以,所有天鹅都不是秃鹰。

规则六:两个特称前提推不出结论。

假设两个前提都是特称的,只能有如下三种情形:两个前提都是O判断;两个前提都是I判断;两个前提一个是I判断,一个是O判断。

如果两个前提都是O判断,那么根据规则四,两个否定前提推不出结论。

如果两个前提都是I判断,因为I判断的主、谓项都不周延,这样两个前提中就没有周延的项,而根据规则二,中项至少要周延一次,所以推不出结论。

如果两个前提一个是I判断,一个是O判断,因为O判断是否定判断,那么根据规则五,结论应该是否定的,这样大项在结论中周延,根据规则三可知,大项在前提中必须周延,而前提中只有O判断的谓项是周延的,这样大项必为O判断的谓项。除此之外,前提中再无周延的项,而根据规则二,中项至少要周延一次,所以推不出结论。

综上所述,两个特称前提推不出结论。

规则七:如果两个前提中有一个是特称的,那么结论也是特称的。

如果两个前提中有一个是特称的,那么根据规则六,另一个前提必定是全称的,这样只能有如下四种情形:两个前提是A判断和I判断;两个前提是A判断和O判断;两个前提是E判断和I判断;两个前提是E判断和O判断。

但是,根据规则四,两个否定前提推不出结论,所以两个前提是 E 判断和 O 判断的情形是不可能的。这样只剩下三种情形,下面来分别证明。

如果两个前提是 A 判断和 I 判断,那么前提中只有一个周延的项,根据规则而中项至少要周延一次,所以唯一周延的项只能是中项。这样大项、小项在前提中都不周延。根据规则三,在前提中不周延的项,到结论中也不得周延,所以小项在结论中不周延,因此结论只能是特称的。

如果两个前提是 A 判断和 O 判断,因为 O 判断是否定判断,根据规则五,结论应该是否定的。这样大项在结论中周延,根据规则三可知,大项在前提中必须周延,另一方面,根据规则二,中项至少要周延一次,因为前提是 A 判断和 O 判断,前提中只有两个周延的项。这样,小项在前提中是不周延的。根据规则三,在前提中不周延的项,到结论中也不得周延,所以小项在结论中不周延,因此结论只能是特称的。

如果两个前提是 E 判断和 I 判断,因为 E 判断是否定判断,根据规则五,结论应该是否定的。这样大项在结论中周延,根据规则三可知,大项在前提中必须周延,另一方面,根据规则二,中项至少要周延一次,因为前提是 E 判断和 I 判断,故前提中只有两个周延的项。这样,小项在前提中是不周延的。根据规则三,在前提中不周延的项,到结论中也不得周延,所以小项在结论中不周延,因此结论只能是特称的。

综上所述,如果两个前提中有一个是特称的,那么结论也是特称的。

三段论的七条一般规则中,前三条是关于主、谓项的;后四条是关于联项和量项的,其中第四条、第五条是关于否定的,第六条、第七条是关于特称的。

四、三段论的格

1. 什么是三段论的格

三段论的格指的是由于中项在前提中的不同位置而构成的三段论的不同形式。

在三段论的大、小前提中,中项可以分别是主项或者谓项。这样,形成了四种不同的形式:中项为大前提的主项、小前提的谓项;中项均为大、小前提的谓项;中项均为大、小前提的主项;中项为大前提的谓项、小前提的主项。即三段论共有四个格。

第一格,中项为大前提的主项、小前提的谓项,其结构为:

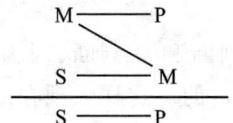

例 6.3.10
  所有雀形目的鸟都不是企鹅目的,
  百灵鸟都是雀形目的鸟,
  所以,百灵鸟都不是企鹅目的。

第二格,中项均为大、小前提的谓项,其结构为:

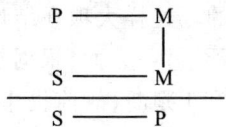

例 6.3.11
  鸳鸯都是雁形目的,
  鸵鸟都不是雁形目的,
  所以,鸵鸟都不是鸳鸯。

第三格,中项均为大、小前提的主项,其结构为:

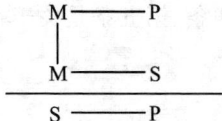

例 6.3.12

丹顶鹤都是鹤形目的,

丹顶鹤是国家级保护动物,

所以,有些国家级保护动物是鹤形目的。

第四格,中项为大前提的谓项、小前提的主项,其结构为:

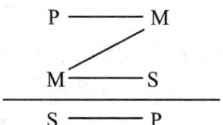

例 6.3.13

"海东青"都是隼形目的,

隼形目的都不是鸡形目的,

所以,"海东青"都不是鸡形目的。

在第三格和第四格中,小项是小前提的谓项,而在结论中,小项是结论的主项。对于 A、E、I、O 四种性质判断,小前提的谓项如果是单独概念,那么换为结论的主项之后就无法用全称量词或者特称量词来加以限制。为了避免这种情况,在本节关于三段论的讨论中,A、E、I、O 四种性质判断,其主、谓项均为普遍概念,当然第一、第二格也可以不受这个条件的限制。

2. 三段论四格的具体规则

三段论各格的具体规则都是导出规则,它们都可以通过三段论的一般规则来加以证明。

第一格的规则:

(1) 小前提必须是肯定的。

(2) 大前提必须是全称的。

证明:(1) 如果小前提是否定的,那么根据规则五,结论也是否定的,这样大项在结论中周延。根据规则三,大项在大前提中也必须周延。在第一格中,大项是大前提的谓项,大项要在大前提中周延,则大前提必须是否定的。根据规则四,两个否定前提推不出结论。所以假设不成立,小前提必须是肯定的。

(2) 根据(1),小前提是肯定的,在第一格中,小前提的谓项是中项,这样中项在小前提中不周延。根据规则二,中项在大前提中必须周延,在第一格中,中项是大前提的主项。所以,大前提必须是全称的。

第二格的规则:

(1) 前提中必须有一个是否定的。

(2) 大前提必须是全称的。

证明:(1)在第二格中,中项均为大、小前提的谓项,根据规则二,中项至少要周延一次。所以,前提中必须有一个是否定的。

(2) 根据(1),前提中必须有一个是否定的,根据规则五,则结论是否定的,这样大项在结论中周延。根据规则三,大项在前提中必须周延,在第二格中,大项是大前提的主项。所以,大前提必须是全称的。

第三格的规则:

(1) 小前提必须是肯定的。

(2) 结论必须是特称的。

证明:(1) 假设小前提是否定的,根据规则五,则结论是否定的,这样大项在结论中周延。根据规则三,大项在前提中必须周延。在第三格中,大项是大前提的谓项。所以,大前提必须是否定的。根据规则四,两个否定前提推不出结论。所以假设不成立,小前提必须是肯定的。

(2) 根据(1),小前提必须是肯定的,在第三格中,小项是小前提的谓项,因此小项在小前提中不周延。根据规则三,小项在结论中也不得周延。所以,结论必须是特称的。

第四格的规则:

(1) 两个前提有一否定,则大前提必须全称。

(2) 如大前提肯定,则小前提全称。

(3) 如小前提肯定,则结论特称。

(4) 任何一个前提都不能是特称否定判断。

(5) 结论不能是全称肯定判断。

证明:选证(5),其他作为练习。

如果结论是全称肯定判断,那么小项在结论中周延,根据规则三,小项在前提中也必须周延,在第四格中,小项是小前提的谓项,因此小前提必须是否定的。这样,根据规则五,则结论也应该是否定的。这与假设矛盾。所以假设不成立,结论不能是全称肯定判断。

三段论四格的具体规则和三段论的一般规则不同。三段论的一般规则是一个三段论是否有效的充分必要条件,但是四格的具体规则只是三段论有效的必要条件。即违反四格的具体规则,这个三段论一定不是有效的;但是不违反四格的具体要求,这个三段论却未必是有效的。

例 6.3.14

  乌贼都是软体动物,

  有些海产品是乌贼,

  所以,所有海产品都是软体动物。

上例中的推理是一个第一格的三段论。它并不违反第一格的两条具体规则,但是它违反了一般规则三,犯了"小项不当周延"的错误。因此是一个无效的三段论。

五、三段论的式

1. 什么是三段论的式

三段论的式指的是 A、E、I、O 四种判断在两个前提和结论中的各种不同组合所构成的三段论形式。

例 6.3.15

(1) 所有的蔷薇科植物都不是银杏科的,

  所有的月季花都是蔷薇科植物,

  所以,所有月季花都不是银杏科的。

(2) 辣椒都是茄科植物,

  辣椒都是蔬菜,

  所以,有些蔬菜是茄科植物。

上面例(1)中三段论的大前提、小前提和结论分别是 E 判断、A 判断和 E 判断,所以(1)中三段论是 EAE 式。例(2)中三段论的大前提、小前提和结论分别是 A 判断、A 判断和 I 判断,所以(2)中三段论是

AAI式。

2. 三段论的可能式和有效式

在三段论的每个格中,其大前提、小前提和结论都可以分别是A、E、I、O四种判断中的一种。因此,每个格共有4×4×4=64种可能式,四个格共有64×4=256种可能式。

三段论的所有可能式中有相当一部分是无效式。例如:

第一格的AEE式,违反了三段论规则三,大项在大前提中不周延,但是在结论中周延了,因而是一个无效式。

第二格的AAA式,中项在两个前提中均不周延,违反了三段论规则二,因而是一个无效式。

第三格的EEO式,大、小前提均为否定,违反了三段论规则四,因而是一个无效式。

第四格的AAE式,前提均为肯定,但是结论是否定的,违反了三段论规则五,因而是一个无效式。

根据三段论的一般规则来检验三段论所有的256种可能式,可以得出如下24个有效式:

第一格	第二格	第三格	第四格
AAA	AEE	AAI	AAI
EAE	EAE	EAO	EAO
AII	AOO	AII	AEE
EIO	EIO	EIO	EIO
(AAI)	(AEO)	IAI	IAI
(EAO)	(EAO)	OAO	(AEO)

一个三段论是有效的,当且仅当它是如上的24个式中的一个。

在上述24个有效式中,有五个是带有括号的,称为弱式。所谓弱式指的是根据前提本来可以得出全称的结论,却给出了特称的结论。如第二格的AEO式和EAO式都是弱式,因为第二格的AEE式和EAE式都是一个有效式。即在第二格中,前提一个为全称肯定判断,一个为全称否定判断,本来都可以得出全称否定判断,但是在 AEO 式和 EAO 式中却只给出了一个特称否定判断。因此 AEO 式和 EAO 式都是弱式。

六、三段论的省略形式

1. 什么是三段论的省略形式

一个完整的三段论包括大前提、小前提和结论三个部分。在日常语言中,常常会省略不言自明的部分,表现为省略形式的三段论。

省略形式的三段论有省略大前提、省略小前提和省略结论三种形式。

例 6.3.16
（1）干部也是人,
干部也免不了要犯错误。
（2）所有打算成为公务员的都必须参加统一的招录考试,
研究生也必须参加统一的招录考试。
（3）任何竞争激烈的考试都必须认真准备,
公务员招录考试是竞争激烈的考试。

上面例子中的三个推理都是三段论的省略形式,其中(1)是省略大前提。它的完整形式是:
所有人都免不了要犯错误,
干部也是人,
所以,干部也免不了要犯错误。

其中(2)是省略小前提。它的完整形式是:
所有打算成为公务员的都必须参加统一的招录考试,
研究生打算成为公务员,
所以,研究生也必须参加统一的招录考试。

其中(3)是省略结论。它的完整形式是:
任何竞争激烈的考试都必须认真准备,
公务员招录考试是竞争激烈的考试。
公务员招录考试必须认真准备。

2. 省略形式三段论的恢复

在语言表达上,省略形式的三段论有时显得简洁有力,但是有时也可能将虚假的前提或者错误的推理形式隐藏起来。在必要的情况下,我们需要把省略的部分补充出来。

例 6.3.17

<u>这些鸟都非常美丽,</u>

所以,这些鸟都是国家保护动物。

在上例中,我们可以将其省略的大前提补充出来。看如下两种情形:

(1) 凡是非常美丽的鸟都是国家保护动物,

<u>这些鸟都非常美丽,</u>

所以,这些鸟都是国家保护动物。

(2) 有些非常美丽的鸟是国家保护动物,

<u>这些鸟都非常美丽,</u>

所以,这些鸟都是国家保护动物。

在第一种情形中,推理形式是有效的,但是省略的大前提"非常美丽的鸟都是国家保护动物"是错误的。在第二种情形下,省略的大前提"有些非常美丽的鸟是国家保护动物"是正确的,但是推理形式是错误的,违反了规则二,中项两次不周延。

省略三段论的恢复,一般可以按照如下步骤进行:

首先,确定结论是否被省略。这可以根据联结词和推理的语境来加以判断。如果是结论被省略,那么首先找到出现两次的共同项即中项,然后确定大项和小项,进而得出结论。

其次,如果结论没有被省略,那么根据结论不难确定大项和小项,进而确定省略的是大前提还是小前提。即如果大项没有在前提中出现,就可知省略的是大前提;如果小项没有在前提中出现,就可知省略的是小前提。

最后,将省略的前提以适当的形式补充出来。补充时要兼顾推理形式的有效性和前提的正确性。

例 6.3.18

(1) 所有想成为科学家的都要好好学习数学，
　　有些技术学院的学生不想成为科学家。
(2) 各种哲学都不是经验科学，
　　所以，各种哲学都不是有实用价值的。
(3) 音乐都是需要天赋的，
　　所以，所有艺术都是需要天赋的。

在上面例(1)中，推理省略了结论，两个前提中的共同项"想成为科学家"是中项，剩下的两个项"要好好学习数学"、"技术学院的学生"是大、小项。根据语义，"有些技术学院的学生不要好好学习数学"可作为此推理的结论。这样，例(1)的完整形式是：

(1) 所有想成为科学家的都要好好学习数学，
　　有些技术学院的学生不想成为科学家。
　　所以，有些技术学院的学生不要好好学习数学。

这个三段论违反了规则三，前提中不周延的大项"要好好学习数学"在结论中周延了，因此是一个无效的三段论。

在上面例(2)中，推理没有省略结论，结论中的大项"有实用价值的"在前提中没有出现，可见是省略了大前提，需要将大项"有实用价值的"和结论中没有出现的中项"经验科学"联结起来形成大前提。如果考虑推理形式的有效性，则可以"有实用价值的都是经验科学"作为大前提。其完整的推理形式为：

有实用价值的都是经验科学，
各种哲学都不是经验科学，
所以，各种哲学都不是有实用价值的。

这是一个有效的三段论，但是大前提"有实用价值的都是经验科学"是假的。

如果考虑大前提的正确性，则可以"有实用价值的有些是经验科学"或者"经验科学是有实用价值的"作为大前提。其完整的推理形式为：

有实用价值的有些是经验科学，
各种哲学都不是经验科学，
所以，各种哲学都不是有实用价值的。

经验科学是有实用价值的,
各种哲学都不是经验科学,
所以,各种哲学都不是有实用价值的。

这两个推理违反了规则三,前提中不周延的大项"有实用价值的"在结论中周延了,因此都是无效的三段论。

在上面例(3)中,推理没有省略结论,结论中的小项"艺术"在前提中没有出现,可见是省略了小前提,需要将小项"艺术"和结论中没有出现的中项"音乐"联结起来形成小前提。如果考虑推理形式的有效性,则可以"艺术都是音乐"作为小前提。其完整的推理形式为:

艺术都是音乐,
音乐都是需要天赋的,
所以,所有艺术都是需要天赋的。

这是一个有效的三段论,但是小前提"艺术都是音乐"是假的。

如果考虑小前提的正确性,则可以"音乐都是艺术"作为小前提。其完整的推理形式为:

音乐都是艺术,
音乐都是需要天赋的,
所以,所有艺术都是需要天赋的。

这个推理违反了规则三,前提中不周延的小项"艺术"在结论中周延了,因此是一个无效的三段论。

第四节 关 系 推 理

一、关系推理及其分类

关系推理是前提中至少有一个是关系判断的推理。一般是根据前提中关系的逻辑性质进行推理的。

例6.4.1

(1) 利川市在恩施市的西边,
恩施市在五峰土家族自治县的西边,
所以,利川市在五峰土家族自治县的西边。

(2) 麻城市大于红安县，
　　　红安县不大于麻城市。

上面例子中的推理都是关系推理。本节研究两类常见的关系推理：纯关系推理和混合关系推理。

二、纯关系推理

纯关系推理指的是前提和结论都是关系判断的推理。下面介绍其中的四种：

1. 对称关系推理

对称关系推理是根据关系的对称性而进行的推理。

例 6.4.2

（1）康保县和张北县相邻，
　　　所以，张北县和康保县相邻。
（2）隆化县和滦平县属于同一个市，
　　　所以，滦平县和隆化县属于同一个市。

上面例子中的"……和……相邻"以及"……和……属于同一个市"都是对称关系，所以上述推理都是有效的推理。

如果用 R 表示对称关系，则对称关系推理的一般形式是：

　　aRb，
　　所以，bRa。

2. 禁对称关系推理

禁对称关系推理是根据关系的禁对称性而进行的推理。

例 6.4.3

（1）肃南裕固族自治县属于张掖市，
　　　所以，张掖市不属于肃南裕固族自治县。
（2）镇原县人口多于环县，
　　　所以，环县人口不多于镇原县。

上面例子中的"属于"以及"……人口多于……"都是禁对称关系，所以上述推理都是有效的推理。

如果用 R 表示禁对称关系，用 $\overline{R}$ 表示关系 R 的否定，则禁对称关系推理的一般形式是：

　　aRb，
　　―――――
　　所以，b R̄a。

3. 传递关系推理

传递关系推理是根据关系的传递性而进行的推理。

例 6.4.4

　　（1）玉龙雪山高于点苍山，
　　　　点苍山高于哀牢山，
　　　　―――――――――――
　　　　所以，玉龙雪山高于哀牢山。

　　（2）洞庭湖阔于太湖，
　　　　太湖阔于巢湖，
　　　　―――――――――
　　　　所以，洞庭湖阔于巢湖。

上面例子中的"……高于……"以及"……阔于……"都是传递关系，所以上述推理都是有效的推理。

如果用 R 表示传递关系，则传递关系推理的一般形式是：

　　aRb，
　　bRc，
　　―――――
　　所以，aRc。

4. 禁传递关系推理

禁传递关系推理是根据关系的禁传递性而进行的推理。

例 6.4.5

　　（1）王旷是王羲之的父亲，
　　　　王羲之是王献之的父亲，
　　　　―――――――――――――
　　　　所以，王旷不是王献之的父亲。

　　（2）小惠比小兰大 10 岁，
　　　　小兰比小芬大 10 岁，
　　　　――――――――――――
　　　　所以，小惠不比小芬大 10 岁。

上面例子中的"……是……的父亲"以及"……比……大 10 岁"都是禁传递关系，所以上述推理都是有效的推理。

如果用 R 表示禁传递关系,用 $\overline{R}$ 表示关系 R 的否定,则禁传递关系推理的一般形式是:

aRb,
bRc,
所以,a$\overline{R}$c。

三、混合关系推理

混合关系推理指的是两个前提分别是关系判断和性质判断,结论是关系判断的推理。

例 6.4.6

(1) 所有芝罘区街道都属于烟台市,
凤凰台街道是芝罘区的,
所以,凤凰台街道属于烟台市。

(2) 所有比较理性的人都不喜欢追星族,
有些研究生是比较理性的人,
所以,有些研究生不喜欢追星族。

上面例子中的两个推理都是混合关系推理。混合关系推理的一般形式是:

所有的 a 与 b 有关系 R,
c 是 a,
所以,c 与 b 有关系 R。

混合关系推理的结构类似于三段论。一个混合关系推理包括两个前提、一个结论。在前提和结论中只有三个不同的项,在两个前提中有一个共同的项,这个项也可以称为中项。因此,混合关系推理也称作关系三段论。

混合关系推理有以下几条规则:
(1) 中项在前提中至少要周延一次。
(2) 在前提中不周延的项在结论中不得周延。
(3) 前提中的性质判断必须是肯定的。

(4) 如果前提中的关系判断是肯定的,则结论中的关系判断也应是肯定的;如果前提中的关系判断是否定的,则结论中的关系判断也应是否定的。

(5) 如果关系不是对称的,则在前提中关系者的前项(或者后项)在结论中也应作为关系者的前项(或者后项)。

例 6.4.7

(1) 所有议员都赞同这个提案,
　　赫尔不是议员,
　　所以,赫尔不赞同这个提案。

(2) 有些议员赞同这个提案,
　　赫尔是议员,
　　所以,赫尔赞同这个提案。

(3) 所有议员都赞同这个提案,
　　赫尔是议员,
　　所以,赫尔也赞同这个提案。

上例(1)中的推理,违反了第三条规则,前提中的性质判断不是肯定的;(2)中的推理,违反了第一条规则,中项在前提中一次都不周延;(3)中的推理不违反上述规则,是一个有效的推理。

本章小结

推理是由若干判断得出一个判断的思维形式。推理分为前提和结论两个部分,前提是推理所依据的判断,结论是推理所得出的判断。依据不同的标准,推理可以分为:(1)演绎推理、归纳推理和类比推理,(2)必然性推理和或然性推理,(3)直接推理和间接推理,(4)模态推理和非模态推理。

一个推理是形式有效的,当且仅当具有此推理形式的任一推理,如果其前提是真的,则其结论一定也是真的。

本章讨论的是以简单判断为基本单位的推理。这类推理的有效性主要依赖词项与词项之间的逻辑联系,所以称之为基于词项的推理。

直接推理指的是以一个判断为前提的推理。简单性质判断的直接推理主要包括基于对当关系的直接推理和基于换质、换位的直接推理。

三段论是由两个包含着一个共同项的性质判断推出一个新的性质判断的推理。三段论中包括三个项：大项、小项和中项，三段论中包括三个判断：大前提、小前提和结论。三段论有七条一般规则：(1) 有且只有三个不同的项；(2) 中项至少要周延一次；(3) 在前提中不周延的项，到结论中也不得周延；(4) 两个否定前提推不出结论；(5) 如果前提有一否定，则结论否定，如果结论否定，则前提有一否定；(6) 两个特称前提推不出结论；(7) 如果两个前提中有一个是特称的，那么结论也是特称的。其中前五条是基本规则，后两条是导出规则。三段论有四个格和24个有效式。

关系推理就是前提中至少有一个是关系判断的推理。关系推理一般是根据前提中关系的逻辑性质进行推理的。

本章学习的重点是：(1) 推理的分类；(2) 简单性质判断的直接推理；(3) 三段论；(4) 关系推理。

□ 复习思考题

1. 什么是推理？
2. 推理可分为哪些种类？
3. 什么是推理的有效性？
4. 推理获得真实结论的条件是什么？
5. 什么是基于对当关系的直接推理？它有哪几种推理形式？
6. 什么是基于换质、换位的直接推理？它的基本形式及其推理规则是什么？
7. 什么是三段论？它是怎样组成的？
8. 三段论的公理是什么？
9. 三段论的一般规则是什么？
10. 什么是三段论的格和式？
11. 三段论的一般规则和各格的具体规则有什么区别？
12. 什么是关系推理？

□ 练习题

1. 指出下列推理哪些属于演绎推理？哪些属于归纳推理？哪些属于类比

推理?

1.01 莫见乎隐,莫显乎微。故君子慎其独也①。

1.02 有些人悲悯所有的人,所以,所有的人都被有些人所悲悯。

1.03 所有的英雄都不是胆小鬼,有些士兵是胆小鬼,所以,有些士兵不是英雄。

1.04 人之生也柔弱,其死也坚强。草木之生也柔脆,其死也枯槁。故坚强者死之徒,柔弱者生之徒。

1.05 先王之所以为法者人也。而己亦人也,故察己则可以知人,察今则可以知古,古今一也,人与我同耳。②

1.06 神之于质,犹利之于刃,形之于用,犹刃之于利,利之名非刃也,刃之名非利也。然而舍利无刃,舍刃无利,未闻刃没而利存,岂容形亡而神在。③

2. 对下列判断进行换质,并写出推理形式。

2.01 没有鸟有垂天之翼。

2.02 菊花有些不在秋天开放。

2.03 有些人是富有正义感的。

2.04 荷花都是出污泥而不染的。

3. 下列判断能否换位? 如能,给以换位,并写出推理形式。

3.01 有些山水画是艺术的极品。

3.02 所有书法作品都是艺术品。

3.03 所有经典的艺术品都不是媚俗的。

3.04 有些艺术品不是能经得起岁月的检验的。

4. 从下列前提能否经过换质、换位推出相应的结论? 如能,写出推理形式。

4.01 前提:所有不理智的行为都不是理性的,
结论:非理性的行为有些不是理智的。

4.02 前提:诚实的人都值得信赖,
结论:不诚实的人有些不值得信赖。

4.03 前提:有些生物是无性繁殖的,
结论:无性繁殖的有些不是非生物。

4.04 前提:有些工艺品不是非零售的,

---

① 《中庸》。
② 《吕氏春秋·察今》。
③ 范慎:《神灭论》。

结论:有些零售的是工艺品。

5. 下列根据对当关系所进行的推理是否正确?为什么?

5.01 所有公民都是选民,所以,并非所有的公民都不是选民。

5.02 有些人是理想主义者,所以,有些人不是理想主义者。

5.03 有些议员不是博士,所以,并非所有议员都是博士。

5.04 所有修道者都不是嗜酒的,所以,有些修道者是嗜酒的。

5.05 所有军官都是军校毕业的,所以,有些军官是军事专家。

5.06 有些海盗不是非洲的,所以,并非所有海盗都不是非洲的。

6. 从"所有墨者都是义士"根据换质、换位或者对当关系,能否推出下列结论?

6.01 有些义士是墨者。

6.02 有些非墨者是义士。

6.03 有些义士不是墨者。

6.04 并非有义士不是墨者。

6.05 有些非墨者不是义士。

6.06 所有非义士都不是墨者。

7. 指出下列三段论的小项、大项和中项,大前提、小前提和结论,它的格和式。

7.01 所有苍山人都是临沂人,所有兰陵人都是苍山人,所以,所有兰陵人都是临沂人。

7.02 所有行吟者都是艺术家,有些艺术家是乞讨者,所以,有些行吟者是乞讨者。

7.03 所有司门前人都是隆回县人,所有高平人也都是隆回县人,所以,有些司门前人是高平人。

7.04 有些科学家是名校毕业的,有些议员也是名校毕业的,所以,有些议员是科学家。

7.05 所有即墨人都是山东人,所有即墨人都是胶东半岛人,所以,胶东半岛人都是山东人。

7.06 所有沭阳人都是宿迁人,有些苏北人是沭阳人,所以,有些宿迁人是苏北人。

8. 用三段论的一般规则判断下列三段论是否正确?

8.01 所有的鸟都会飞,家禽都是鸟,所以,家禽都会飞。

8.02 所有狗都是动物,所有猫都不是狗,所以,所有猫都不是动物。

8.03　固始白鹅都肉质鲜美,彭州鹅也都肉质鲜美,所以,固始白鹅都是彭州鹅。

8.04　所有的人都是蝴蝶,所有的白菜都是人,所以,所有的白菜都是蝴蝶。

8.05　所有兔子都是跑得很快的,跑得很快的有些会飞,所以,有的兔子会飞。

8.06　中国人是勤劳勇敢的,滕州人都是中国人,所以,滕州人都是勤劳勇敢的。

8.07　所有的诗人都不是会计,所有会计都不是参议员,所以,有些诗人是参议员。

8.08　自学青年都是有志青年,有些自学青年处境艰难,所以,有些有志青年处境艰难。

8.09　有些砀山梨超过 400 克,有些砀山梨呈金黄色,所以,有些呈金黄色的梨超过 400 克。

8.10　所有道士都是淡泊名利的,所有道士都是高洁之士,所以,所有高洁之士都是淡泊名利的。

8.11　有些石头是珍贵的玉石,蓝田玉石都是色彩斑斓的极品,所以,有些石头是色彩斑斓的极品。

8.12　所有喜剧演员都不是白痴,所有白痴都不是历史剧演员,所以,有些喜剧演员是历史剧演员。

8.13　有些逻辑学家也是数学家,有些数学家是菲尔兹奖获得者,所以,有些逻辑学家是菲尔兹奖获得者。

8.14　平度天柱山摩崖石刻都非常精美,平度天柱山摩崖石刻是我国稀有的书法刻石艺术瑰宝,所以,我国稀有的书法刻石艺术瑰宝都非常精美。

9.　在下列括号内填入适当的符号,使之构成一个有效的三段论形式。

9.01　MEP
　　　S(　)M
　　　SEP

9.02　P(　)M
　　　SOM
　　　SOP

9.03　M(　)P
　　　MIS
　　　SIP

9.04　MEP
　　　<u>SIM</u>
　　　S(　)P

9.05　P(　)M
　　　<u>MIS</u>
　　　SOP

9.06　P(　)M
　　　<u>M(　)S</u>
　　　SEP

10. 分析下列省略三段论,指出省略了哪一部分,将其补充完整并判定其是否有效。

10.01　所有人都必须遵守法律,孩子也不例外。

10.02　工艺品都是人造物,所以,工艺品可以申请专利。

10.03　所有的偏见都是源于嫉妒,所以,轻视别人也是源于嫉妒。

10.04　永远处于运动中的事物都是不朽的,因此,灵魂是不朽的。

10.05　这群人都是土生土长的四十里街人,所以,这群人都是鄱阳人。

10.06　没有信仰的人是没有道德底线的人,没有道德底线的人是非常可怕的。

11. 证明下列各题:

11.01　一个有效三段论中的三个项,不能均周延两次。

11.02　结论否定的有效三段论,其大前提不能是 I 判断。

11.03　结论是 A 判断的有效三段论只有第一格的 AAA 式。

11.04　结论是全称判断的有效三段论,中项不能周延两次。

11.05　大前提为 I 判断的有效三段论,其结论必定为 I 判断。

11.06　以 I 判断为大前提、E 判断为小前提,不能形成有效的三段论。

11.07　以 O 判断为大前提、A 判断为小前提形成的有效三段论必定是第三格。

11.08　以 A 判断为大前提、O 判断为小前提形成的有效三段论必定是第二格。

11.09　若一个有效三段论的大项在前提中周延,但在结论中不周延,则该三段论为第四格 AAI 式。

12. 下列关系推理是否正确?

12.01　喜羊羊认识灰太狼,所以,灰太狼认识喜羊羊。

12.02 步惊云和聂风是朋友,所以聂风和步惊云是朋友。

12.03 大学生相信所有科学,考古学是科学,所以,大学生相信考古学。

12.04 阿明和翔云是同学,翔云和阿龙是同学,所以,阿明和阿龙是同学。

12.05 栾川县与嵩县相邻,嵩县与洛宁县相邻,所以,栾川县与洛宁县相邻。

12.06 红山动物园靠近玄武湖,玄武湖靠近鸡鸣寺,所以,红山动物园靠近鸡鸣寺。

12.07 有些亚洲人羡慕所有欧洲人,泌阳人都是亚洲人,所以,有些泌阳人羡慕所有欧洲人。

12.08 有些州长支持所有的人权提案,所有的环保提案都不是人权提案,所以,有些州长不支持所有的环保提案。

13. 在下列各题给出的若干选项中,找出符合要求的一项。

13.01 所有能干的管理人员都关心下属的福利,所有关心下属的福利的管理人员在满足个人需求方面都很开明;在满足个人需求方面不开明的所有管理人员不是能干的管理人员,由此可以推出:

A. 不能干的管理人员关心下属的福利。

B. 有些能干的管理人员在满足个人需求方面不开明。

C. 所有能干的管理人员在满足个人需求方面开明。

D. 不能干的管理人员在满足个人需求方面开明。

(中央机关及其直属机构2000年度考试录用公务员《行政职业能力测验》试卷)

13.02 凡有关国家机密的案件都不是公开审理的案件。据此,我们可以推出:

A. 不公开审理的案件都是有关国家机密的案件。

B. 公开审理的案件都不是有关国家机密的案件。

C. 有关国家机密的某些案件可以公开审理。

D. 不涉及国家机密的有些案件可以不公开审理。

(中央机关及其直属机构2002年度考试录用公务员《行政职业能力测验》试卷)

13.03 有些恐龙的头盖骨和骨盆骨与所有现代鸟类的头盖骨和骨盆骨有许多相同特征。虽然不是所有的恐龙都有这些特征,但一些科学家声称,所有具有这些特征的动物都是恐龙。

如果上面的陈述和科学家的声明都为真,则下列哪项也一定为真?

A. 鸟类与恐龙的相似之处要多于鸟类与其他动物的相似之处。

B. 一些古代恐龙与现代鸟类是没有区别的。

C. 所有动物,如果它们的头盖骨和现代鸟类的头盖骨具有相同特征,那么它们的骨盆骨也一定和现代鸟类的骨盆骨具有相同特征。

D. 现代鸟类是恐龙。

13.04 地球的卫星,木星的卫星,以及土星的卫星,全都是行星系统的例证,其中卫星在一个比它大得多的星体引力场中运行。由此可见,在每一个这样的系统中,卫星都以一种椭圆轨道运行。

以上陈述可以逻辑地推出下面哪一项陈述?

A. 所有的天体都以椭圆转道运行。

B. 非椭圆轨道违背了天体力学的规律。

C. 天王星这颗行星的卫星以椭圆转道运行。

D. 一个星体越大,它施加给另一个星体的引力就越大。

(GCT2009 年考试试卷)

13.05 某公司员工都具有理财观念。有些购买基金的员工买了股票,凡是购买地方债券的员工都买了国债,但所有购买股票的员工都不买国债。

根据以上前提,以下哪一个选项一定为真?

A. 有些购买了基金的员工没有买地方债券。

B. 有些购买了地方债券的员工没有买基金。

C. 有些购买了地方债券的员工买了基金。

D. 有些购买了基金的员工买了国债。

(GCT2009 年考试试卷)

13.06 湖队是不可能进入决赛的。如果湖队进入决赛,那么太阳就从西边出来了。

以下哪项与上述论证方式最相似?

A. 今天天气不冷。如果冷,湖面怎么没结冰?

B. 空谈是不能创造财富的。若空谈能够创造财富,则夸夸其谈的人就是世界上最富有的了。

C. 草木之生也柔脆,其死也枯槁。故坚强者死之徒,柔弱者生之徒。

D. 天上是不会掉馅饼的。如果你不相信这一点,那上当受骗是迟早的事。

E. 古典音乐不流行。如果流行,那就说明大众的音乐欣赏水平大大提高了。

(MBA、MPA、MPAcc 2010 年联考试卷,有改动)

13.07 学生:IQ 和 EQ 哪个更重要?您能否给我指点一下?

学长:你去书店问问工作人员,关于 IQ、EQ 的书哪类销得快,哪类就更重要。

以下哪项与上述题干中的问答方式最为类似?

A. 员工:我们正在制订一个度假方案,你说是在本市好,还是去外地好?

经理:现在年终了,各公司都在安排出去旅游,你去问问其他公司的同行,他们计划去哪里,我们就不去哪里,不凑热闹。

B. 平平:母亲节那天我准备给妈妈送一样礼物,你说是送花好还是送巧克力好?

佳佳:你在母亲节前一天去花店看一下,看看买花的人多不多就行了嘛。

C. 顾客:我准备买一件毛衣,你看颜色是鲜艳一点,还是素一点好?

店员:这个需要结合自己的性格与穿衣习惯,各人可以有自己的选择与喜好。

D. 游客:我们前面有两条山路,走哪一条更好?

导游:你仔细看看,哪一条山路上车马的痕迹深,我们就走哪一条。

E. 学生:我正在准备期末复习,是做教材上的练习重要,还是理解教材内容更重要?

老师:你去问问高年级得分高的同学,他们是否经常背书做练习。

(MBA、MPA、MPAcc 2010年联考试卷)

13.08 有些南京人不爱吃辣椒,因此,有些爱吃甜食的人不爱吃辣椒。

以下哪项能保证上述推理成立?

A. 所有南京人都不爱吃辣椒。

B. 有些南京人爱吃甜食。

C. 所有爱吃甜食的人都爱吃辣椒。

D. 所有南京人都爱吃甜食。

第七章

演绎推理（二）：基于命题的推理

本章讨论的推理主要是涉及复合判断的推理。这类推理的有效性主要依赖于命题与命题之间的逻辑联系。我们在分析它们的推理形式时不需要深入到句子内部，只是以命题为基本单位来揭示其推理结构，所以称之为基于命题的推理。

第一节 联 言 推 理

一、什么是联言推理

联言推理是前提或者结论是联言判断的推理。

例 7.1.1

(1) 婺源山明水秀，
　　婺源物产富饶，
　　　所以，婺源不仅山明水秀，而且物产富饶。
(2) 司马迁既是文学家，也是史学家，
　　　所以，司马迁是史学家。

上面例子中的两个推理都是联言推理。其中(1)的结论是一个联言判断，(2)的前提是一个联言判断。

二、联言推理的种类

联言推理主要有两种推理形式:分解式和合成式。

1. 分解式

分解式是前提为联言判断、结论为某一支判断的联言推理。

例 7.1.2

 (1) 学生会干部要品学兼优,

  所以,学生会干部要学习成绩优秀。

 (2) 边看电视边喝茶,能减少电视辐射的危害,并能保护视力,

  所以,边看电视边喝茶,能保护视力。

联言推理分解式的推理形式是:

$$\frac{p\text{ 并且 }q,}{\text{所以},p。} \quad \text{或} \quad \frac{p\text{ 并且 }q,}{\text{所以},q。}$$

也简写为:

 $p \wedge q \vdash p$,或者 $p \wedge q \vdash q$。

2. 合成式

合成式是前提为支判断、结论为联言判断的联言推理。

例 7.1.3

 (1) 岳飞是军事家,

  岳飞是文学家,

  所以,岳飞既是军事家,又是文学家。

 (2) 这个厂只有 20 人,

  这个厂全年利润 200 万美元,

  所以,这个厂尽管只有 20 人,但是全年利润 200 万美元。

联言推理合成式的推理形式是:

$$\frac{p,}{\underline{q,}}$$
$$\text{所以},p\text{ 并且 }q。$$

也简写为:

 $p, q \vdash p \wedge q$。

联言推理分解式、合成式的有效性可以通过下面的真值表得到证明:

p	q	p∧q
1	1	1
1	0	0
0	1	0
0	0	0

在上面的真值表中,第一、二列给出了 p、q 所有可能的真值组合。从上面的真值表可以看出,p∧q 为真只有第一行,在这一行,p、q 均为真。这说明,如果 p∧q 为真,则 p、q 一定真,所以,联言推理的分解式是有效的。从上面的真值表还可以看出,p、q 同时为真只有第一行,在这一行,p∧q 为真。这说明,如果 p、q 均为真,则 p∧q 一定真,所以,联言推理的合成式也是有效的。

一个推理形式是有效的,指的是如果其前提是真的,则结论一定是真的。由此还可以用一种简单的办法来判定一个基于命题的推理是否有效。这就是首先将推理的前提用"合取"联结起来,然后将前提和结论用"蕴涵"联结起来。如果得到的命题形式在真值表中的每一行都是真的(这样的公式称为永真式),则该推理就是有效式;否则,就是无效式。

例如,联言推理的分解式就是要判定 p∧q→p 或者 p∧q→q 是否是永真式。

p	q	p∧q	p∧q→p	p∧q→q
1	1	1	1	1
1	0	0	1	1
0	1	0	1	1
0	0	0	1	1

由上表看出,p∧q→p 和 p∧q→q 都是永真式,所以联言推理的分解式是有效的。

正因为如此,有时我们也可以将联言推理的分解式直接表示为:
p∧q→p 和 p∧q→q。在下文中,我们有时也使用 p→q 来表示 p⊢q,使用 p∧q→r 来表示 p,q⊢r 等等。

第二节 选言推理

一、什么是选言推理

选言推理是前提或者结论包含有选言判断的推理。

例 7.2.1

(1) 那个盲人要么戴红帽子要么戴白帽子,
　　那个盲人戴红帽子,
　　所以,那个盲人没有戴白帽子。

(2) 该厂成本降低或者是因为节省开支,或者是因为提高效率,
　　该厂成本降低不是因为节省开支,
　　所以,该厂成本降低是因为提高效率。

上述两个推理的前提中都有一个是选言判断,它们都是选言推理。

根据前提中所含的选言判断的不同,选言推理可分为两类:相容选言推理和不相容选言推理。

二、相容选言推理

相容选言推理是前提或者结论包含有相容选言判断的选言推理。

相容选言推理常见的推理形式有否定肯定式和析取引入式。根据前述相容选言判断的逻辑性质,这两种推理形式有三条规则:

第一,否定一部分选言支,就要肯定另一部分选言支。

第二,肯定一部分选言支,可以推出包含该选言支的任一选言判断。

第三,肯定一部分选言支,不能否定另一部分选言支。

1. 否定肯定式

否定肯定式推理的结构是:前提一个是相容选言判断、一个是对这

个相容选言判断的一部分选言支的否定,结论是对该相容选言判断的另一部分选言支的肯定。

例 7.2.2

(1) 燕子或者是党员或者是学生干部,
    燕子不是党员,
    所以,燕子是学生干部。

(2) 该推理得出错误的结论或者是由于前提不正确,或者是由于推理无效,
    该推理得出错误的结论不是由于推理无效,
    所以,该推理得出错误的结论是由于前提不正确。

相容选言推理否定肯定式的推理形式是:

p 或者 q,　　　或者　　　p 或者 q,
并非 p,　　　　　　　　　 并非 q,
所以,q。　　　　　　　　 所以,p。

也简写为:

$p \vee q, \neg p \vdash q$ 或者 $p \vee q, \neg q \vdash p$。

2. 析取引入式

析取引入式推理的结构是:前提是一个判断,结论是以该判断作为选言支之一的相容选言判断。

例 7.2.3

(1) 小敏是启东人,
    所以,小敏或者是启东人或者是沿海人。

(2) 小赵是硕士,
    所以,小赵或者是博士或者是硕士。

相容选言推理析取引入式的推理形式是:

p,　　　　　　或者　　　　q,
所以,p 或者 q。　　　　　所以,p 或者 q。

也简写为:

$p \vdash p \vee q$ 或者 $q \vdash p \vee q$。

根据相容选言推理规则三,相容选言推理不能由肯定一部分选言

支推出否定另一部分选言支,即相容选言推理的肯定否定式是无效式。

例 7.2.4

  这次工作失误或者有客观原因,或者有主观原因,

  这次工作失误有客观原因,

  所以,这次工作失误没有主观原因。

上述推理其推理形式就是相容选言推理的肯定否定式,是一个无效推理。

相容选言推理否定肯定式、析取引入式的有效性以及肯定否定式的无效性可以通过下面的真值表得到证明:

p	q	¬p	p∨q	(p∨q)∧¬p	(p∨q)∧¬p→q	¬q	(p∨q)∧¬q	(p∨q)∧¬q→p
1	1	0	1	0	1	0	0	1
1	0	0	1	0	1	1	1	1
0	1	1	1	1	1	0	0	1
0	0	1	0	0	1	1	0	1

p	q	p∨q	p→p∨q	q→p∨q	(p∨q)∧p	¬q	(p∨q)∧p→¬q	(p∨q)∧q→¬p
1	1	1	1	1	1	0	0	0
1	0	1	1	1	1	1	1	1
0	1	1	1	1	0	0	1	1
0	0	0	1	1	0	1	1	1

在上面的真值表中,(p∨q)∧¬p→q、(p∨q)∧¬q→p 都是永真式,这证明相容选言推理否定肯定式是有效式。p→p∨q、q→p∨q 都是永真式,这证明相容选言推理析取引入式是有效式。(p∨q)∧p→¬q、(p∨q)∧q→¬p 都不是永真式,这证明相容选言推理的肯定否定式是无效式。

三、不相容选言推理

不相容选言推理是前提或者结论包含有不相容选言判断的选言

推理。

不相容选言推理常见的推理形式有否定肯定式和肯定否定式。根据前述不相容选言判断的逻辑性质,这两种推理形式有两条规则:

第一,否定一部分选言支,就要肯定另一部分选言支。

第二,肯定一部分选言支,就要否定另一部分选言支。

1. 否定肯定式

否定肯定式推理的结构是:前提一个是不相容选言判断、一个是对这个不相容选言判断的一部分选言支的否定,结论是对该不相容选言判断的另一部分选言支的肯定。

例 7.2.5

（1）出生于鲁西北的纯子要么是宁津人要么是夏津人,
出生于鲁西北的纯子不是宁津人,
所以,出生于鲁西北的纯子是夏津人。

（2）这两个概念之间要么是矛盾关系,要么是反对关系,
这两个概念之间不是反对关系,
所以,这两个概念之间是矛盾关系。

不相容选言推理否定肯定式的推理形式是:

要么 p,要么 q,　　　或者　　要么 p,要么 q,
并非 p,　　　　　　　　　　　　并非 q,
所以,q。　　　　　　　　　　　所以,p。

也简写为:

$p \dot{\vee} q, \neg p \vdash q$ 或者 $p \dot{\vee} q, \neg q \vdash p$。

2. 肯定否定式

肯定否定式推理的结构是:前提一个是不相容选言判断、一个是对这个不相容选言判断的一部分选言支的肯定,结论是对该不相容选言判断的另一部分选言支的否定。

例 7.2.6

（1）景阳冈上,要么老虎吃了武松,要么武松打死老虎
景阳冈上,武松打死了老虎,
所以,景阳冈上,老虎没有吃了武松。

（2）该推理要么是有效的,要么是无效的,
　　该推理是有效的,
　　所以,该推理不是无效的。

不相容选言推理否定肯定式的推理形式是:

要么p,要么q,　　　或者　　　要么p,要么q,
　p,　　　　　　　　　　　　　q,
所以,并非q。　　　　　　　　　所以,并非p。

也简写为:

$p \dot{\vee} q, p \vdash \neg q$ 或者 $p \dot{\vee} q, q \vdash \neg p$。

不相容选言推理否定肯定式、肯定否定式的有效性可以通过下面的真值表得到证明:

p	q	$\neg$p	$p\dot{\vee}q$	$(p\dot{\vee}q)\wedge\neg p$	$(p\dot{\vee}q)\wedge\neg p\rightarrow q$	$(p\dot{\vee}q)\wedge\neg q\rightarrow p$
1	1	0	0	0	1	1
1	0	0	1	0	1	1
0	1	1	1	1	1	1
0	0	1	0	0	1	1

p	q	$p\dot{\vee}q$	$(p\dot{\vee}q)\wedge p$	$\neg q$	$(p\dot{\vee}q)\wedge p\rightarrow\neg q$	$(p\dot{\vee}q)\wedge q\rightarrow\neg p$
1	1	0	0	0	1	1
1	0	1	1	1	1	1
0	1	1	0	0	1	1
0	0	0	0	1	1	1

在上面的真值表中,$(p\dot{\vee}q)\wedge\neg p\rightarrow q$、$(p\dot{\vee}q)\wedge\neg q\rightarrow p$ 都是永真式,这证明不相容选言推理否定肯定式是有效式。$(p\dot{\vee}q)\wedge p\rightarrow\neg q$、$(p\dot{\vee}q)\wedge q\rightarrow\neg p$ 也都是永真式,这证明不相容选言推理的肯定否定式也是有效式。

第三节 假言推理

假言推理是前提中有一个是假言判断并且根据假言判断前后件之间的关系而推出结论的推理。根据所含假言判断的不同,假言推理可分为充分条件假言推理、必要条件假言推理和充分必要条件假言推理。

一、充分条件假言推理

充分条件假言推理是前提中有一个是充分条件假言判断的假言推理。

根据前述充分条件假言判断的逻辑性质,充分条件假言推理有四条规则:

第一,肯定前件就要肯定后件。
第二,否定后件就要否定前件。
第三,否定前件不能否定后件。
第四,肯定后件不能肯定前件。

根据上述规则,充分条件假言推理有肯定前件式、否定后件式两种推理形式。

1. 肯定前件式

肯定前件式推理的结构是:在前提中肯定充分条件假言判断的前件,结论肯定它的后件。

例 7.3.1

(1) 如果语嫣姓王,那么她一定知道她的姓氏是中国人口最多的姓氏之一,

语嫣姓王,

所以,语嫣一定知道她的姓氏是中国人口最多的姓氏之一。

(2) 如果杨环到过霞洞浮山岭,那么她一定非常喜欢电白的白糖罂荔枝,

杨环到过霞洞浮山岭,

所以,杨环一定非常喜欢电白的白糖罂荔枝。

充分条件假言推理肯定前件式的推理形式是：
　　如果 p，那么 q，
　　　p，
　　所以，q。

也简写为：
　　p→q, p ⊢ q。

2. 否定后件式

否定后件式推理的结构是：在前提中否定充分条件假言判断的后件，结论否定它的前件。

例 7.3.2

　　（1）如果钱波到过大新县，那么他一定见过德天瀑布，
　　　　钱波没有见过德天瀑布，
　　　　所以，钱波没有到过大新县。

　　（2）如果你到过广州，那么你一定知道华立科技学院，
　　　　你不知道华立科技学院，
　　　　所以，你没到过广州。

充分条件假言推理否定后件式的推理形式是：
　　如果 p，那么 q，
　　并非 q，
　　所以，并非 p。

也简写为：
　　p→q, ¬q ⊢ ¬p。

充分条件假言推理否定前件式的推理形式是：
　　如果 p，那么 q，
　　并非 p，
　　所以，并非 q。

根据规则三，这个推理形式不是有效的。

例 7.3.3

　　如果这件稀世珍藏是滑县木版画，那么它是集收藏、装饰、实用与研究价值于一体的艺术精品，

这件稀世珍藏不是滑县木版画,

所以,这件稀世珍藏不是集收藏、装饰、实用与研究价值于一体的艺术精品。

上述推理就是充分条件假言推理否定前件式,这是一个无效推理。

充分条件假言推理肯定后件式的推理形式是:

如果 p,那么 q,

  q,

所以,p。

根据规则四,这个推理形式也不是有效的。

例 7.3.4

只要唐伯虎光临了"巴蜀才子之乡",他就难忘富顺豆花,

唐伯虎难忘富顺豆花,

所以,唐伯虎光临了"巴蜀才子之乡"。

上述推理就是充分条件假言推理肯定后件式,这也是一个无效推理。

充分条件假言推理肯定前件式、否定后件式的有效性以及否定前件式、肯定后件式的无效性可以通过下面的真值表得到证明:

p	q	p→q	(p→q)∧p	(p→q)∧p→q	¬q	(p→q)∧¬q	(p→q)∧¬q→¬p
1	1	1	1	1	0	0	0	1
1	0	0	0	1	1	0	0	1
0	1	1	0	1	0	0	1	1
0	0	1	0	1	1	1	1	1

p	q	p→q	¬p	(p→q)∧¬p	¬q	(p→q)∧¬p→¬q	(p→q)∧q	(p→q)∧q→p
1	1	1	0	0	0	1	1	1
1	0	0	0	0	1	1	0	1
0	1	1	1	1	0	0	1	0
0	0	1	1	1	1	1	0	1

在上面的真值表中，(p→q)∧p→q、(p→q)∧¬q→¬p 都是永真式，这证明充分条件假言推理肯定前件式、否定后件式都是有效式。(p→q)∧¬p→¬q、(p→q)∧q→p 都不是永真式，这证明充分条件假言推理的否定前件式、肯定后件式都是无效式。

二、必要条件假言推理

必要条件假言推理是前提中有一个是必要条件假言判断的假言推理。

根据前述必要条件假言判断的逻辑性质，必要条件假言推理有四条规则：

第一，否定前件就要否定后件。
第二，肯定后件就要肯定前件。
第三，肯定前件不能肯定后件。
第四，否定后件不能否定前件。

根据上述规则，必要条件假言推理有否定前件式、肯定后件式两种推理形式。

1. 否定前件式

否定前件式推理的结构是：在前提中否定必要条件假言判断的前件，结论否定它的后件。

例 7.3.5

(1) 这套涂料只有是镇雄木漆，才配得上这上好的家具，
　　这套涂料不是镇雄木漆，
　　所以，这套涂料配不上这上好的家具。

(2) 只有去过苍南，你才知道什么叫做"快使肉"，
　　你没去过苍南，
　　所以，你不知道什么叫做"快使肉"。

必要条件假言推理否定前件式的推理形式是：

只有 p，才 q，
并非 p，
所以，并非 q。

也简写为:

  p←q,￢p ├ ￢q。

2. 肯定后件式

肯定后件式推理的结构是:在前提中肯定必要条件假言判断的后件,结论肯定它的前件。

例 7.3.6

 (1) 今年只有雨水充足,达县脐橙才能获得大丰收,

  今年达县脐橙获得了大丰收,

   所以,今年达县雨水充足。

 (2) 韦光辉只有是平南人,才会那样的竹芒木编工艺,

  韦光辉会那样的竹芒木编工艺,

   所以,韦光辉是平南人。

必要条件假言推理肯定后件式的推理形式是:

  只有 p,才 q,

  q,

  所以,p。

也简写为:

  p←q,q ├ p。

必要条件假言推理肯定前件式的推理形式是:

  只有 p,才 q,

  p,

  所以,q。

根据规则三,这个推理形式不是有效的。

例 7.3.7

  这篓只有是春分前后云阳山间的野生幼嫩芽叶,才能做相思茶,

  这篓是春分前后云阳山间的野生幼嫩芽叶,

   所以,这篓可以做相思茶。

上述推理就是必要条件假言推理肯定前件式,这是一个无效推理。

必要条件假言推理否定后件式的推理形式是:

  只有 p,才 q,

并非 q,
所以,并非 p。

根据规则四,这个推理形式也不是有效的。

例 7.3.8

不入虎穴,焉得虎子,
未得虎子,
所以,没入虎穴。

上述推理就是必要条件假言推理否定后件式,这也是一个无效推理。

必要条件假言推理否定前件式、肯定后件式的有效性以及肯定前件式、否定后件式的无效性也可以通过下面的真值表得到证明:

p	q	p←q	(p←q)∧q	(p←q)∧q→p	¬p	(p←q)∧¬p	¬q	(p←q)∧¬p→¬q
1	1	1	1	1	0	0	0	1
1	0	1	0	1	0	0	1	1
0	1	0	0	1	1	0	0	1
0	0	1	0	1	1	1	1	1

p	q	p←q	(p←q)∧p	(p←q)∧p→q	¬q	(p←q)∧¬q	¬p	(p←q)∧¬q→¬p
1	1	1	1	1	0	0	0	1
1	0	1	1	0	1	1	0	0
0	1	0	0	1	0	0	1	1
0	0	1	0	1	1	1	1	1

在上面的真值表中,(p←q)∧¬p→¬q、(p←q)∧q→p 都是永真式,这证明必要条件假言推理否定前件式、肯定后件式都是有效式。(p←q)∧p→q、(p←q)∧¬q→¬p 都不是永真式,这证明必要条件假言推理的肯定前件式、否定后件式都是无效式。

三、充分必要条件假言推理

充分必要条件假言推理是前提中有一个充分必要条件假言判断的假言推理。

根据前述充分必要条件假言判断的逻辑性质,充分必要条件假言推理有四条规则:

第一,肯定前件就要肯定后件。

第二,否定前件就要否定后件。

第三,肯定后件就要肯定前件。

第四,否定后件就要否定前件。

根据上述规则,充分必要条件假言推理有肯定前件式、否定前件式、肯定后件式、否定后件式四种推理形式。

1. 肯定前件式

肯定前件式推理的结构是:在前提中肯定充分必要条件假言判断的前件,结论肯定它的后件。

例 7.3.9

(1) 这个四边形是菱形,当且仅当它的四边相等,

这个四边形是菱形,

所以,这个四边形四边相等。

(2) 那两个三角形相似,当且仅当,两个三角形的对应边成比例,

那两个三角形相似,

所以,那两个三角形的对应边成比例。

充分必要条件假言推理肯定前件式的推理形式是:

p,当且仅当 q,

p,

所以,q。

也简写为:

$p \leftrightarrow q, p \vdash q$。

2. 否定前件式

否定前件式推理的结构是:在前提中否定充分必要条件假言判断的前件,结论否定它的后件。

例 7.3.10

(1) 李娜若曾从台城视角鸟瞰玄武湖,当且仅当她曾登上鸡鸣寺塔,

　　李娜未曾从台城视角鸟瞰玄武湖,

　　所以,李娜没曾登上鸡鸣寺塔。

(2) 王谚知道老君丹的味道,当且仅当他在郫城服了老君丹,

　　王谚不知道老君丹的味道,

　　所以,王谚未在郫城服老君丹。

充分必要条件假言推理否定前件式的推理形式是:

　　p,当且仅当 q,

　　并非 p,

　　所以,并非 q。

也简写为:

　　$p \leftrightarrow q, \neg p \vdash \neg q$。

3. 肯定后件式

肯定后件式推理的结构是:在前提中肯定充分必要条件假言判断的后件,结论肯定它的前件。

例 7.3.11

(1) 6 是偶数,当且仅当 6 能被 2 整除,

　　6 能被 2 整除,

　　所以,6 是偶数。

(2) 王芳若能体会蒙洱茶制作的严格,当且仅当她曾到新化县奉家山蒙洱冲采摘过新茶,

　　王芳曾到新化县奉家山蒙洱冲采摘过新茶,

　　所以,王芳能体会蒙洱茶制作的严格。

充分必要条件假言推理肯定后件式的推理形式是:

　　p,当且仅当 q,

　　q,

　　所以,p。

也简写为:

  $p \leftrightarrow q, q \vdash p$。

4. 否定后件式

否定后件式推理的结构是:在前提中否定充分必要条件假言判断的后件,结论否定它的前件。

例 7.3.12

(1) 5 是偶数,当且仅当 5 能被 2 整除,
  5 不能被 2 整除,
  所以,5 不是偶数。

(2) 张伟惊诧于龙游石窟的壮观,当且仅当他亲历龙游石窟,
  张伟没有亲历龙游石窟,
  所以,张伟不会惊诧于龙游石窟的壮观。

充分必要条件假言推理否定后件式的推理形式是:

  p,当且仅当 q,
  并非 q,
  所以,并非 p。

也简写为:

  $p \leftrightarrow q, \neg q \vdash \neg p$。

充分必要条件假言推理肯定前件式、否定前件式、肯定后件式和否定后件式的有效性可以通过下面的真值表得到证明:

p	q	p↔q	(p↔q)∧p	(p↔q)∧p→q	¬p	(p↔q)∧¬p	¬q	(p↔q)∧¬q→¬p
1	1	1	1	1	0	0	0	1
1	0	0	0	1	0	0	1	1
0	1	0	0	1	1	0	0	1
0	0	1	0	1	1	1	1	1

p	q	p↔q	(p↔q)∧q	(p↔q)∧q→p	¬q	(p↔q)∧¬q	¬p	(p↔q)∧¬q→¬p
1	1	1	1	1	0	0	0	1
1	0	0	0	1	1	0	0	1
0	1	0	0	1	0	0	1	1
0	0	1	0	1	1	1	1	1

在上面的真值表中,(p↔q)∧p→q、(p↔q)∧¬p→¬q、(p↔q)∧q→p、(p↔q)∧¬q→¬p 都是永真式,这证明充分必要条件假言推理肯定前件式、否定前件式、肯定后件式和否定后件式都是有效式。

第四节 二难推理

一、什么是二难推理

二难推理是以两个充分条件假言判断和一个选言判断为前提,根据充分条件假言判断和选言判断的逻辑性质得出结论的推理。

例 7.4.1

(1) 如果你活着,那么你不知道自己已经死了;
    如果你死了,那么你也不知道自己已经死了;
    你或者活着,或者死了;
    所以,你不知道自己已经死了。

(2) 如果他的盾最坚固,那么他的矛将不能刺穿他的盾;
    如果他的矛最锋利,那么他的矛将能刺穿他的盾;
    他的矛或者能够刺穿他的盾,或者不能刺穿他的盾;
    所以,或者他的盾不是最坚固的,或者他的矛不是最锋利的。

二难推理的特点是,由选言判断肯定两个充分条件假言判断的前件,结论就肯定两个充分条件假言判断的后件;或者由选言判断否定两个充分条件假言判断的后件,结论就否定两个充分条件假言判断的前件。无论情况如何,推理的结论都将使得论辩的对方陷入左右为难、进退维谷的境地。这是二难推理所以得名的原因。

二、二难推理的形式

二难推理主要有简单构成式、简单破坏式、复杂构成式和复杂破坏式四种基本的推理形式。

1. 简单构成式

简单构成式是在前提中选言判断肯定两个充分条件假言判断不同的前件,结论肯定两个充分条件假言判断相同的后件的二难推理。

例 7.4.2

传说,东方朔偷喝了方士送给汉武帝的所谓"不死之酒",惹得汉武帝大怒,要杀死他。东方朔辩称:"如果这酒真是'不死之酒',那么您杀不死我;如果这酒不是'不死之酒',那么您何必为假酒而杀我呢?"汉武帝听了,觉得有理,就把他放了。

在这个传说中,就可整理出一个简单构成式的二难推理:

如果这酒真是"不死之酒",那么不必杀他;
如果这酒不是"不死之酒",那么也不必杀他;
这酒或者是"不死之酒",或者不是"不死之酒";
所以,都不必杀他。

简单构成式的推理形式是:

如果 p,那么 q;
如果 r,那么 q;
p 或者 r;
所以,q。

也简写为:

$p \rightarrow q, r \rightarrow q, p \vee r \vdash q$。

2. 简单破坏式

简单破坏式是在前提中选言判断否定两个充分条件假言判断不同的后件,结论否定两个充分条件假言判断相同的前件的二难推理。

例 7.4.3

如果某人是罪犯,那么他有作案动机;

如果某人是罪犯,那么他有作案时间;
某人或者没有作案动机,或者没有作案时间;
所以,某人不是罪犯。

简单破坏式的推理形式是:

如果 p,那么 q;
如果 p,那么 r;
并非 q,或者并非 r;
所以,并非 p。

也简写为:

$p \rightarrow q, p \rightarrow r, \neg q \vee \neg r \vdash \neg p$。

3. 复杂构成式

复杂构成式是在前提中选言判断肯定两个充分条件假言判断不同的前件,结论肯定两个充分条件假言判断不同的后件的二难推理。

例 7.4.4

(1) 如果张磊工作,他就不能逍遥自在;
如果张磊不工作,他就不能有成就感;
他或者工作,或者不工作;
所以,张磊或者不能逍遥自在,或者不能有成就感。

(2) 如果李艳工作,那么她就可以获得成就感;
如果李艳不工作,那么她就可以逍遥自在;
她或者工作,或者不工作;
所以,李艳或者可以获得成就感,或者可以逍遥自在。

复杂构成式的推理形式是:

如果 p,那么 q;
如果 r,那么 s;
p 或者 r;
所以,q 或者 s。

也简写为:

$p \rightarrow q, r \rightarrow s, p \vee r \vdash q \vee s$。

4. 复杂破坏式

复杂破坏式是在前提中选言判断否定两个充分条件假言判断不同的后件,结论否定两个充分条件假言判断不同的前件的二难推理。

例7.4.5

如果秦官吏要保持正直,那么不能认鹿为马;

如果秦官吏要保住官职,那么只能认鹿为马;

秦官吏或者认鹿为马,或者不认鹿为马;

所以,秦官吏或者不能保持正直,或者不能保住官职。

复杂破坏式的推理形式是:

如果p,那么q;

如果r,那么s;

并非q或者并非s;

所以,并非p或者并非r。

也简写为:

$p \rightarrow q, r \rightarrow s, \neg q \vee \neg s \vdash \neg p \vee \neg r$。

二难推理的简单构成式、简单破坏式、复杂构成式和复杂破坏式的有效性也都可以通过真值表得到证明。下表以简单构成式为例:

p	q	r	p→q	r→q	p∨r	(p→q)∧(r→q)	(p→q)∧(r→q)∧(p∨r)	(p→q)∧(r→q)∧(p∨r)→q
1	1	1	1	1	1	1	1	1
1	1	0	1	1	1	1	1	1
1	0	1	0	0	1	0		1
1	0	0	0	1	1	0		1
0	1	1	1	1	1	1	1	1
0	1	0	1	1	0	1	0	1
0	0	1	1	0	1			1
0	0	0	1	1	0			1

p、q、r这三个命题变项,共有八种可能的真值组合情况。在这八种可能的情况下,(p→q)∧(r→q)∧(p∨r)→q 都为真,即(p→q)∧(r→q)∧(p∨r)→q 是永真式,所以,二难推理的简单构成式是有

效式。

三、破斥二难推理的方法

一个得出正确结论的二难推理需要满足下列条件：
第一，前提中的假言判断必须是充分条件假言判断。
第二，前提中的选言判断，其选言支应该是穷尽的。
第三，推理规程要符合充分条件假言推理和选言推理的规则。

显然，前两个条件要求的是前提真实，第三个条件要求的是推理有效。不符合上述条件的二难推理其结论就可能是错误的。破斥二难推理就是指出一个结论错误的二难推理违反上述条件的情况。

例 7.4.6

（1）超市如果明知商品不合格而出售，那就是故意欺骗消费者；
超市如果不知商品不合格而出售，那就是对消费者不负责任；
超市或者明知商品不合格而出售，后者不知商品不合格而出售；
所以，超市或者故意欺骗消费者，或者对消费者不负责任。

（2）如果李伟是故意犯罪，那么应追究他的法律责任；
如果李伟是过失犯罪，那么也应追究他的法律责任；
李伟或者不是故意犯罪，或者不是过失犯罪；
总之，都不应追究李伟的法律责任。

上面例（1）中，其推理形式是有效的，但是其前提之一的选言判断是假的。因为除了"明知商品不合格而出售"、"不知商品不合格而出售"这两种情况外，还有可能是"如果商品不合格，就不出售"的情况。例（2）中，其推理的前提是真实的，但是其推理形式是无效的。因为充分条件假言推理否定前件并不能否定后件。

破斥二难推理还有一种特殊的方法，就是仿效对方的二难推理构造出一个结论相反的二难推理，从而证明对方的二难推理不成立。

例 7.4.7

如果没有犯错误，那么就不要严于律己；

如果已经犯错误,那么也不要严于律己;

或者没有犯错误,或者已经犯错误;

总之,都不要严于律己。

上面推理中的结论显然是假的,因为前提中的两个假言判断都是假的,其充分条件并不成立。为了破斥上述二难推理,可以构造如下的二难推理:

如果没有犯错误,那么要严于律己;

如果已经犯错误,那么更要严于律己;

或者没有犯错误,或者已经犯错误;

总之,都要严于律己。

下例中的欧提勒士反驳其老师普罗泰哥拉的二难推理运用的也是这种破斥方法。

例 7.4.8

据说,欧提勒士拜普罗泰哥拉为师学习法律。双方签了一个合同,学生首先付给老师一半学费,另一半学费则要等到学生第一次出庭打赢官司后再支付。可是欧提勒士毕业后一直没有打官司,剩下的那一半学费也就迟迟未付。普罗泰哥拉终于等不及了,就向法庭起诉,要求学生支付另一半学费。开庭前,普罗泰哥拉希望协商解决,他对欧提勒士说:"如果你打赢这场官司,依照合同,你得把另一半学费付给我;如果你打输这场官司,那么根据法庭判决,你也得把另一半学费付给我。所以,不管你这场官司是赢是输,你都要把另一半学费付给我。"哪知欧提勒士不接受调解,并且反驳道:"如果我打输这场官司,依照合同,我不需要把另一半学费付给你;如果我打赢这场官司,那么根据法庭判决,我也不需要把另一半学费付给你。所以,不管我这场官司是赢是输,我都不需要把学费付给你。"

第五节 其他常用的有效推理形式

除了前述复合推理形式之外,还有一些常见的推理形式。这些推理形式的有效性都可以通过前文所述的真值表方法得到证明。

1. 假言易位

假言易位的推理形式包括如下四种：

$(p\rightarrow q)\rightarrow(\neg q\rightarrow \neg p)$,

$(p\rightarrow \neg q)\rightarrow(q\rightarrow \neg p)$,

$(\neg p\rightarrow q)\rightarrow(\neg q\rightarrow p)$,

$(\neg p\rightarrow \neg q)\rightarrow(q\rightarrow p)$。

例 7.5.1

（1）这个数如果能被 22 整除，那么它能被 11 整除。因此，这个数如果不能被 11 整除，那么它不能被 22 整除。

（2）这个数如果能被 5 整除，那么它的个位数字就不是 3。因此，如果这个数的个位数字是 3，那么它就不能被 5 整除。

（3）这个正整数如果不是奇数，那么它就是偶数。因此，这个正整数如果不是偶数，那么它就是奇数。

（4）这个数如果不能被 3 整除，那么它就不能被 15 整除。因此，这个数如果能被 15 整除，那么它就能被 3 整除。

假言易位推理形式的有效性可以通过如下真值表得到证明：

p	q	p→q	¬p	¬q	¬q→¬p	(p→q)→(¬q→¬p)	(p→¬q)→(q→¬p)
1	1	1	0	0	1	1	1
1	0	0	0	1	0	1	1
0	1	1	1	0	1	1	1
0	0	1	1	1	1	1	1

p	q	¬p	¬p→q	¬q	¬q→p	(¬p→q)→(¬q→p)	(¬p→¬q)→(q→p)
1	1	0	1	0	1	1	1
1	0	0	1	1	1	1	1
0	1	1	1	0	1	1	1
0	0	1	1	1	0	1	1

2. 蕴析律

蕴析律指的是蕴涵和析取之间相互转换的规律。其推理形式是：

$(p \vee q) \rightarrow (\neg p \rightarrow q)$，

$(\neg p \rightarrow q) \rightarrow (p \vee q)$。

例 7.5.2

（1）小明中午或者吃盱眙龙虾，或者吃金湖莲子羹。所以，如果小明中午不是吃盱眙龙虾，那么他就是吃金湖莲子羹。

（2）这次中国象棋比赛如果不是严军获胜，那么就是余涌获胜。所以，这次中国象棋比赛，或者是严军获胜，或者是余涌获胜。

蕴析律推理形式的有效性可以通过如下真值表得到证明：

p	q	p∨q	¬p	¬p→q	(p∨q)→(¬p→q)	(¬p→q)→(p∨q)
1	1	1	0	1	1	1
1	0	1	0	1	1	1
0	1	1	1	1	1	1
0	0	0	1	0	1	1

3. 假言连锁

充分条件假言连锁的推理形式是：

$(p \rightarrow q) \wedge (q \rightarrow r) \rightarrow (p \rightarrow r)$

例 7.5.3

如果你是麻栗坡人，那么你是文山州人；如果你是文山州人，那么你是云南人。所以，如果你是麻栗坡人，那么你是云南人。

充分条件假言连锁推理形式的有效性可以通过如下真值表得到证明：

p	q	r	p→q	q→r	(p→q)∧(q→r)	p→r	(p→q)∧(q→r)→(p→r)
1	1	1	1	1	1	1	1
1	1	0	1	0	0	0	1
1	0	1	0	1	0	1	1
1	0	0	0	1	0	0	1
0	1	1	1	1	1	1	1
0	1	0	1	0	0	1	1
0	0	1	1	1	1	1	1
0	0	0	1	1	1	1	1

还有必要条件假言连锁推理和充分必要条件假言连锁推理：

$(p \leftarrow q) \land (q \leftarrow r) \rightarrow (p \leftarrow r)$,

$(p \leftrightarrow q) \land (q \leftrightarrow r) \rightarrow (p \leftrightarrow r)$。

4. 反三段论

反三段论的推理形式是：

$((p \land q) \rightarrow r) \rightarrow ((p \land \neg r) \rightarrow \neg q)$

例 7.5.4

如果梁芳菲考试成绩优秀并且体检合格，那么她就将被录用。所以，如果梁芳菲考试成绩优秀但是没有被录用，那么一定是因为她体检不合格。

反三段论推理形式的有效性可以通过如下真值表得到证明：

p	q	r	p∧q	p∧q→r	(p∧¬r)→¬q	((p∧q)→r)→((p∧¬r)→¬q)
1	1	1	1	1	1	1
1	1	0	1	0	0	1
1	0	1	0	1	1	1
1	0	0	0	1	1	1
0	1	1	0	1	1	1
0	1	0	0	1	1	1
0	0	1	0	1	1	1
0	0	0	0	1	1	1

5. 反证法、归谬法

反证法的基本思想是：首先假设 p 不成立，由此推出相互矛盾的结果，从而得出 p 成立。

反证法的推理形式是：

$$(\neg p \to q) \wedge (\neg p \to \neg q) \to p$$

归谬法的基本思想是：首先假设 p 成立，由此推出相互矛盾的结果，从而得出 p 不成立。

归谬法的推理形式是：

$$(p \to q) \wedge (p \to \neg q) \to \neg p$$

例 7.5.5

（1）假设一个有效三段论的第二格其结论不是否定的。那么其结论必定是肯定的，这样根据三段论的基本规则五，可知两个前提都是肯定的，在三段论的第二格中，中项是两个前提的谓项，这样中项两次不周延；另一方面，根据三段论的基本规则二，中项至少要周延一次，得出矛盾。因此，假设不成立。由此可见，一个有效三段论的第二格其结论是否定的。

（2）如果 $\sqrt{2}$ 是有理数，那么 $\sqrt{2}$ 一定可以表示为一个最简分数的形式 m/n（其中 m、n 为正整数，且两者之间没有公约数），即 $\sqrt{2} = m/n$，这样有：$2n^2 = m^2$，由此可见，m 必为偶数；令 $m = 2m_1$，进而有：$n^2 = 2m_1^2$，由此可见，n 必为偶数，这样 m、n 之间有公约数 2，由此得出矛盾。因此，假设不成立，$\sqrt{2}$ 不是有理数。

上面例子中，（1）运用的是反证法，（2）运用的是归谬法。

反证法和归谬法推理形式的有效性可以分别通过如下真值表得到证明：

p	q	$\neg p$	$\neg p \to q$	$\neg q$	$\neg p \to \neg q$	$(\neg p \to q) \wedge (\neg p \to \neg q) \to p$
1	1	0	1	0	1	1
1	0	0	1	1	1	1
0	1	1	1	0	0	1
0	0	1	0	1	1	1

p	q	p→q	¬q	p→¬q	(p→q)∧(p→¬q)	¬p	(p→q)∧(p→¬q)→¬p
1	1	1	0	0	0	0	1
1	0	0	1	1	0	0	1
0	1	1	0	1	1	1	1
0	0	1	1	1	1	1	1

第六节 公理系统

运用真值表方法,我们还可以证明许多推理形式的有效性。例如,p→(q→p),(p→(q→r))→((p→q)→(p→r))等。

我们可以将前面得到的由真值表判定的有效推理形式整理为一个公理系统,即我们可以选择几个简单的有效式作为公理,根据一定的推理规则,将其他的有效推理形式作为定理推出来。

例如,我们可以选择下面几个有效的推理形式作为公理:

  公理1 $A→(B→A)$

  公理2 $(A→(B→C))→((A→B)→(A→C))$

  公理3 $(¬A→B)→((¬A→¬B)→A)$

  (其中的 A、B、C 表示任一命题)

推理规则是:如果有 A,并且 $A→B$,那么 B。简记为 MP。

以上述公理和推理规则作为出发点,我们就可以将其他有效的推理形式作为定理逐步地推出来。

定理1 $A→A$

证明:

1	$(A→((B→A)→A))→((A→(B→A))→(A→A))$	公理2
2	$A→((B→A)→A)$	公理1
3	$(A→(B→A))→(A→A)$	1、2 MP
4	$A→(B→A)$	公理1
5	$A→A$	3、4 MP

定理 2 $(B{\to}C){\to}((A{\to}B){\to}(A{\to}C))$

证明：

1. $(A{\to}(B{\to}C)){\to}((A{\to}B){\to}(A{\to}C))$ 公理 2
2. $((A{\to}(B{\to}C)){\to}((A{\to}B){\to}(A{\to}C))){\to}$
   $((B{\to}C){\to}((A{\to}(B{\to}C)){\to}((A{\to}B){\to}(A{\to}C))))$ 公理 1
3. $(B{\to}C){\to}((A{\to}(B{\to}C)){\to}((A{\to}B){\to}(A{\to}C)))$ 1、2 MP
4. $((B{\to}C){\to}((A{\to}(B{\to}C)){\to}((A{\to}B){\to}(A{\to}C))))$
   $\to(((B{\to}C){\to}(A{\to}(B{\to}C)))$
   $\to((B{\to}C){\to}((A{\to}B){\to}(A{\to}C))))$ 公理 2
5. $((B{\to}C){\to}(A{\to}(B{\to}C)))$
   $\to((B{\to}C){\to}((A{\to}B){\to}(A{\to}C)))$ 3、4 MP
6. $(B{\to}C){\to}(A{\to}(B{\to}C))$ 公理 1
7. $(B{\to}C){\to}((A{\to}B){\to}(A{\to}C))$ 5、6 MP

定理 3 $(A{\to}B){\to}((B{\to}C){\to}(A{\to}C))$

证明：

1. $(B{\to}C){\to}((A{\to}B){\to}(A{\to}C))$ 定理 2
2. $((B{\to}C){\to}((A{\to}B){\to}(A{\to}C))){\to}$
   $(((B{\to}C){\to}(A{\to}B)){\to}((B{\to}C){\to}(A{\to}C)))$ 公理 2
3. $((B{\to}C){\to}(A{\to}B)){\to}((B{\to}C){\to}(A{\to}C))$ 1、2 MP
4. $(((B{\to}C){\to}(A{\to}B)){\to}((B{\to}C){\to}(A{\to}C)))$
   $\to(((A{\to}B){\to}((B{\to}C){\to}(A{\to}B)))$
   $\to((A{\to}B){\to}((B{\to}C){\to}(A{\to}C))))$ 定理 2
5. $((A{\to}B){\to}((B{\to}C){\to}(A{\to}B)))$
   $\to((A{\to}B){\to}((B{\to}C){\to}(A{\to}C)))$ 3、4 MP
6. $(A{\to}B){\to}((B{\to}C){\to}(A{\to}B))$ 公理 1
7. $(A{\to}B){\to}((B{\to}C){\to}(A{\to}C))$ 5、6 MP

定理 4 $\neg\neg A{\to}A$

证明：

1. $(\neg A{\to}\neg A){\to}((\neg A{\to}\neg\neg A){\to}A)$ 公理 3
2. $\neg A{\to}\neg A$ 定理 1

3　(¬A→¬¬A)→A	1、2　MP
4　(¬¬A→(¬A→¬¬A)) 　　→(((¬A→¬¬A)→A)→(¬¬A→A))	定理3
5　¬¬A→(¬A→¬¬A)	公理1
6　((¬A→¬¬A)→A)→(¬¬A→A)	4、5　MP
7　¬¬A→A	3、6　MP

可以证明,由该公理系统证明的定理都是真值表中的有效推理形式。并且,所有真值表中的有效推理形式都可以作为定理在该公理系统中得到证明。

第七节　模　态　推　理

模态推理是以模态判断为前提或结论的推理。本节介绍几种常见的模态推理。

一、根据对当方阵的模态推理

同素材的"必然 p"、"必然并非 p"、"可能 p"、"可能并非 p"之间具有一种对当关系。依据这些关系,可以进行有效的模态推理。

1. 基于矛盾关系的推理

其推理形式有:

$$□p ⊢ ¬◇¬p$$
$$□¬p ⊢ ¬◇p$$
$$◇p ⊢ ¬□¬p$$
$$◇¬p ⊢ ¬□p$$
$$¬□p ⊢ ◇¬p$$
$$¬□¬p ⊢ ◇p$$
$$¬◇p ⊢ □¬p$$
$$¬◇¬p ⊢ □p$$

例 7.7.1

(1) 必然公正战胜褊狭,　　　　　　　
　　　所以,不可能不是公正战胜褊狭。

（2）不可能衡山高于华山，
　　所以，必然不是衡山高于华山。

2. 基于反对关系的推理

其推理形式有：

　　$\Box p \vdash \neg \Box \neg p$

　　$\Box \neg p \vdash \neg \Box p$

例 7.7.2

（1）必然 8 大于 5，
　　所以，并非必然不是 8 大于 5。

（2）必然并非这朵花是绿的，
　　所以，并非必然这朵花是绿的。

3. 基于下反对关系的推理

其推理形式有：

　　$\neg \Diamond p \vdash \Diamond \neg p$

　　$\neg \Diamond \neg p \vdash \Diamond p$

例 7.7.3

（1）不可能明天下雪，
　　所以，可能并非明天下雪。

（2）这朵花不可能不是绿的，
　　所以，这朵花可能是绿的。

4. 基于差等关系的推理

其推理形式有：

　　$\Box p \vdash \Diamond p$

　　$\Box \neg p \vdash \Diamond \neg p$

　　$\neg \Diamond p \vdash \neg \Box p$

　　$\neg \Diamond \neg p \vdash \neg \Box \neg p$

例 7.7.4

（1）必然是合理的将成为现实，
　　所以，可能是合理的将成为现实。

(2) 不可能夏天下雪,_____
所以,并非必然夏天下雪。

二、根据模态判断与性质判断之间的关系进行的模态推理

主要有以下一些有效的推理形式:

$\Box p \vdash p$
$p \vdash \Diamond p$
$\Box \neg p \vdash \neg p$
$\neg p \vdash \Diamond \neg p$

例 7.7.5

(1) 必然香草还是寿州香,_____
所以,香草还是寿州香。
(2) 唐席是贡品,_____
所以,可能唐席是贡品。
(3) 必然不是人人皆天才,_____
所以,不是人人皆天才。
(4) 并非葡萄都如萧县好,_____
所以,可能并非葡萄都如萧县好。

三、根据包含复合判断的模态判断之间等值关系进行的模态推理

主要有以下一些有效的推理形式(符号"$p \dashv\vdash q$"表示"p 和 q 可以互推"):

$\Box(p \wedge q) \dashv\vdash \Box p \wedge \Box q$
$\Diamond(p \vee q) \dashv\vdash \Diamond p \vee \Diamond q$
$\neg \Diamond(p \vee q) \dashv\vdash \Box \neg p \wedge \neg q$
$\neg \Box(p \vee q) \dashv\vdash \Diamond(\neg p \wedge \neg q)$
$\neg \Diamond(p \wedge q) \dashv\vdash \Box \neg p \vee \neg q$
$\neg \Box(p \wedge q) \dashv\vdash \Diamond(\neg p \vee \neg q)$
$\neg \Diamond(p \wedge \neg q) \dashv\vdash \Box(p \rightarrow q)$

例 7.7.6

（1）必然许劭、许靖为临泉人，
所以，必然许劭为临泉人，并且必然许靖为临泉人。
（2）可能前往桃花源或者芦花潭，
所以，可能前往桃花源，或者可能前往芦花潭。
（3）不可能在城东湖或者城西湖做试验，
所以，必然不在城东湖作试验，并且必然不在城西湖做试验。
（4）不可能既是奇数又是偶数，
所以，必然不是奇数或者不是偶数。
（5）不可能努力却无所收获，
所以，必然是只要努力就会有所收获。

本章小结

本章讨论的推理主要涉及复合判断推理，这类推理的有效性主要依赖于命题与命题之间的逻辑联系，所以称之为基于命题的推理。

联言推理是前提或者结论是联言判断的推理。联言推理主要有两种推理形式：分解式和合成式。

选言推理是前提或者结论包含有选言判断的推理。选言推理可分为两类：相容选言推理和不相容选言推理。相容选言推理常见的推理形式有否定肯定式和析取引入式；不相容选言推理常见的推理形式有否定肯定式和肯定否定式。

假言推理是前提中有一个是假言判断并且根据假言判断前后件之间的关系而推出结论的推理。假言推理可分为充分条件假言推理、必要条件假言推理和充分必要条件假言推理。充分条件假言推理常见的推理形式有肯定前件式、否定后件式；必要条件假言推理常见的推理形式有否定前件式、肯定后件式；充分必要条件假言推理常见的推理形式有肯定前件式、否定前件式、肯定后件式、否定后件式。

二难推理是以两个充分条件假言判断和一个选言判断为前提，根据充分条件假言判断和选言判断的逻辑性质得出结论的推理。二难推理主要有简单构成式、简单破坏式、复杂构成式和复杂破坏式四种基本的推理形式。

模态推理就是以模态判断为前提或结论的推理。常见的推理形式有：根据对当方阵的模态推理、根据模态判断与性质判断之间的关系进行的模态推理、根据包含复合判断的模态判断之间等值关系进行的模态推理。

本章学习的重点是：(1)基于命题推理的主要形式，(2)联言推理形式及其规则，(3)选言推理形式及其规则，(4)假言推理形式及其规则，(5)二难推理形式及其规则，(6)常见的模态推理形式。

第五节、第六节作为学有余力的学员的延伸阅读材料，不作为考核的内容。

复习思考题

1. 什么是联言推理？
2. 什么是选言推理？相容选言推理与不相容选言推理有哪些有效的推理形式？
3. 充分条件假言推理有哪些有效的推理形式？
4. 必要条件假言推理有哪些有效的推理形式？
5. 充分必要条件假言推理有哪些有效的推理形式？
6. 什么是二难推理？二难推理有哪些有效的推理形式？
7. 什么是模态推理？模态推理有哪些有效的推理形式？

练习题

1. 下列推理各属于哪一种复合判断的推理？

1.01 只有到了仁寿，李敏才能见到号称"乐山大佛之父"的牛角寨大佛；李敏没到仁寿。所以，李敏未能见到号称"乐山大佛之父"的牛角寨大佛。

1.02 安岳是"中国柠檬之乡"，安岳是"中国石刻艺术之乡"。所以，安岳既是"中国柠檬之乡"，又是"中国石刻艺术之乡"。

1.03 这次州长竞选，要么超人当选，要么蜘蛛侠当选；这次州长竞选，蜘蛛侠当选了。所以，这次州长竞选，超人没当选。

1.04 这次事故的原因或者他们不知道，那么他们就不知道本应该知道的事；或者他们知道，那么他们就是在对公众撒谎；这次事故的原因，他们或者不知道或者知道。总之，他们或者不知道本应该知道的事，或者在对公众撒谎。

1.05 如果肚子突然剧痛，那么张涛可能得了阑尾炎；张涛肚子突然剧痛。

所以,张涛可能得了阑尾炎。

1.06 该三段论是有效的,当且仅当它符合三段论的规则;这个三段论符合三段论的规则。所以,这个三段论是有效的。

1.07 今天刘伟或者游览陈氏将军祠,或者游览番国故城遗址;今天刘伟没有游览番国故城遗址。所以,今天刘伟游览了陈氏将军祠。

1.08 中午王磊如果不吃太和板面,就吃太和嘛糊;中午王磊不吃太和嘛糊。所以,中午王磊吃太和板面。

2. 以下列各组前提进行有效推理,可得出什么结论?

2.01 如果李霞没有尝过鄱阳鳗鲡,那么她就不会知道鄱阳鳗鲡的鲜美;李霞知道鄱阳鳗鲡的鲜美。所以,_____。

2.02 张静只有到过开县,才能明白什么是"金开银万";张静明白了什么是"金开银万"。所以,_____。

2.03 或者甲公司中标,或者乙公司中标;甲公司没有中标。所以,_____。

2.04 秀英要么到腾冲学习皮影,要么到高碑店学习白沟泥塑;秀英到腾冲学习皮影。所以,_____。

2.05 阿勇赞叹"开天门"的惊险,当且仅当他亲眼目睹了龙泉的翻十三楼;阿勇非常赞叹"开天门"的惊险,所以,_____。

2.06 这些书如果与《万世逻辑》内容一致,那么它们没有存在的必要;这些书如果与《万世逻辑》内容不一致,那么它们也没有必要存在。这些书或者与《万世逻辑》内容一致或者与《万世逻辑》内容不一致。所以,_____。

2.07 不可能通化冬天不下雪。所以,_____。

2.08 不可能明天既刮风又下雨。所以,_____。

3. 下列推理是否有效,为什么?

3.01 如果现在是晋成帝咸和六年,那么揭东属于海阳辖区;现在不是晋成帝咸和六年。所以,现在揭东不属于海阳辖区。

3.02 如果富川人生活在乳源,那么就是生活在瑶乡的美景中,富川人不是生活在乳源,所以富川人不是生活在瑶乡的美景中。

3.03 中国人口最多的县并非或者是开县或者是博白县,所以,中国人口最多的县既不是开县也不是博白县。

3.04 赤壁或者在嘉鱼县,或者在蒲圻县。所以,如果赤壁不在嘉鱼县,那么赤壁就在蒲圻县。

3.05 三国名将吕蒙故里要么是阜阳县,要么是阜南县;三国名将吕蒙故里是阜南县。所以,三国名将吕蒙故里不是阜阳县。

3.06 所有的柳树都开桃花,当且仅当所有的黄莺都能唱歌;并非所有的黄莺都能唱歌。所以,并非所有的柳树都开桃花。

3.07 如果太阳不从西边出来,那么王敏不读书了;王敏读书了。所以,太阳从西边出来了。

3.08 或者王艳会无为熏鸭,或者李杰会无为熏鸭;王艳会无为熏鸭。所以,李杰不会无为熏鸭。

3.09 可能铜山是安徽省的省会,所以,可能铜山不是安徽省的省会。

3.10 不是必然所有的人都会犯错误,所以,必然所有的人都不会犯错误。

3.11 如果他研究的是他所已经知道的东西,他就没有必要去研究;如果他所研究的是他所不知道的东西,他就不能去研究;他所研究的或者是他所已经知道的东西,或者是他所不知道的东西。所以,他或者没有必要去研究,或者不能去研究。

3.12 如果他的矛刺穿他的盾,那么他的盾不是最坚固的;如果他的矛刺不穿他的盾,那么他的矛不是最锋利的;他的矛或者刺穿他的盾,或者刺不穿他的盾。所以,或者他的盾不是最坚固的,或者他的矛不是最锋利的。

4. 回答下列问题:

4.01 由前提"¬p 或者 q"进行相容选言推理:(1)加上前提"q",能得出什么结论? 为什么? (2)加上前提"p",能得出什么结论? 为什么?

4.02 张明和李琴的推理都对吗?

张明:"周末如果加班,我就顺便到你家见你。"

李琴:"周末只有加班,我才外出。"

结果周末两人都没有加班,张明去见李琴,结果李琴不在家。张明甚为不满,认为李琴不守信用。李琴则认为张明说话不算话。

4.03 从"必然有 S 是 P"推出"可能有 S 不是 P"对吗?

4.04 从"可能非 p"假推出"可能 p"真,对吗?

5. 在下列各题给出的若干选项中,找出符合要求的一项。

5.01 甲、乙和丙,一位是山东人,一位是河南人,一位是湖北人。现在只知道:丙比湖北人年龄大,甲和河南人不同岁,河南人比乙年龄小。由此可以推知:

A. 甲不是湖北人。

B. 河南人比甲年龄小。

C. 河南人比山东人年龄大。

D. 湖北人年龄最小。

(中央机关及其直属机构2009年度考试录用公务员《行政职业能力测验》试卷)

5.02 只有钓鱼技术高超的人才能加入钓鱼协会;所有钓鱼协会的人都戴着太阳帽;有的退休老同志是钓鱼协会会员;某街道的人都不会钓鱼。

由此不能确认的一项是哪项?

A. 有的退休老同志戴有太阳帽。

B. 该街道上的人都不是钓鱼协会会员。

C. 该街道上有的人戴着太阳帽。

D. 有的退休老同志钓鱼技术高超。

(中央机关及其直属机构2001年度考试录用公务员《行政职业能力测验》试卷)

5.03 刑警队需要充实缉毒组的力量,关于队中由哪些人来参加该组,已商定有以下意见:(1)如果甲参加,则乙也参加;(2)如果丙不参加,则丁参加;(3)如果甲不参加而丙参加,则队长戊参加;(4)队长戊和副队长己不能参加;(5)上级决定副队长己参加。根据以上意见,符合条件的是:

A. 甲、丁、己参加。

B. 丙、丁、己参加。

C. 甲、丁、己参加。

D. 甲、乙、丁、己参加。

(中央机关及其直属机构2002年度考试录用公务员《行政职业能力测验》试卷,有改动)

5.04 如果某人是杀人犯,那么案发时他在现场。据此,我们可以推出:

A. 张三案发时在现场,所以张三是杀人犯。

B. 李四不是杀人犯,所以李四案发时不在现场。

C. 王五案发时不在现场,所以王五不是杀人犯。

D. 许六不在案发现场,但许六是杀人犯。

(中央机关及其直属机构2002年度考试录用公务员《行政职业能力测验》试卷)

5.05 在评奖会上,A、B、C、D、E、F、G、H竞争一项金奖。由一个专家小组投票,票数最多的将获金奖。

如果A的票数多于B,并且C的票数多于D,那么E将获得金奖。

如果B的票数多于A,或者F的票数多于G,那么H将获得金奖。

如果D的票数多于C,那么F将获得金奖。

如果上述断定都是真的,并且事实上 C 的票数多于 D,并且 E 并没有获得金奖,以下哪项一定是真的?

A. H 获奖。

B. F 的票数多于 G。

C. A 的票数不比 B 多。

D. B 的票数不比 F 多。

(中央机关及其直属机构 2004 年度考试录用公务员《行政职业能力测验》试卷)

5.06 航天局认为优秀宇航员应具备三个条件:第一,丰富的知识;第二,熟练的技术;第三,坚强的意志。现有至少符合条件之一的甲、乙、丙、丁四位优秀飞行员报名参选,已知:

① 甲、乙意志坚强程度相同

② 乙、丙知识水平相当

③ 丙、丁并非都是知识丰富

④ 四人中三人知识丰富、两人意志坚强、一人技术熟练。

航天局经过考察发现其中只有一人完全符合优秀宇航员的全部条件。他是谁?

A. 甲。

B. 乙。

C. 丙。

D. 丁。

(中央机关及其直属机构 2006 年度考试录用公务员《行政职业能力测验》试卷)

5.07 在一种网络游戏中,如果一位玩家在 A 地拥有一家旅馆,他就必须同时拥有 A 地和 B 地。如果他在 C 花园拥有一家旅馆,他就必须拥有 C 花园以及 A 地和 B 地两者之一。如果他拥有 B 地,他还拥有 C 花园。

假如该玩家不拥有 B 地,可以推出下面哪一个结论?

A. 该玩家在 A 地拥有一家旅馆。

B. 该玩家在 C 花园拥有一家旅馆。

C. 该玩家拥有 C 花园和 A 地。

D. 该玩家在 A 地不拥有旅馆。

(GCT2009 年考试试卷)

5.08 针对威胁人类健康的甲型 H1N1 流感,研究人员研制出了相应的疫苗。

尽管这些疫苗是有效的,但某大学研究人员发现,阿司匹林、羟苯基乙酰胺等抑制某些酶的药物会影响疫苗的效果。一位研究人员指出:"如果你服用了阿司匹林或者对乙酰氨基酚,那么你注射疫苗后就必然不会产生良好的抗体反应。"

如果小张注射疫苗后产生了良好的抗体反应,那么根据上述研究结果可以得出以下哪项结论?

A. 小张服用了阿司匹林,但没有服用对乙酰氨基酚。

B. 小张没有服用阿司匹林,但感染了 H1N1 流感病毒。

C. 小张服用了阿司匹林,但没有感染 H1N1 流感病毒。

D. 小张没有服用阿司匹林,也没有服用对乙酰氨基酚。

E. 小张服用了对乙酰氨基酚,但没有服用羟苯基乙酰胺。

(MBA、MPA、MPAcc 2010 年联考试卷)

5.09 域控制器储存了域内的账户、密码和属于这个域的计算机三项信息。当计算机接入网络时,域控制器首先要鉴别这台计算机是否属于这个域,用户使用的登录账号是否存在,密码是否正确。如果三项信息均正确,则允许登录;如果以上信息有一项不正确,那么域控制器就会拒绝这个用户从这台计算机登录。小张的登录账号是正确的,但是域控制器拒绝小张的计算机登录。

基于以上陈述能得出以下哪项结论?

A. 小张输入的密码是错误的。

B. 小张的计算机不属于这个域。

C. 如果小张的计算机属于这个域,那么他输入的密码是错误的。

D. 只有小张输入的密码是正确的,他的计算机才属于这个域。

E. 如果小张输入的密码是正确的,那么他的计算机属于这个域。

(MBA、MPA、MPAcc 2010 年联考试卷)

5.10 蟋蟀是一种非常有趣的小动物。宁静的夏夜,草丛中传来阵阵清脆悦耳的鸣叫声,那是蟋蟀在歌唱。蟋蟀优美动听的歌声并不是出自它的好嗓子,而是来自它的翅膀。左右两翅一张一合,相互摩擦,就可以发出悦耳的声响了。蟋蟀还是建筑专家,与它那柔软的挖掘工具相比,蟋蟀的住宅真可以算得上是伟大的工程了。在其住宅门口,有一个收拾得非常舒适的平台。夏夜,除非下雨或者刮风,否则蟋蟀肯定会在这个平台上歌唱。

根据以上陈述,以下哪项是蟋蟀在无雨的夏夜所做的?

A. 修建住宅。

B. 收拾平台。

C. 在平台上歌唱。

D. 如果没有刮风,它就在抢修工程。
E. 如果没有刮风,它就在平台上歌唱。
(MBA、MPA、MPAcc 2010 年联考试卷)

5.11 太阳风中的一部分带电粒子可以到达 M 星表面,将足够的能量传递给 M 星表面粒子,使后者脱离 M 星表面,逃逸到 M 星大气中。为了判定这些逃逸的粒子,科学家们通过三个实验获得了如下信息:

实验一:或者是 x 粒子,或者是 y 粒子;

实验二:或者不是 y 粒子,或者不是 z 粒子;

实验三:如果不是 z 粒子,就不是 y 粒子。

根据上述三个实验,以下哪项一定为真?

A. 这种粒子是 x 粒子。
B. 这种粒子是 y 粒子。
C. 这种粒子是 z 粒子。
D. 这种粒子不是 x 粒子。
E. 这种粒子不是 z 粒子。
(MBA、MPA、MPAcc 2010 年联考试卷)

5.12 相互尊重是相互理解的基础,相互理解是相互信任的前提;在人与人的相互交往中,自重、自信也是非常重要的,没有一个人尊重不自重的人,没有一个人信任他所不尊重的人。

以上陈述可以推出以下哪项结论?

A. 不自重的人也不被任何人信任。
B. 相互信任才能相互尊重。
C. 不自信的人也不自重。
D. 不自信的人也不被任何人信任。
E. 不自信的人也不受任何人尊重。
(MBA、MPA、MPAcc 2010 年联考试卷)

5.13 某中药配方有如下要求:(1)如果有甲药材,那么也要有乙药材;(2)如果没有丙药材,那么必须有丁药材;(3)人参和天麻不能都有;(4)如果没有甲药材而有丙药材,则需要有人参。

如果含有天麻,则关于该配方的断定哪项为真?

A. 含有甲药材。
B. 含有丙药材。
C. 没有丙药材。

D. 没有乙药材和丁药材。

E. 含有乙药材或丁药材。

（MBA、MPA、MPAcc 2010年联考试卷）

5.14—5.17题基于以下共同题干：

某中药配方有如下要求：

[1] 女贞子、枸杞至少必须有一样；

[2] 枸杞、山药至多只能有一样；

[3] 如果放入黄芪，那么山药、茯苓缺一不可。

5.14 如果该配方含有上述所提及的枸杞等三味中药,那么以下哪项是其中包含的另外两味中药？

A. 女贞子、茯苓。

B. 女贞子、黄芪。

C. 黄芪、茯苓。

D. 黄芪、山药。

5.15 如果该配方含有上述所提及的四味中药,那么该配方中不能有下述哪味中药？

A. 女贞子。

B. 枸杞。

C. 黄芪。

D. 山药。

5.16 如果该配方含有上述所提及的三味或者三味以上的中药,那么其中必定包含以下哪味中药？

A. 山药。

B. 枸杞。

C. 黄芪。

D. 茯苓。

5.17 如果该配方要求"女贞子、黄芪至多只能放一样",那么关于该配方以下哪项是确定的？

A. 含女贞子。

B. 不含女贞子。

C. 含黄芪。

D. 不含黄芪。

第八章
归纳推理和类比推理

前两章所讨论的基于词项的推理和基于命题的推理都属于演绎推理,本章讨论归纳推理和类比推理。

第一节 归纳推理概述

一、什么是归纳推理

归纳推理是根据一类事物中若干对象具有某种属性推出该类事物的所有对象都具有该属性的推理。

例 8.1.1

(1) 天鹅会飞,
　　老鹰会飞,
　　大雁会飞,
　　野鸭会飞,
　　……
　　<u>天鹅、老鹰、大雁、野鸭都是鸟,</u>
　　因此,鸟都会飞。

(2) 自然界的变化是有规律的,
　　人类社会的发展是有规律的,
　　意识智能的活动是有规律的,
　　<u>自然界的变化、人类社会的发展、意识智能的活动都是</u>

事物的运动形态,

所以,事物的运动都是有规律的。

上面例子中的两个推理都属于归纳推理。归纳推理一般是由一类事物的若干对象具有某种属性推出该类事物的所有对象都具有该属性。

二、归纳推理的种类

依据前提是否涉及某类事物的全体,归纳推理可分为完全归纳推理和不完全归纳推理。不完全归纳推理又可以分为简单枚举法和科学归纳法。

第二节 完全归纳推理

完全归纳推理是根据一类事物中的每一个对象都具有某种属性,推出该类所有对象都具有该属性的归纳推理。

例 8.2.1

(1) 北京市人口超过一千万,
重庆市人口超过一千万,
上海市人口超过一千万,
天津市人口超过一千万,
北京市、重庆市、上海市、天津市是我国的全部直辖市,
因此,我国直辖市人口都超过一千万。

(2) 锂可与氧分子发生化学反应,
钠可与氧分子发生化学反应,
钾可与氧分子发生化学反应,
铷可与氧分子发生化学反应,
铯可与氧分子发生化学反应,
钫可与氧分子发生化学反应,
锂、钠、钾、铷、铯、钫是全部的碱金属,
所以,碱金属都可与氧分子发生化学反应。

上面例子中的两个推理都属于完全归纳推理。

完全归纳推理的基本形式是：

S_1 是 P，

S_2 是 P，

……

S_{n-1} 是 P，

S_n 是 P，

S_1、S_2、…、S_{n-1}、S_n 是 S 中的全部对象，

所以，所有 S 都是 P。

对于完全归纳推理而言，其结论所断定的范围并没有超出前提所断定的范围，它只是将前提中的特殊知识概括为一般知识。如果其前提真，则结论一定真。因此，完全归纳推理是一种必然性推理。

要通过完全归纳推理获得正确的结论，必须做到以下两点：

第一，每个前提都是正确的。

第二，必须穷尽该类事物的全部对象。

巧妙地运用完全归纳推理不仅可以简化我们的知识，而且具有特殊的认识作用。

例 8.2.2

高斯 10 岁那年，有一次老师让学生将 1，2，3，…连续相加，一直加到 100，即 $1+2+3+\cdots+100$。高斯没有像其他同学那样急着相加，而是仔细观察、思考，结果发现：

$1+100=101, 2+99=101, 3+98=101, \cdots, 50+51=101$ 一共有 50 个 101，于是立刻得到：

$1+2+3+\cdots+98+99+100 = 50 \times 101 = 5050$

老师看着小高斯的答卷，惊讶得说不出话来。

在上例中，高斯在计算中巧妙地运用了完全归纳推理，快速、准确地获得了答案。

第三节　不完全归纳推理

不完全归纳推理是根据一类事物中部分对象具有某种属性推出该类事物的所有对象都具有该属性的推理。

对于不完全归纳推理而言,其结论所断定的范围超出了前提所断定的范围,如果其前提真,则结论可能真。因此,不完全归纳推理是一种或然性推理。

一、简单枚举法

简单枚举法是根据一类事物中部分对象具有某种属性,并且没有遇到与之相反的情况,从而推出该类所有对象都具有该属性的归纳推理。

例 8.3.1

(1) 2001 年 2 月某日,月晕而风,
　　2001 年 3 月某日,月晕而风,
　　……
　　2004 年某月某日,月晕而风,
　　2005 年某月某日,月晕而风,
　　……
　　未遇反例,即未曾遇到月晕而无风,
　　因此,月晕而风。

(2) 在镇江金山寺发现,础润而雨,
　　在镇江报恩塔发现,础润而雨,
　　……
　　在九华山百岁宫发现,础润而雨,
　　在北京回龙观发现,础润而雨,
　　……
　　未遇反例,即未曾遇到础润而无雨,
　　因此,础润而雨。

上面例子中的两个推理都属于简单枚举法。我们生活中的许多谚语，如"日落胭脂红，无雨也有风"、"今冬麦盖三层被，来年枕着馒头睡"、"若要人不知，除非己莫为"、"刀不磨要生锈，人不学要落后"等都是通过简单枚举法获得的。

简单枚举法的基本形式是：

S_1 是 P，

S_2 是 P，

……

S_{n-1} 是 P，

S_n 是 P，

S_1、S_2、…、S_{n-1}、S_n 是 S 中的部分对象，并且没有遇到反例，

所以，所有 S 都是 P。

简单枚举法获得的结论不一定是可靠的。要提高简单枚举法结论的可靠性，需要注意以下几点：

第一，每个前提都要是正确的，因为简单枚举法遇到一个反例，结论就不正确了。

第二，考察的对象数量要尽可能多。

第三，考察的对象范围要尽可能广，所涉及的对象之间差异要尽可能大。

简单枚举法作为一种不完全归纳推理，无论如何它都属于或然性推理。下面的故事非常典型地说明了这一点：

例 8.3.2

著名逻辑学家伯特兰·罗素曾说过一个关于归纳主义者——火鸡的故事。在火鸡饲养场里，有一只火鸡发现，第一天上午 9 点钟主人给它喂食。然而作为一个卓越的归纳主义者，这只聪明的火鸡并不马上作出结论。它一直等到已收集了有关上午 9 点给它喂食这一经验事实的大量观察；而且，它是在多种情况下进行这些观察的：雨天和晴天，热天和冷天，星期三和星期四……它每天都在自己的记录表中加进新的观察陈述。最后，它的归纳主义良心已经得到极大的满足，它进行归纳推理，得出

了下面的结论:"主人总是在上午 9 点钟给我喂食。"可是,事情并不像它所想象的那样简单和乐观。在圣诞节前夕,当主人没有给它喂食,而是把它宰杀的时候,它通过归纳概括而得到的结论终于被无情地推翻了。大概火鸡临终前也会因此而感到深深的遗憾。①

简单枚举法如果使用不当,就会犯"轻率概括"的逻辑错误。这只可怜的火鸡就犯了这种致命的逻辑错误。

二、科学归纳法

科学归纳法是根据一类事物中部分对象具有某种属性,并且该部分对象与该属性之间具有因果联系,从而推出该类所有对象都具有该属性的归纳推理。

例 8.3.3

金热胀冷缩,
银热胀冷缩,
铜热胀冷缩,
铁热胀冷缩,
铝热胀冷缩,

金、银、铜、铁、铝是部分金属。金属加热后,组成金属的微粒动能增加,微粒的运动速度加快,微粒间的距离增大,从而导致金属体积增大;反之,金属体积缩小。

因此,金属热胀冷缩。

科学归纳法的基本形式是:

S_1 是 P,
S_2 是 P,
……
S_{n-1} 是 P,
S_n 是 P,

---

① 余式厚:《逻辑智力题》,上海:上海文化出版社,2003 年,第 7—8 页。

$S_1, S_2, \cdots, S_{n-1}, S_n$ 是 S 中的部分对象,并且与 P 之间有因果联系,
所以,所有 S 都是 P。

科学归纳法依据的不仅仅是部分对象都具有某种属性,更主要的是它探究了对象与属性之间的因果联系。因此,其结论的可靠性程度一般要高于简单枚举法。

第四节　探求因果联系的逻辑方法

事物之间的因果联系指的是事物之间存在的先后相继、引起与被引起之间的一种恒常出现的确定关系。

事物之间的因果联系具有以下一些特点:

第一,时间上是先后相继的,即总是原因在先,结果在后。

第二,可重复性,即当符合特定条件的作为原因的事物一旦出现,那么作为结果的事物必定出现。

第三,因果联系的形式是多样的。有"一因一果"、"一因多果"、"一果多因"、"多因多果"等情况。

科学归纳法依据于对象与属性之间的因果联系,那么如何探求因果联系呢?英国逻辑学家穆勒在总结培根等人的研究成果的基础上提出了探求因果联系的五种方法,史称"穆勒五法",即求同法、求异法、求同求异并用法、共变法和剩余法。

一、求同法

求同法是这样一种探求因果联系的逻辑方法:在被研究现象出现的若干场合中,如果仅有唯一的一个情况是在这些场合中共同具有的,那么这个唯一共同的情况就与被研究现象之间有因果联系。求同法也叫契合法。

例 8.4.1

(1) 苹果为什么落地?地球为什么绕太阳旋转?……宇宙间的现象是如此的纷繁复杂、各不相同。它们背后有什么共同的规律吗?1867 年英国天才科学家牛顿在他的不朽巨著《自然哲学的

数学原理》中告诉我们,世间万物尽管千姿百态,但是它们有一个共同的特点:"万物彼此吸引,力量的大小与参加的物质的质量成正比例,并且与它们之间距离的平方成反比例。"①——这就是著名的万有引力定律。

(2) 火焰无色本生灯的发明人本生发现:把食盐(氯化钠)放到火焰中,无色的火焰变成了亮黄色;把苏打(碳酸钠)放到火焰中,无色的火焰也变成了黄色;把芒硝(硫酸钠)放到火焰中,无色的火焰也变成了黄色。在这些不同的情况下,唯一共同的情况是钠的出现。他由此推断:钠可以使火焰变黄。

在上面例子中,牛顿探求万有引力定律的方法、本生发现"钠可以使火焰变黄"的方法就是求同法。

求同法的形式是:

场合	相关情况	被研究现象
(1)	ABC	a
(2)	ADE	a
(3)	AFG	a
……	……	……

所以,情况 A 与现象 a 之间有因果联系。

为了提高求同法的准确性,需要注意以下两点:

第一,要仔细研究在各种场合除了已发现的共同情况外,是否还有其他共同情况。只有将尽可能多的共同情况考虑进去,才能最大限度地保持结论的正确性。

例 8.4.2

某人第一天晚上上了 3 个小时网,喝了许多浓茶,结果整夜睡不着;

某人第二天晚上上了 3 个小时网,喝了几杯咖啡,结果整夜睡不着;

---

① G.伏古勒尔:《天文学简史》,桂林:广西师范大学出版社,2003 年,第 31 页。

某人第三天晚上上了3个小时网,抽了几支香烟,结果整夜睡不着;
所以,某人上了3个小时网是整夜睡不着的原因。

上例运用的就是求同法,但是结论是错误的。因为,在三个不同的场合中,除了"上了3个小时网"这一共同情况外,还有一个共同的情况,就是都"吸食了有兴奋作用的物质"。所以,"上了3个小时网,并吸食了有兴奋作用的物质"这一共同情况,才是"整夜睡不着"的真正原因。

第二,要注意从尽可能多的角度进行比较。

例8.4.3

太阳系的行星有水星、金星、地球、火星、木星、土星……,它们都围绕太阳进行公转,但是它们的公转周期各不相同,分别为87.9天、224.7天、1年、1.9年、11.8年、29.5年……,它们离太阳的距离也各不一样,分别为0.387、0.723、1.00、1.52、5.2、9.5…,它们之间究竟存在着什么样的规律呢?天文学家开普勒经过16年的辛勤劳动,经过大量观察和繁复计算,终于发现了它们的共同规律:"行星公转周期的平方和它们轨道的长轴的立方是成正比例的。"[①]

二、求异法

求异法是这样一种探求因果联系的逻辑方法:在被研究现象出现和不出现的两个不同场合中,如果其他情况均相同,只有一个情况不同,它在被研究现象出现的场合中存在,而在被研究现象不出现的场合中不存在,那么这个唯一不同的情况就与被研究现象之间有因果联系。求异法也叫差异法。

例8.4.4

测试者在斯坦福大学附属幼儿园里选择了一群四岁的孩子,这些孩子多数是斯坦福大学教职员工及研究生的子女,他们的基本情况相差不大。测试者让这些孩子走进一个大厅各自坐下,然

[①] G.伏古勒尔:《天文学简史》,桂林:广西师范大学出版社,2003年,第29—30页。

后在每一位孩子的座位前放一块软糖。测试老师对孩子们说:老师出去一会儿,如果你能坚持到老师回来还没有把自己面前的软糖吃掉,老师就再奖励你一块。如果你没等到老师回来就把软糖吃掉了,你就只能得到你面前的这一块。

在十几分钟的等待中,有些孩子缺乏控制能力,经不住糖的甜蜜诱惑,把糖吃掉了。而有些孩子领会了老师的要求,尽量使自己坚持下来,以得到两块糖。他们用各自的方式使自己坚持下来。有的把头放在手臂上,闭上眼睛,不去看那诱人的软糖;有的自言自语、唱歌、玩弄自己的手脚;有的努力让自己睡着。最后,这些有控制能力的小孩如愿以偿,得到了两块软糖。

研究者对接受这次实验的孩子进行长期跟踪调查。中学毕业时的评估结果是,四岁时能够耐心等待的人在校表现优异,考试成绩普遍较好。而那些控制不住自己,提前吃掉软糖的人,则表现相对较差。而进入社会后,那些只得到一块软糖的孩子普遍不如得到两块软糖的孩子取得的成就大。

测试者由此得出:控制力的强弱与成就的大小之间存在因果联系。

测试者在上述实验中所使用的方法就是求异法:孩子们的总体智力水平、孩子们所接受的教育、孩子们所处的社会环境以及其他诸多因素都基本相同,但是他们的学习成绩、工作成就却存在差异。造成这种差异的原因只能是两组孩子之间唯一不同的情况:自控力存在差异。

求异法的形式是:

场合	相关情况	被研究现象
(1)	ABC	a
(2)	—BC	—

所以,情况 A 与现象 a 之间有因果联系。

为了提高求异法的准确性,需要注意以下两点:

第一,要仔细研究在两种不同的场合中有无其他差异情况。

例 8.4.5

一百多年前,一艘远洋帆船,载着五个中国人和几个外国人由中国开往欧洲。途中,除了五个中国人外,其余的人都患了坏血病而奄奄一息。同坐一条船,同样是人,同样风餐露宿,受苦挨饿,漂洋过海,而反应却截然不同。由此可见,不同的国籍是是否得坏血病的原因。

上例运用的就是求异法,但是结论是错误的。因为,在这两种不同的场合中,除了国籍不同这一不同情况外,还有一个不同的情况,就是船上五个中国人都有每天喝茶的习惯,而那些外国人没有喝茶的习惯,而喝茶才是不患坏血病的根本原因。根据进一步的研究表明:茶叶中含有丰富的维生素C,具有抗坏血病的功效。

第二,要注意在两种不同场合中存在的唯一不同的情况是被研究现象的整个原因,还是被研究现象的部分原因。如,通过求异法,我们可以知道阳光充足是植物生长良好的原因。但是进一步的研究可以发现,阳光充足只是植物生长良好的部分原因。

三、求同求异并用法

求同求异并用法是这样一种探求因果联系的逻辑方法:如果在被研究现象出现的若干场合(正事例组)中,只有一个共同的情况;在被研究现象不出现的若干场合(负事例组)中,都没有这个共同的情况,那么这个情况就与被研究现象之间有因果联系。求同求异并用法也叫契合差异并用法。

例8.4.6

(1) 曾经有人做过这样一个实验:将六只蜜蜂和六只苍蝇装进一个玻璃瓶中,然后将瓶子平放,让瓶底朝着窗户。结果,蜜蜂不停地想在瓶底上找到出口,一直到它们力竭倒毙或饿死;而苍蝇则会在不到两分钟之内,穿过另一端的瓶颈逃逸一空……

事实上,正是由于蜜蜂对光亮的喜爱,由于它们的智力,蜜蜂才灭亡了。

蜜蜂以为,囚室的出口必然在光线最明亮的地方;它们不停地重复着这种似乎合理的行动。对蜜蜂来说,玻璃是一种超自然的神秘之物,它们在自然界中从没遇到过这种突然不可穿透的大气层;而它们的智力越高,这种奇怪的障碍就越显得无法接受和不可理解。

那些愚蠢的苍蝇则全然不顾亮光的吸引,四下乱飞,结果误打误撞地碰上了好运气,并因此获得自由和新生。

(2) 人们在生产实践中发现,种植大豆、豌豆、蚕豆等豆科植物时,不仅不需要给土壤施氮肥,而且这些豆科植物还可以使土壤中的含氮量增加。但在种植小麦、玉米、水稻等非豆科植物时却没有这种现象。经过研究后人们发现,这些豆科植物的根部都长有根瘤。而其他植物则没有。人们因此得出结论:豆科植物的根瘤能使土壤的含氮量增加。

上面两个例子运用的都是求同求异并用法。在例(1)中,尽管每一只蜜蜂(苍蝇)都不相同,但是它们的智力大抵相当,这导致了它们选择几乎相同的逃生方式,从而导致了相同的逃生结果。这是求同。另外,蜜蜂和苍蝇的智力差异又导致了大相径庭的逃生结果,这是求异。在例(2)中,被研究的现象是"土壤中含氮量的增加"。在这一现象出现的不同场合,只有一个共同的情况,就是种植的都是豆科植物,而豆科植物都有根瘤。在这一现象不出现的若干场合,种植的是小麦、玉米、水稻等,这些都不是豆科植物,都没有根瘤。由此得出,豆科植物的根瘤是土壤含氮量增加的原因。

求同求异并用法的形式是:

场合	相关情况	被研究现象	
(1)	ABCD	a	
(2)	ADEF	a	正事例组
(3)	AFGB	a	
……	……	……	
(1′)	-BCH	—	
(2′)	-CDN	—	负事例组
(3′)	-FDO	—	
……	……	……	

所以,情况 A 与现象 a 之间有因果联系。

求同求异并用法中有求同法的因素:在正事例组中求同,得出 A 情况与 a 现象之间有因果联系;在负事例组中求同,得出 A 情况不出现与 a 现象不出现之间有因果联系。求同求异并用法中也有求异法的因素:正事例组有 A 情况也有 a 现象,负事例组无 A 情况也无 a 现象,两相对照,由求异法得出结论。但求同求异并用法中求同法不是严格意义上的求同法:在正事例组的各个场合,除共同有 A 情况外,其他并不完全不同;在负事例组的各个场合,除共同没有 A 情况外,其他也并不完全不同。求同求异并用法中求异法也不是严格意义上的求异法:正负事例组除有无 A 情况不同外,其他并不完全相同。契合差异并用法是求同法和求异法的综合运用。但是可以看出,它和单纯地先使用求同法后使用求异法是不同的。

为了提高求同求异并用法的准确性,需要注意以下两点:

第一,正事例组与负事例组的组成场合愈多,结论的可靠程度就愈高。

第二,对于负事例组的各个场合,应选择与正事例组相应场合较为相似的来进行比较。两者情况愈相似,结论的可靠程度就愈高。

四、共变法

共变法是这样一种探求因果联系的逻辑方法:如果在被研究现象发生变化的各个场合中,只有一种情况是与之相应变化的,那么这个唯一变化的情况就与被研究现象之间有因果联系。

例8.4.7

(1) 公元一世纪的时候,人们对于钱塘江潮起潮落的原因不太清楚,但是有一种比较流行的说法:战国时期,吴国相国伍子胥因为规劝吴王夫差拒绝越国求和并停止伐齐,而渐渐被吴王疏远,并最终被吴王屈杀,抛尸江中。他的冤魂从此便有规律地驱逐波浪,发出周期性的怒吼和冲击,以此申述他的愤懑不平。但是汉代思想家王充并不这样认为,他经过长期的观察,指出:"涛之起也,随月盛衰,大小、满损不齐同。"意思是钱塘江海潮起落的原因是月亮的圆缺。月圆时海潮最为波涛汹涌,月亮渐缺时海潮也随之渐渐减弱。这就比较符合今天科学的说法了。[①]

（2）对地磁学的研究表明，除了地磁场有规则的变化之外，还周期性地发生强烈的磁性扰动，这就是磁暴现象。科学家们在研究这一现象时发现，磁暴的周期经常与太阳黑子数量多少的周期相吻合，每一周期为十一年。即随着太阳黑子数目的增加，磁暴的强烈程度也增高；随着太阳黑子数目的减少，磁暴的强烈程度也减弱。研究者由此得出结论：太阳上黑子数目的增加是地球上磁暴现象的原因。

在上面例子中，王充发现潮汐原因所使用的方法、科学家发现地球磁暴现象原因所使用的方法就是共变法。

共变法的形式是：

场合	相关情况	被研究现象
（1）	$A_1 BC$	a_1
（2）	$A_2 BC$	a_2
（3）	$A_3 BC$	a_3
……	……	……

所以，情况 A 与现象 a 之间有因果联系。

在具体考察现象间的共变关系时，要注意区分三种情况：第一种是同向共变。它指的是两种情况的量同时增加或同时减少。例如，在其他条件不变的情况下，对一定质量的气体加热，当温度不断升高时，其体积会不断膨胀。第二种是逆向共变。它指的是如果一种量在增加，那么另一种情况的量反而随之减小。例如，在其他条件不变的情况下，对一定质量的气体加压，当压力不断增加时，其体积会不断减小。第三种是复合共变。它指的是一种情况的量在增加，另一种情况的量在一定的界限内随之增加，但是一旦超过这个界限反而随之减小；也可能是一种情况的量在增加，另一种情况的量在一定的界限内随之减小，但是一旦超过这个界限就随之增加。例如，多参加体育活动，在一定限度内

[①] 李约瑟，柯林·罗南：《中华科学文明史》，上海：上海人民出版社，2002 年，第 234—236 页。

可以增进人的身体健康;但是如果超出了这一限度,过度的运动,则会损害人的身体健康。

为了提高共变法的准确性,需要注意以下几点:

第一,要注意与被研究现象发生共变的情况是不是唯一的。如果与被研究现象发生共变的情况不是唯一的,那么运用共变法得出的结论就可能是假的。

例 8.4.8

小王为了减肥,从10月1日起,每天在傍晚时分坚持爬山,持续了10天之后,一称体重,发现体重不但没有减少,反而增加了200克;他又持续坚持了10天,一称体重,发现体重又增加了250克;他耐心地继续坚持了10天,一称体重,发现体重再次增加300克。小王由此得出结论:每天在傍晚时分爬山是他体重增加的原因。

在上例中,小王利用共变法推理时忽略了另一个同时发生变化的情况,就是由于他每天傍晚时爬山,导致了晚餐食量增加。并且由于爬山劳累,常常是吃了晚餐后,就不再运动而提前休息了。正是由于这一情况的变化才导致了他体重的增加。

第二,要注意被研究对象与情况间的共变关系,常常是在一定的范围和限度之内的,超出了这个范围和限度,共变关系就可能消失。例如,在贫瘠的土地上种庄稼,适当的增加肥料,可以导致粮食的增产;但是如果施肥过量,也可能发生烧苗现象,导致作物枯死。

第三,要注意被研究对象与情况间的共变关系是不可逆的单向作用,还是可逆的双向作用。

例 8.4.9

某课题组经过长期潜心研究,获得了一系列的科研成果;由于这些科研成果,他们获得了相关部门的科研奖励;有了这些奖励经费,课题组成员的研究热情更高了,该课题组又获得了新的科研成果;基于这些新的科研成果,相关部门加大了资助的力度;因之,课题组的研究条件得到了极大的改善,创新性成果也随之增加……

在上例中,科研成果与奖励资助之间就存在着双向作用。因此,就不能简单地运用共变法得出结论:科研成果是奖励资助的原因,或者奖励资助是获得科研成果的原因。这都是不正确的。

五、剩余法

剩余法是这样一种探求因果联系的逻辑方法:如果已知某一被研究的复合现象与某个复合情况之间存在因果联系,同时,又知道这个复合现象中的一部分与该复合情况中的一部分有因果联系,那么,被研究的复合现象中的剩余部分就与该复合情况中的剩余部分有因果联系。

例 8.4.10

(1) 居里夫人已知纯铀发出的放射线的强度,并知道一定量的沥青矿石所含纯铀的数量。但是她观察到一定量的沥青矿石所发出的放射线强度要比它所含有的纯铀发出的放射线强许多倍。由此她推断,在沥青矿石中一定含有其他放射性极强的元素,经过艰苦的工作,她终于发现了镭。

(2) 1781 年,英国天文学家赫歇尔发现了天王星,但以后对它运行轨道的实际观测却与根据牛顿力学理论所作的计算不符。当时已知的行星对天王星的影响只能解释部分现象,这时,英国的亚当斯和法国的勒维耶认为:天王星还受到一颗未知行星的影响。1846 年 9 月 23 日晚,德国的加勒果然在勒维耶所指出的位置附近找到了这颗行星,它就是海王星。

在上面例子中,居里夫人发现放射性物质镭的方法、亚当斯和勒维耶预测未知行星的方法都是剩余法。

剩余法的形式是:

被研究的复合现象 A、B、C、D 与复合情况 a、b、c、d 之间有因果联系;并且已知:

B 现象与 b 情况有因果联系;
C 现象与 c 情况有因果联系;
<u>D 现象与 d 情况有因果联系;</u>

所以,情况 A 与现象 a 之间有因果联系。

以上介绍了五种探求因果联系的方法,在实际运用的过程中,往往是若干种方法综合运用。另外,这些方法都是或然性方法,所得出的因果联系也仅仅是可能的因果联系。一旦遇到反例,这些因果联系就需要及时修正。

第五节 类比推理

一、什么是类比推理

类比推理是根据两个(或两类)对象在某些属性上相同或相似,推出它们在另一些属性上也相同或相似的推理。

例 8.5.1

(1) 我国著名的地质学家李四光,在对我国的地质结构进行了长期、深入的调查研究后发现,我国东北松辽平原的地质结构与中亚细亚的地质结构极其相似。他推断,既然中亚细亚蕴藏大量的石油,那么,我国的松辽平原也很可能蕴藏着大量的石油。后来,大庆油田的开发证明了李四光的推断是正确的。

(2) 乌兹别克地区盛产长绒棉,通过考察发现,我国新疆的塔里木河流域与乌兹别克地区在日照情况、霜期长短、气温高低、降雨量等方面均相似,受此启发,将长绒棉移植到我国新疆的塔里木河流域,果然获得了成功。

在上述两例中,李四光对石油蕴藏的推断、塔里木河流域长绒棉的成功移植就使用了类比推理。

类比推理的一般形式是:

A 对象具有属性 a、b、c、d,

B 对象具有属性 a、b、c,

所以,B 对象也具有属性 d。

其中,A 和 B 表示两个(或两类)对象,a、b、c 表示 A、B 间的相同或相似的属性,d 表示类推的属性。

类比推理的两个对象,可以是两个不同的个体,如火星和地球;也可以是两个不同的类,如大猩猩和人;还可以是一类中的若干个体与另一个类的所有个体,如一群受试的小白鼠和人类。但绝不会是某个体与该个体所属类中的所有个体,如果是由某个体的属性推出该个体所属类中的所有个体的属性,则是归纳推理;反之,则是演绎推理。

类比推理的结论超出了前提断定的范围。如果其前提真,则结论仅仅是可能真。因此,类比推理属于或然性推理。

二、如何提高类比推理结论的可靠性

第一,类比对象之间相同的属性越多,则结论的可靠程度就越高。如,一种新药研制成功,人们先在动物种群中做试验。这时试验的对象一般选择的都是高等动物。因为与其他动物相比,高等动物与人有着更多的相同属性,这样得出的结论比用其他动物做试验得出的结论要可靠得多。一般情况下,新药正式使用之前,还有一个临床试验阶段。之所以如此,一个重要原因是,人的个体与个体之间所存在的相同属性,又多于高等动物的个体与人的个体之间所存在的相同属性。经过这个阶段之后,所得出的结论就更加可靠了。

第二,类比对象之间已知的相同属性与未知的类推属性其联系愈密切,则结论的可靠程度就愈高。如,我国浙江省和美国加利福尼亚州在地形、土壤、日照、温度、湿度、降雨量等自然条件方面存在诸多相似之处,而我国浙江黄岩盛产蜜橘,由此推知,如果加利福利亚州种植蜜桔也可能获得高产。该推理结论的可靠性就比较高,因为植物的高产与自然条件密切相关。再如,如果我们由地球和水星都是球形、都绕太阳飞行,从而推知水星和地球一样可能存在生物。该推理结论的可靠性就很弱,因为生命存在的条件与星体的形状、是否绕太阳飞行没有必然联系。

类比推理如果使用不当,就可能犯"机械类比"的逻辑错误。

例 8.5.2

鸿胪卿孔群好饮酒,丞相王导劝导他说:"你为什么经常饮酒呢?你难道没有看到,那些盖在酒坛口的布总是很快就烂掉了吗?"孔群回答道:"没关系,你没见放在酒坛中的糟肉,保存很长时间都不会变质啊!"①

在上例中,王导和孔群都运用了类比推理,但是由于类比所依据的相同属性与推出属性之间关系不够密切,所以得出的结论都不可靠。他们都犯了"机械类比"的逻辑错误。

三、类比推理的作用

首先,运用类比推理,可以帮助我们由已知推断未知。对此,《吕氏春秋》中有一段非常好的说明:

> 先王之所以为法者,何也?先王之所以为法者,人也,而己亦人也。故察己则可以知人,察今则可以知古。古今一也,人与我同耳。有道之士,贵以近知远,以今知古,以所见知所不见。故审堂下之阴,而知日月之行,阴阳之变;见瓶水之冰,而知天下之寒,鱼鳖之藏也。②

在上例中,作者指出,由于人与人之间存在诸多相同属性,所以这成为先王"为法"的根据。由此,运用类比推理,可以由己知人、由今知古、由近知远、由所见知所未见。

其次,运用类比推理可以启发人的思路,有助于提出创造性假说。

例 8.5.3

(1)富兰克林发现,带有不同性质电荷的两个物体接触时,会产生火花、有爆炸声;电闪雷鸣时,也有火花、爆炸声。带不同性质电荷的两个物体接触产生放电现象,由此他推断,雷电也是一种自然放电现象。

(2)法国科学家德布罗意发现,光在运动中具有能量和质量,实物粒子在运动中也具有能量和质量;在运动的过程中,光和实物粒子一样,都遵循类似的数学原理;光具有波粒二象性。由此,德布罗意推测,实物粒子也具有波粒二象性。

在上面例子中,富兰克林提出雷电本质的假说、德布罗意提出物质

---

① 刘义庆:《世说新语·崇礼第二十二》。
② 《吕氏春秋·察今》。

波的假说就运用了类比推理,他们的假说后来都被实验所证实。

第三,运用类比推理,有助于说理。

例8.5.4

客谓梁王曰:"惠子之言事也,善譬。王使无譬,则不能言矣。"王曰:"诺。"明日见,谓惠子曰:"愿先生言事,则直言耳,无譬也。"惠子曰:"今有人于此而不知弹者,曰:'弹之状何若?'应曰:'弹之状如弹',则谕乎?"王曰:"未谕也。""于是更应曰:'弹之状如弓,而以竹为弦。'则知乎?"王曰:"可知矣。"惠子曰:"夫说者,固以其所知谕其所不知而使人知之。今王曰无譬,则不可矣。"王曰:"善!"①

在上例中,惠施运用"譬"(类比推理)非常巧妙地指出了"譬"(类比推理)的解释说明作用。

本章小结

归纳推理就是根据一类事物中若干对象具有某种属性推出该类事物的所有对象都具有该属性的推理。依据前提是否涉及某类事物的全体,归纳推理可分为完全归纳推理和不完全归纳推理。不完全归纳推理又可以分为简单枚举法和科学归纳法。

探求因果联系的逻辑方法主要有求同法、求异法、求同求异并用法、共变法和剩余法,即"穆勒五法"。

求同法指的是,在被研究现象出现的若干场合中,如果仅有唯一的一个情况是在这些场合中共同具有的,那么这个唯一共同的情况就与被研究现象之间有因果联系。

求异法指的是,在被研究现象出现和不出现的两个不同场合中,如果其他情况均相同,只有一个情况不同,它在被研究现象出现的场合中存在,而在被研究现象不出现的场合中不存在,那么这个唯一不同的情况就与被研究现象之间有因果联系。

求同求异并用法指的是,如果在被研究现象出现的若干场合(正

---

① 刘向:《说苑·善说》。

事例组)中,只有一个共同的情况;在被研究现象不出现的若干场合(负事例组)中,都没有这个共同的情况,那么这个情况就与被研究现象之间有因果联系。

共变法指的是,如果在被研究现象发生变化的各个场合中,只有一个情况是与之相应变化的,那么这个唯一变化的情况就与被研究现象之间有因果联系。

剩余法指的是,如果已知某一被研究的复合现象与某个复合情况之间存在因果联系,同时,又知道这个复合现象中的一部分与该复合情况中的一部分有因果联系,那么,被研究的复合现象中的剩余部分就与该复合情况中的剩余部分有因果联系。

类比推理就是根据两个(或两类)对象在某些属性上相同或相似,推出它们在另一些属性上也相同或相似的推理。

完全归纳推理是必然性推理,不完全归纳推理和类比推理是或然性推理。

本章学习的重点是:(1)归纳推理;(2)探求因果联系的逻辑方法;(3)类比推理。

■复习思考题

1. 什么是归纳推理?归纳推理与演绎推理有何区别?
2. 什么是完全归纳推理?什么是不完全归纳推理?两者有何区别?
3. 什么是简单枚举法?什么是科学归纳法?两者有何区别?
4. 什么是求同法?运用求同法应注意什么?
5. 什么是求异法?运用求异法应注意什么?
6. 什么是求同求异并用法?运用求同求异并用法应注意什么?
7. 什么是共变法?运用共变法应注意什么?
8. 什么是剩余法?运用剩余法应注意什么?
9. 什么是类比推理?它与演绎推理、归纳推理有什么区别?
10. 类比推理有什么作用?

■练习题

1. 下列推理属于何种归纳推理?写出它们的推理形式。

1.01　亚洲的天鹅是洁白的,美洲的天鹅是洁白的。所以,所有的天鹅都是洁白的。

1.02　鲫鱼用鳃呼吸,鲈鱼用鳃呼吸,鲤鱼用鳃呼吸,青鱼用鳃呼吸。所以,所有的鱼都用鳃呼吸。

1.03　老鼠的血液是红色的,猪的血液是红色的,猴子的血液是红色的,人的血液也是红色的。所以,动物的血液都是红色的。

1.04　　8 = 5+3
　　　　10 = 7+3
　　　　12 = 7+5
　　　　14 = 11+3
　　　　16 = 11+5
　　　　……

8、10、12、14、16 都是大于 6 的偶数,它们都能表示为两个素数之和。所以,任何大于 6 的偶数都能表示为两个素数之和。

1.05　老鼠吃了霉变的花生患癌症,猪吃了霉变的花生患癌症,人吃了霉变的花生也患癌症,霉变的花生中含有黄曲霉素,而黄曲霉素是致癌物质。所以,动物吃了霉变的花生都患癌症。

1.06　水星沿着椭圆轨道围绕太阳运行,金星沿着椭圆轨道围绕太阳运行,地球沿着椭圆轨道围绕太阳运行,火星沿着椭圆轨道围绕太阳运行,木星沿着椭圆轨道围绕太阳运行,土星沿着椭圆轨道围绕太阳运行,天王星沿着椭圆轨道围绕太阳运行,海王星沿着椭圆轨道围绕太阳运行,水星、金星、地球、火星、木星、土星、天王星和海王星是太阳系的所有大行星。所以,太阳系的所有大行星都沿着椭圆轨道围绕太阳运行。

2. 下列结论能否借助完全归纳推理得到?

2.01　如今的纳西族人都会写纳西古文。

2.02　朝起红霞晚落雨,晚起红霞晒死鱼。

2.03　地球上的大洲都曾经遭遇过大洪水。

2.04　《阿凡达》中出现的植物地球上都曾经出现过。

2.05　中国人民大学哲学学院 2010 级学生都学习了逻辑。

2.06　所有 1990 年至 2000 年之间出生的太康人在 2010 年之前都登过寿胜寺塔。

3. 分析下列各题运用了何种探求因果联系的方法。

3.01　把一个带有火星的木片放在一个有氧气的玻璃瓶里,它就燃烧起来;把它放在没有氧气的玻璃瓶里,它就燃烧不起来。所以,氧气和木片燃烧有因果联系。

3.02 科学家发现,随着太阳黑子数目的增加,地球磁场的磁暴强度也增加;随着太阳黑子数目的减少,地球磁场的磁暴强度也随之减弱。由此,科学家认为,太阳黑子的出现是地球磁暴的原因。

3.03 棉花能保温,积雪也能保持地面温度。据测定,新降积雪有40%到50%的空气间隙。棉花是植物纤维,雪是水的结晶,很不相同,但两者都是疏松多孔的。由此可见,疏松多孔的东西能够保温。

3.04 科学家发现,雨后天空出现虹;太阳光线通过三棱镜也出现类似虹的各种颜色;在瀑布的水星中,在船桨打起的水花中,晴天也可看到类似虹的各种颜色。在这些不同的场合中,有一点是共同的,那就是光线都通过球形或棱形的透明体。可以认定,这一点正是虹形成的原因。

3.05 种植马铃薯是选用大个的薯块作种好,还是选用小个的好?有一个农业科研小组对此做了一个试验:用10克、20克、40克、80克、160克重的薯块分别播种在同一块田里,实施同样的田间管理。结果,10克重的产量是245克,20克重的产量是430克,40克重的产量是565克,80克重的产量是940克,160克重的产量是1 090克。这说明薯块大小和产量之间存在因果联系。

3.06 两条渔船在同一个水域钓鱼。船上渔民的钓鱼技术、所使用的工具等基本上没有差别,但是收获却差距很大。收获较少渔船上的船长经过认真比对发现,他们船上有部分渔民抽烟,而另一个船上的渔民都不抽烟。于是,船长推测,他们船收获少的原因也许是渔民在装鱼饵时没有洗手,从而使得鱼饵沾上了烟味。他让船员们用肥皂洗了手,重新装上鱼饵,果然,鱼儿纷纷上钩了。

4. 分析下列论述中所使用的推理方法,并写出推理形式。

4.01 兰槐之根是为芷,其渐之滫,君子不近,庶人不服。其质非不美也,所渐者然也。故君子居必择乡,游必就士,所以防邪僻而近中正也。①

4.02 有人于此,少见黑曰黑,多见黑曰白,则以此人不知白黑之辩矣;少尝苦曰苦,多尝苦曰甘,则必以此人为不知甘苦之辩矣。今小为非,则知而非之;大为非攻国,则不知非,从而誉之,谓之义。此可谓知义与不义之辩乎?是以知天下之君子辩义与不义之乱也。②

4.03 19世纪60年代,法国生物学家巴斯德用曲颈瓶做了一个实验。证明

---

① 《荀子》。
② 《墨子·非攻上》。

瓶内的肉质腐败是由于细菌孢子繁殖的结果。如果把肉汤煮沸并与空气隔绝,肉汤可以长久保存。当时外科手术的死亡率很高。病人大多数不是死于手术,而是死于伤口发炎感染。李斯特看到巴斯德的实验报告,马上想到肉汤腐败与伤口溃烂这两种现象非常相似,进而推测它们可能是由相似的原因造成的,肉汤因细菌而腐败,伤口可能因细菌而感染。因此,他认为提高外科手术存活率的关键在于无菌。于是,他规定了严格的消毒措施,使得外科病人的死亡率下降了三分之二。

4.04 在苍蝇的两只翅膀后面长着一对小棒,这对小棒是苍蝇的楫翅,也叫平衡棒。楫翅最重要的功能是作为一种"天然导航仪"来控制蝇体的平衡,并为其飞行导航。苍蝇飞行时,楫翅以一定的频率不停地振动着。当蝇体倾斜或偏离航向时,楫翅的振动平面就会发生变化。楫翅基部的感受器马上会感觉到这种变化并报告蝇脑。苍蝇立即校正身体姿态和航向。科学家根据苍蝇楫翅的导航原理,研制出一种小巧的新型导航仪器——"振动陀螺仪",并将之应用于火箭和高速飞机上,保证了飞行的稳定性并可实现自动驾驶。

5. 在下列各题给出的若干选项中,找出符合要求的一项。

5.01 小白鼠是哺乳动物,患了癌症,使用某种抗癌新药治疗,癌症痊愈了。人也是哺乳动物,患了癌症,用同样的抗癌新药治疗,人的癌症也应该痊愈。

以下哪项的推理方式与上述类似?

A. 一科学家在研究光的性质时,曾将光与声这两类现象作比较,发现它们之间在许多性质上是相同的,如直线传播、反射、折射、存在干涉现象等等;并且已经知道声的传播具有波动性。由此他推断,光的传播也具有波动性。

B. 邻居买彩票中了大奖,小张受此启发,也去买了体育彩票,果然中了大奖。

C. 某乡镇在考察了荷兰等国的花卉市场后认为要大力发展规模经济,回国后组织全乡镇种大葱,结果导致该县大葱严重滞销。

D. 每年炎热的夏季,在服装、鞋类行业,许多商店腾出一大块地方卖羊毛衫、长袖衬衣、冬靴等冬令商品,进行反季节销售,结果都很有市场。小王受此启发,决定在冬季种植西瓜。

5.02 与某地区的其他城市一样,K 城直至 20 世纪 80 年代初物价都是很低的,自它成为该地区的石油开采中心以后,它的物价大幅上升。这种物价上涨可能来自这场石油经济,这是因为该地区那些没有石油经济的城市仍然保持着很低的物价水平。

以下哪项最准确地描述了上段论述中所采用的推理方法?

A. 鉴于条件不存在的时候现象没有发生,所以认为条件是现象的一个原因。

B. 鉴于有时条件不存在的条件下现象也会发生,所以认为条件不是现象的前提。

C. 由于某一特定事件在现象发生前没有出现,所以认为这一事件不可能引发现象。

D. 试图说明某种现象是不可能发生的,而某种解释正确就必须要求这种现象发生。

(中央机关及其直属机构 2005 年度考试录用公务员《行政职业能力测验》试卷,有改动)

5.03 先给出一组词,要求你在备选答案中找出一组与之在逻辑关系上最为贴近、相似或匹配的词。

树木∶树叶

A. 国家∶地区

B. 苹果∶果实

C. 键盘∶电脑

D. 地球∶海洋

5.04 多人游戏纸牌,如扑克和桥牌,使用了一些骗对手的技巧。不过,仅由一个人玩的纸牌并非如此。所以,使用一些骗对手的技巧并不是所有的纸牌的本质特征。

以下哪项最类似于题干中的推理?

A. 轮盘赌和双骰子赌使用的赔率有利于庄家。既然它们是能够在赌博机上找到的仅有的赌博类型,其赔率有利于庄家就是能够在赌博机上玩的所有游戏的本质特征。

B. 大多数飞机都有机翼,但直升机没有机翼。所以,有机翼并不是所有飞机的本质特征。

C. 动物学家发现,鹿偶尔也吃肉。不过,如果鹿不是食草动物,它们的牙齿形状将会与它们现有的很不相同。所以,食草是鹿的一个本质特征。

D. 所有的猫都是肉食动物,食肉是肉食动物的本质特征。所以,食肉是猫的本质特征。

(GCT2009 年考试试卷)

5.05 对 6 位罕见癌症的病人的研究表明,虽然他们生活在该县的不同地方,有很多不相同的病史、饮食爱好和个人习惯——其中 2 人抽烟,2 人饮酒——但他们都是一家生产除草剂和杀虫剂的工厂的员工。由此可得出结论:接触该工厂生产的化学品很可能是他们患癌症的原因。

以下哪一项最准确地概括了题干中的推理方法?

A. 通过找出事物之间的差异而得出一个一般性结论。

B. 消除不相干因素,找出一个共同特征,由此断定该特征与所研究事件有因果联系。

C. 根据6个病人的经历得出一个一般性结论。

D. 所提供的信息允许把一般性断言应用于一个特例。

(GCT2009年考试试卷)

5.06 化学课上,张老师演示了两个同时进行的教学实验:一个实验是 $KClO_3$ 加热后,有 O_2 缓慢产生;另一个实验是 $KClO_3$ 加热后迅速撒入少量 MnO_2,这时立即有大量的 O_2 产生。张老师由此指出:MnO_2 是 O_2 快速产生的原因。

以下哪项与张老师得出结论的方法类似?

A. 同一品牌的化妆品价格越高卖得越火。由此可见,消费者喜欢价格高的化妆品。

B. 居里夫人在沥青矿物中提取放射性元素时发现,从一定量的沥青矿物中提取的全部纯铀的放射线强度比同等数量的沥青矿物中放射线强度低数倍。她据此推断,沥青矿物中还存在其他放射性更强的元素。

C. 统计分析发现,30岁至60岁之间,年纪越大胆子越小。有理由相信:岁月是勇敢的腐蚀剂。

D. 将闹钟放在玻璃罩里,使它打铃,可以听到铃声;然后把玻璃罩里的空气抽空,再使闹钟打铃,就听不到铃声了。由此可见,空气是声音传播的介质。

E. 人们通过对绿藻、蓝藻、红藻的大量观察,发现结构简单、无根叶是藻类植物的主要特征。

(MBA、MPA、MPAcc 2010年联考试卷)

5.07 一般认为,出生地间隔较远的夫妻所生子女的智商较高。有资料显示,夫妻均是本地人,其所生子女的平均智商为102.45;夫妻是省内异地的,其所生子女的平均智商为106.17;而隔省婚配的,其所生子女的智商则高达109.35。因此,异地通婚可提高下一代的智商水平。

以下哪项如果为真,最能削弱上述结论?

A. 统计孩子平均智商的样本数量不够多。

B. 不难发现,一些天才儿童的父母均是本地人。

C. 不难发现,一些低智商儿童父母的出生地间隔较远。

D. 能够异地通婚者是智商比较高的,他们自身的高智商促成了异地通婚。

E. 一些情况下,夫妻双方出生地间隔很远,但他们的基因可能接近。

(MBA、MPA、MPAcc 2010年联考试卷)

第九章
论　　证

第一节　论证概述

一、什么是论证

论证就是用若干已知为真的判断确定另一个判断的真实性的思维过程。

例9.1.1

（1）无论多么可怕,也要赢得胜利,无论道路多么遥远和艰难也要赢得胜利。因为没有胜利,就不能生存。大家必须认识到这一点:没有胜利,就没有英帝国的存在,就没有英帝国所代表的一切,就没有促使人类朝着自己目标奋勇前进这一世代相因的强烈欲望和动力。①

（2）行文之道,神为主,气辅之。曹子桓、苏子由论文,以气为主,是矣。然气随神转,神浑则气灏,神远则气逸,神伟则气高,神变则气奇,神深则气静,故神为气之主。②

上面两例都是论证。在例（1）中,用"没有胜利,就不能生存"、"没有胜利,就没有英帝国的存在"等判断来论证"要赢得胜利"。在例（2）

---

① 丘吉尔:《我有的只是热血、辛劳、眼泪和汗水》。这是丘吉尔1940年5月13日的就职演说。

② 刘大櫆:《论文偶记》。

中,用"气随神转"、"神浑则气灏"等判断来论证"行文之道,神为主,气辅之"。

二、论证的组成

论证由论题、论据和论证方式三个要素构成。

例 9.1.2

（1）真理是不怕批评的,因为怕批评的不是真理。

（2）臣诚知不如徐公美。臣之妻私臣,臣之妾畏臣,臣之客欲有求于臣,皆以美于徐公。今齐地方千里,百二十城,宫妇左右莫不私王,朝廷之臣莫不畏王,四境之内莫不有求于王:由此观之,王之蔽甚矣。①

（3）不唤醒广大公民的参与意识,真正的民主国家就建立不起来。因为,要建立真正的民主国家,必须进行政治体制的改革;要进行政治体制改革,必须建立依法行政制度;只有唤醒广大公民的参与意识,依法行政制度才能建立起来。

（4）世界的真正的统一性在于它的物质性。地质学、天文学、物理学、生命科学等自然科学证明:地球是一个圈层结构的物质实体;宇宙天体和星际空间充满了各种物质形态,没有无物质的"虚空";微观粒子和场都是客观存在的物质形态;生命也只是物质运动的特殊形式。社会科学和思维科学证明了人类社会的物质性:首先,人类社会是自然界长期发展的产物,是最高级、最复杂的物质形态;其次,人类社会的发展是生产力和生产关系矛盾运动的结果,而生产力和生产关系是物质性的力量和关系;再次,全部社会生活的本质——社会实践是物质性的活动;最后,意识是人脑这种特殊物质的机能和属性。

1. 论题

论题是通过论证要确定其真实性的判断。在例 9.1.2 中,"真理

---

① 《战国策·齐策一·邹忌讽齐王纳谏》。

是不怕批评的"、"王之蔽甚矣"、"不唤醒广大公民的参与意识,真正的民主国家就建立不起来"、"世界的真正的统一性在于它的物质性"都是论题。

在一个论证中,论题一般放在论证的开头,如例9.1.2中的(1)、(3)和(4);也有少数是放在结尾的,如例9.1.2中(2)。当然,特殊情况下,也可以放在论证的中间。

论题可以分为两类,一类是已经得到证明的判断,一类是尚待证明的判断。对前一类判断进行论证,是为了更好地阐明真理。对后一类判断进行论证,是为了探索真理。

2. 论据

论据是论证中用来确定论题真实性的判断。简单地说,论据就是使论题成立的理由或者依据。在例9.1.2(1)中,"怕批评的不是真理"是论据。在例9.1.2(2)中,"臣诚知不如徐公美。臣之妻私臣,臣之妾畏臣,臣之客欲有求于臣,皆以美于徐公。今齐地方千里,百二十城,宫妇左右莫不私王,朝廷之臣莫不畏王,四境之内莫不有求于王"是论据。

3. 论证方式

论证方式是论证中论据和论题之间的联系方式,即由论据得出论题的推理方式。

在例9.1.2(1)中,论据"怕批评的不是真理"的形式是SEP,论题"真理是不怕批评的"的形式是PA$\overline{S}$。其推理方式是性质判断的换质法和换位法,用符号表示就是:SEP⊢PA$\overline{S}$。这是一个演绎推理。

在例9.1.2(2)中,其论证方式是类比推理。

在例9.1.2(3)中,其论证方式是演绎推理。如果我们用p表示"唤醒广大公民的参与意识",用q表示"建立真正的民主国家",用r表示"进行政治体制改革",用s表示"建立依法行政制度",那么其论证方式可以表示为:q→r,r→s,p←s⊢ p←q。

在例9.1.2(4)中,其论证方式是归纳推理。

在一个具体的论证中,可以包含多个层次。即第一层次的论据可以是第二层次的论题,第二层次的论据又可以是第三层次的论题。

例 9.1.3

　　士不可以不弘毅,任重而道远。仁以为己任,不亦重乎? 死而后已,不亦远乎? 非弘不能胜其重,非毅无以致其远。

在上面论证中,在第一层次中,论题是"士不可以不弘毅",论据是"任重而道远,非弘不能胜其重,非毅无以致其远",其论证方式是一个演绎推理。在第二层次的论证中,论题是"任重而道远",其论据是"仁以为己任,不亦重乎? 死而后已,不亦远乎?",其论证方式是归纳论证。

我们可以将上例的论证结构展示如下:

　　士不可以不弘毅。
　　　　任重而道远,
　　　　　　仁以为己任,不亦重乎?
　　　　　　死而后已,不亦远乎?
　　　　非弘不能胜其重,
　　　　非毅无以致其远。

突出的判断表示的是论题,退后两格的判断表示的是该论题的论据。还可以更形象地图示如下:

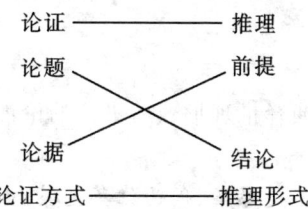

三、论证与推理的关系

推理和论证密切相关。推理是论证的工具,而论证是推理的综合运用。一般而言,论题相当于推理的结论,论据相当于推理的前提,而论证方式相当于推理方式。它们之间的关系可表示如下:

```
论证 ———————— 推理
论题          前提
       ╳
论据          结论
论证方式 ——————— 推理形式
```

推理和论证又有区别。第一,二者的思维进程不同。推理是由前提推出结论;论证一般是先有论题,然后再使用适当的论据来进行论证。第二,二者的要求不同。推理强调的是形式有效性,即假定前提真,则结论一定真;而论证强调的是论题的正确性,这就不仅要求其中的推理是有效的,而且要求论据也必须是正确的。第三,二者逻辑结构不同。论证的结构比推理复杂,往往是多种推理形式或者一系列推理的综合运用。

例9.1.4

(1)所有怀远人都会表演花鼓灯,而荆芡人都是怀远人。所以,荆芡人都会表演花鼓灯。

(2)荆芡人都会表演花鼓灯。因为,所有怀远人都会表演花鼓灯,而荆芡人都是怀远人。

在上面例子中,(1)是三段论第一格的AAA式,尽管前提之一"所有怀远人都会表演花鼓灯"是假的,但是作为一个推理(1)是一个有效的推理。(2)作为一个论证,其论证形式是三段论第一格的AAA式,尽管其推理是有效的,但是因为前提之一"所有怀远人都会表演花鼓灯"是假的,所以作为一个论证(2)是一个不正确的论证。

第二节 论证的种类

根据不同的标准,可以将论证分为演绎论证、归纳论证和类比论证,也可以分为直接论证和间接论证。

一、演绎论证、归纳论证和类比论证

依据论证中所使用的推理形式的不同,可以将论证分为演绎论证、归纳论证和类比论证。

1. 演绎论证

演绎论证是运用演绎推理形式所进行的论证。

例9.2.1

(1)有些茶不是绿茶,因为红茶是茶,而红茶不是绿茶。

(2) 逻辑学不属于社会意识形态。因为,只有那些为特定经济制度和政治制度服务的上层建筑,才属于社会意识形态;而逻辑学是人类所有知识的共同基础,它不属于上层建筑,它可以为任何经济制度和政治制度服务。

上面例子中的两个论证都是演绎论证。在(1)中,所使用的推理形式是三段论第三格 EAO 式。在(2)中,所使用的推理形式是必要条件否定前件式。

演绎论证属于必然性论证,具有充分的说服力,只要论据正确、推理有效,则论题一定正确。

2. 归纳论证

归纳论证是运用归纳推理形式所进行的论证。

例 9.2.2

(1) 青壮年时期是发明创造的黄金时期。据说,牛顿 23 岁创立微积分;爱迪生 27 岁发明电灯;爱因斯坦 26 岁创立相对论;瓦特 28 岁发明蒸汽机;而芭达捷芙斯卡创作经典名曲《少女的祈祷》只有 18 岁。

(2) 命题:n^3-n 是 6 的倍数,其中 n 为正整数。

证明:

归纳基始:当 n=1 时,$n^3-n=0$,命题成立。

归纳步骤:假设当 n=k 时命题成立,即 k^3-k 是 6 的倍数,

则当 n=k+1 时,$(k+1)^3-(k+1)=(k^3-k)+3k(k+1)$,命题也成立。

上面例子中的两个论证都是归纳论证。在(1)中,所使用的推理形式是不完全归纳推理。在(2)中,所使用的推理形式是完全归纳推理。

完全归纳论证属于必然性论证,具有充分的说服力,只要论据正确,则论题一定正确。不完全归纳论证属于或然性论证,尽管不能作为严格证明,但是运用得当,也具有一定的说服力。

3. 类比论证

类比论证是运用类比推理形式所进行的论证。

例9.2.3

(1) 君王还是正大光明行事为好。因为,放火焚烧山林,尽管暂时能收获到很多野兽,但是最终会发展到无兽可猎的地步;用欺诈手段对付人,虽然一时能获得很多利益,但最终一定会无利可图。

(2) 兰生幽谷,不为莫服而不芳;舟在江海,不为莫乘而不浮;君子行义,不为莫知而止休。①

上面例子中的两个论证都使用了类比论证。

类比论证属于或然性论证。

在实际论证过程中,既有只使用一种推理形式的,也有综合使用两种或两种以上推理形式的。

例9.2.4

臣闻音以比耳为美,色以悦目为欢。是以众听所倾,非假北里之操;万夫婉娈,非俟西子之颜。故圣人随世以擢佐,明主因时而命官。②

在上例中,中心论题是"圣人随世以擢佐,明主因时而命官",其论据是"音以比耳为美,色以悦目为欢",论据和论题之间使用的是类比推理。但是"音以比耳为美,色以悦目为欢"和"众听所倾,非假北里之操;万夫婉娈,非俟西子之颜"之间使用的又是演绎推理。

二、直接论证和间接论证

根据论证方法的不同,可以将论证分为直接论证和间接论证。

1. 直接论证

直接论证是使用真实的论据直接证明论题的真实性的论证。

例9.2.5

臣闻朋党之说,自古有之,惟幸人君辨其君子小人而已。大凡君子与君子,以同道为朋;小人与小人,以同利为朋。此自然之

---

① 刘安:《淮南子·说山训》。
② 陆机:《演连珠五十首》。

理也。

然臣谓小人无朋,惟君子则有之。其故何哉?小人所好者,利禄也;所贪者,货财也。当其同利之时,暂相党引以为朋者,伪也。及其见利而争先,或利尽而交疏,则反相贼害,虽其兄弟亲戚,不能相保。故臣谓小人无朋,其暂为朋者,伪也。君子则不然。所守者道义,所行者忠信,所惜者名节。以之修身,则同道而相益;以之事国,则同心而共济。终始如一,此君子之朋也。故为人君者,但当退小人之伪朋,用君子之真朋,则天下治矣。

尧之时,小人共工、驩兜等四人为一朋,君子八元、八恺十六人为一朋。舜佐尧,退四凶小人之朋,而进元、恺君子之朋,尧之天下大治。及舜自为天子,而皋、夔、稷、契等二十二人,并立于朝,更相称美,更相推让,凡二十二人为一朋,而舜皆用之,天下亦大治……①

在上例中,欧阳修使用若干判断直接论证了"为人君者,但当退小人之伪朋,用君子之真朋,则天下治矣"这一论题。

2. 间接论证

间接论证就是通过论证与原命题不能同假的判断为假,从而得出论题为真的论证。间接论证最常用的有反证法和选言证法。

(1) 反证法

反证法就是通过假设原论题不成立由此推出矛盾,从而得出论题为真的间接论证。

例9.2.6

命题:素数有无穷多个。

证明:

假设素数不是有无穷多个,那么素数只有有限多个,则可设所有的素数为 $a_1, a_2, \cdots, a_{n-1}, a_n$。

此时,令 $N = a_1 \times a_2 \times \cdots \times a_{n-1} \times a_n + 1$,那么所有的 $a_i (i = 1, 2, \cdots,$

---

① 欧阳修:《朋党论》。

n)显然都不是 N 的因子,那么有两个可能:或者 N 有另外的素数真因子,或者 N 本身就是一个素数。如果 N 有另外的素数真因子,这与假设矛盾;如果 N 本身就是一个素数,显然有 $N>a_i(i=1,2,\cdots,n)$,这同样与假设矛盾。无论是哪种情况,都将和假设矛盾。

　　由此可得,假设不成立。所以原命题成立。

上面论证使用的就是反证法。

反证法的论证过程可表示为:

论题:p。

证明:

　　假设并非 p,

　　如果非 p,则 q,

　　并非 q,

　　所以,并非(并非 p),

　　所以,p。

(2) 选言证法

选言证法就是通过论证与原命题相关的其他几种可能情况为假,从而得出论题为真的间接论证。

例 9.2.7

　　(1) 这件好事必定是张丽所为。因为,有确凿证据表明,这件好事或者是张丽所为,或者是王静所为,或者是李强所为。但是王静没有对方的账号,所以可以排除是她所为。李强那几天出差在外地,对此事并不知情,也可以排除是他所为。所以,这件好事必定是张丽所为。

　　(2) 论题:如果一个有效三段论其小前提和结论均为 O 判断,那么该三段论必定为第二格。

　　证明:

　　该三段论或者为第一格、或者为第二格、或者为第三格、或者为第四格。

　　如果该三段论为第一格或者第三格,那么因为结论为 O 判断,大项在结论中周延。根据三段论规则三,则大项在前提中必须周延。而在第一格或者第三格中,大项是大前提的谓项,因此,大前提必须为否定判断。这样大、小前提均为否定判断,违反了三段论规则四。所以,该三段论不是第一格或者第三格。

如果该三段论为第四格,那么中项是小前提的主项,因为小前提是 O 判断,中项在小前提中不周延,根据三段论规则二,中项在大前提中必须周延。在第四格中,中项是大前提的谓项,因此,大前提必须为否定判断。这样大、小前提均为否定判断,违反了三段论规则四。所以,该三段论不是第四格。

因此,该三段论必定为第二格。

上面两个论证使用的都是选言证法。

选言证法的论证过程可表示为:

论题:p。

证明:

  p 或者 q 或者 r,

  并非 q,

  并非 r,

  所以,p。

第三节 论证的规则

论证要有说服力,必须遵守下列五条论证规则。

1. 论题必须明确

论题必须明确指的是论题表达的含义必须清楚、确切,不能含糊其辞。

为了保证论题的明确,必要时需要对论题中的关键性概念进行定义、解释,以消除歧义或者可能的误解。

例 9.3.1

(1) 士不可以不弘毅。任重而道远。弘,宽广也;毅,强忍也。非弘不能胜其重,非毅无以致其远。弘而不毅,则无规矩而难立;

毅而不弘,则隘陋而无以居之。宏大刚毅,然后能胜重任而远道。仁以为己任,不亦重乎?死而后已,不亦远乎?仁者,人心之全德,而必欲以身体而力行之,可谓重矣。一息尚存,此志不容少懈,可谓远矣。

(2) 中庸之为德也,其至矣乎!民鲜久矣。中者,无过、无不及之名也;庸,平常也。不偏之谓中,不易之谓庸。中者天下之正道,庸者天下之定理。自世教衰,民不兴于行,少有此德久矣。

在上面例(1)中,对于论题"士不可以不弘毅"中的关键性概念"弘"、"毅"进行了解释说明,这样使得论题更加明确。在例(2)中,对于论题"中庸之为德也,其至矣乎"中的关键性概念"中"、"庸"进行了重点的解释说明,使得论题更加清楚、无歧义。

违反这一规则所犯的逻辑错误,叫做"论题模糊"。

例9.3.2

对待传统文化我们既要继承其精华,又要刨除其糟粕。不过,究竟什么是精华,什么是糟粕有时是很难分清的。我们要防止既倒掉了洗澡水,又将洗澡盆中的孩子也倒掉的情况。因此,对待传统文化要么全盘继承,要么全盘否定,并不存在所谓的"扬弃"之路。而全盘否定是不合适的,也是做不到的,所以,对待传统文化只能是全盘继承,走一步看一步,车到山前必有路!

上面关于传统文化的论证,就犯了"论题模糊"的逻辑错误。该论证中对待传统文化究竟是什么态度,不明确。

2. 论题必须保持同一

论题必须保持同一指的是一个论证中其中心论题只能有一个,不能开始设定一个论题,在论证过程中又转变为另外一个论题。当然这并不排斥在中心论题之外,根据证明的需要设立若干个分论题,这种情况在多层次的论证中是经常出现的。

违反这一规则所犯的逻辑错误,叫做"转移论题"。

例9.3.3

对待传统文化发展比继承更重要。这是因为,文化都是在一定的历史时期、特定的民族、地理环境、生产力发展水平等条件下产生的;随着历史的发展,这些条件在变化,如果文化不能随着这些条件的变化而发展,那么它将成为一种没有生命力的僵化的教条,就将成为这个民族发展振兴的桎梏。

上面论证就犯了"转移论题"的逻辑错误,因为论题是"对待传统文化发展比继承更重要",而其后论证却是"文化必须发展"。

3. 论据必须真实

论据是确立论题真实性的根据,如果论据虚假,那么论证也就失去了它的作用。这条规则要求论据应当是被证明为真的判断,不能是虚假的或者是想当然的。违反这一规则,就会犯"论据虚假"或者"预期理由"的逻辑错误。

"论据虚假"指的是在论证中使用了已知的不真实的论据。"预期理由"指的是在论证中使用了真实性尚待证实的论据。

例 9.3.4

(1) 高级领导干部必须从基层选拔。一个人如果没有基层工作经验,那么他就不可能有丰富的领导经验和处理问题的艺术,一个人如果没有丰富的领导经验和处理问题的艺术,他就不可能胜任高级领导职务。

(2) 看她艳若桃李,岂能无人勾引?年正青春,怎会冷若冰霜?她与奸夫情投意合,自然要生比翼双飞之意。父亲拦阻,因之杀其父而盗其财,此乃人之常情。这案情就是不问,也已明白十之八九的了。①

上面例(1)中的论证,就犯了"论据虚假"的逻辑错误,因为,尽管一个人没有基层工作经验,但是他却可能具有丰富的领导经验和处理问题的艺术。例(2)中的知县过于执的论证就犯了"预期理由"的逻辑错误。

4. 论据的真实性不能依靠论题来证明

在论证中,论题的真实性依赖于论据的真实性。如果论据的真实性又依靠论题来证明,那就犯了"循环论证"的逻辑错误。

---

① 朱素臣:《十五贯》。

例9.3.5

(1) 逻辑是没有阶级性的。因为逻辑是全人类的工具性科学。为什么说逻辑是全人类的工具性科学？因为它没有阶级性。

(2) 不良信息有害身心健康。这是因为不良信息包含有对人的身心健康不利的信息。

上面两例都犯了"循环论证"的逻辑错误。

5. 从论据应能推出论题

从论据应能推出论题指的是论据和论题之间必须有逻辑联系，论据的真实性应该可以成为论题真实性的充足理由。违反这一规则的逻辑错误称之为"推不出"。

常见的"推不出"有如下几种表现形式：

(1) 论据和论题不相干

例9.3.6

据传，翰林院庶吉士徐骏，是康熙朝刑部尚书徐乾学的儿子，也是顾炎武的甥孙。雍正八年，徐骏在奏章里，把"陛下"的"陛"字错写成"狴"字，雍正见了，马上把徐骏革职。后来再派人一查，在徐骏的诗集里找出了如下诗句"清风不识字,何事乱翻书"、"明月有情还顾我,清风无意不留人"，于是雍正认为这是存心诽谤，照大不敬律斩立决。

清代的"文字狱"很多是牵强附会的冤案。在上例中，"清风不识字,何事乱翻书"、"明月有情还顾我,清风无意不留人"与"存心诽谤,大不敬"之间并不相干，在逻辑上犯了"推不出"的错误。

(2) 论据不足

例9.3.7

从前有个国王，他有两个仆人。一天，国王吩咐这两个仆人去皇宫旁边的井边，把一个竹篮放进深井里，再把竹篮拿回来给他。两个仆人马上去了井边，但竹篮上有好多窟窿，在篮子里灌上再多的水也不能留住啊。第一个仆人说："国王肯定是搞错了,我不干这傻事。"第二个仆人说，"我也觉得没有用,但我还是遵命吧。"于是，他把竹篮放进水中，再提起竹篮时，里面的水就都流光了。回到皇宫交差时,第一个仆人说竹篮不能盛水,这不合常理,所以他没有做。第二个人也说这不合理,但他照做了。国王对第二个仆人说:"你做得对,我想让你们洗洗竹篮。"

在上例中,第一个仆人认为,国王是让他"竹篮打水",但是由国王的吩咐"把一个竹篮放进深井里,再把竹篮拿回来"并不足以得出"竹篮打水"。第一个仆人在逻辑上犯了"推不出"的错误。

(3) 以人为据

例 9.3.8

这个证明肯定是正确的。因为著名数学家希尔伯特、哥德尔等人都看过这个证明,他们没有指出其中存在错误。

在上例中,论证就是以人为据,在逻辑上犯了"推不出"的错误。因为判定一个证明是否正确的标准是看该证明是否符合一个理论的公理和推理规则,而不是以名人是否发现其中是否有错误为标准。有时也称这样的逻辑错误为"诉诸权威"。

(4) 违反推理规则

例 9.3.9

你说甲生疮。甲是中国人,就是说中国人生疮了。既然中国人生疮,你是中国人,就是你也生疮了。你既然也生疮,你就和甲一样。而你只说甲生疮,则竟无自知之明,你的话还有什么价值?倘你没有生疮,是说诳也。卖国贼是说诳的,所以你是卖国贼。我骂卖国贼,所以我是爱国者。爱国者的话是最有价值的,所以我的话是不错的,我的话既然不错,你就是卖国贼无疑了!①

在上例中,论证违反了诸多推理规则,均犯了"推不出"的错误。比如,如果其中的"中国人生疮了"指的是"中国人都生疮了",那么上面论证中有如下的三段论:

甲生疮,
<u>甲是中国人,</u>
所以,中国人都生疮了。

---

① 鲁迅:《论辩的灵魂》。

这是一个第三格的三段论,违反了三段论的规则三,前提中不周延的小项到了结论中周延了。

如果其中的"中国人生疮了"指的是"有些中国人生疮了",那么上面论证中有如下的三段论:

<u>有些中国人生疮了,
你是中国人,</u>
所以,你也生疮了。

这是一个第一格的三段论,违反了三段论的规则二,中项在大、小前提中均不周延。

显然,上述五条论证规则中,规则一、规则二是针对论题的,规则三、规则四是针对论据的,规则五是针对论证方式的。

第四节 反驳及其方法

一、什么是反驳

反驳就是用若干已知为真的判断确定另一个判断的虚假性或者确定对某一判断的论证不能成立的思维过程。根据定义可以知道,反驳包括反驳一个判断和反驳一个论证两种形式。

例 9.4.1

(1) 臣闻吏议逐客,窃以为过矣!昔穆公求士,西取由余于戎,东得百里奚于宛,迎蹇叔于宋,求丕豹、公孙支于晋,此五子者,不产于秦,而穆公用之,并国二十,遂霸西戎。孝公用商鞅之法,移风易俗,民以殷盛,国以富强,百姓乐用,诸侯亲服,获楚、魏之师,举地千里,至今治强。惠王用张仪之计,拔三川之地,西并巴、蜀,北收上郡,南取汉中,包九夷,制鄢郢,东据成皋之险,割膏腴之壤,遂散六国之纵,使之西面事秦,功施到今。昭王得范雎,废穰侯,逐华阳,强公室,杜私门,蚕食诸侯,使秦成帝业。此四君者,皆以客之功。由此观之,客何负于秦哉?向使四君却客而不内,疏士而不用,是使国无富利之实,而秦无强大之名也。

今陛下致昆山之玉,有随和之宝,垂明月之珠,服太阿之剑,乘纤离之马,建翠凤之旗,树灵鼍之鼓。此数宝者,秦不生一焉,而陛下说之,何也?必秦国之所生而然后可,则是夜光之璧不饰朝廷,犀象之器不为玩好,郑魏之女不充后宫,而骏马駃騠不实外厩,江南金锡不为用,西蜀丹青不为采。所以饰后宫、充下陈、娱心意、说耳目者,必出于秦然后可,则是宛珠之簪、傅玑之珥、阿缟之衣、锦绣之饰不进于前,而随俗雅化、佳冶窈窕赵女不立于侧也。夫击瓮叩缶、弹筝搏髀而歌呼呜呜快耳目者,真秦之声也。郑卫桑间、韶虞武象者,异国之乐也。今弃击瓮而就郑卫,退弹筝而取韶虞,若是者何也?快意当前适观而已矣。今取人则不然,不问可否,不论曲直,非秦者去,为客者逐。然则是所重者在乎色乐珠玉,而所轻者在乎人民也。此非所以跨海内、制诸侯之术也。

臣闻地广者粟多,国大者人众,兵强则士勇。是以泰山不让土壤,故能成其大;河海不择细流,故能就其深;王者不却众庶,故能明其德。是以地无四方,民无异国,四时充美,鬼神降福,此五帝、三王之所以无敌也。今乃弃黔首以资敌国,却宾客以业诸侯,使天下之士退而不敢向西,裹足不入秦,此所谓藉寇兵而赍盗粮者也。

夫物不产于秦可宝者多;士不产于秦而愿忠者众。今逐客以资敌国,损民以益仇,内自虚而外树怨于诸侯,求国之无危,不可得也。①

(2) 或曰:"罪大恶极,诚小人矣。及施恩德以临之,可使变而为君子;盖恩德入人之深,而移人之速,有如是者矣。"曰:"太宗之为此,所以求此名也。然安知夫纵之去也,不意其必来以冀免,所以纵之乎?又安知夫被纵而去也,不意其自归而必获免,所以复来乎?夫意其必来而纵之,是上贼下之情也;意其必免而复来,是下贼上之心也。吾见上下交相贼以成此名也,乌有所谓施恩德与夫知信义者哉?不然,太宗施德于天下,于兹六年矣。不能使小人不为极恶大罪,而一日之恩,能使视死如归而存信义,此又不通之

---

① 李斯:《谏逐客书》。

论也。"①

在上面例(1)中,李斯以大量事实驳斥了"逐客之议"。在例(2)中,针对唐太宗释放死囚与家人团聚,死囚如期返回的事件,欧阳修以可能之理和事实情况驳斥了"施恩德以临之,可使变而为君子;盖恩德入人之深,而移人之速,有如是者矣"这种错误的观点。

反驳的结构与论证类似,也包括三部分:(1) 被反驳的论题,即将要被确定为假的判断;(2) 反驳的论据,即用来确定被反驳论题为假的判断;(3) 反驳方式,即反驳中所运用的推理形式。反驳实际上是一种特殊的论证,反驳一个命题,实际上是论证这个命题的否定。

二、反驳一个判断的方法

根据不同的标准,可以将反驳分为演绎反驳、归纳反驳和类比反驳,也可以分为直接反驳和间接反驳。

1. 直接反驳

直接反驳是使用真实的论据直接证明所反驳的判断的虚假性。在直接反驳中,可以使用演绎反驳、归纳反驳和类比反驳等方法。

例 9.4.2

(1) 有人可能认为:"所有的天鹅都是白的",但是这种观点是错误的。因为在澳大利亚和新西兰生活着大量的黑天鹅,因此,并非所有的天鹅都是白的。

(2) 有一种观点认为,早慧一定早亡。这种观点是错误的。9岁就通晓音律的唐代大诗人白居易活了74岁;德国大诗人歌德8岁即能使用多国语言,但是他活了83岁;……,由此可见,早慧未必早亡。

(3) 有人认为,人要想健康长寿,那么吃两足的不如吃多足的,吃多足的不如吃无足的。例如,吃鸡不如吃虾,吃虾不如吃海参。这种观点显然值得商榷。因为,照此推理,喂养蚯蚓的鸡应该比喂养昆虫的鸡更加健康长寿,可是事实未必如此。

---

① 欧阳修:《纵囚论》。

上面例子中的反驳都是直接反驳。其中(1)运用的是演绎反驳,(2)运用的是归纳反驳,(3)运用的是类比反驳。

归谬法是直接反驳中比较常用的一种反驳方法。所谓归谬法,就是为了反驳某个判断,首先假定它是真的,然后由它推出荒谬的结论,最后根据充分条件假言推理的否定后件式,得出该判断是假的。

例9.4.3

(1) 亚里士多德认为,重量不同的两个物体同时从高处落下,重的物体先落地。伽利略推断这个观点是错误的。因为,按照这种观点来考虑将重量不同的两个铁球绑在一起,那么结果会如何呢?一方面,由于小铁球下降的速度比大铁球下降的速度慢,那么大铁球下降时受到小铁球的牵制,这样,绑在一起的两个铁球下降的速度应该比单独的一个大铁球下降的速度要慢;但是,另一方面,由于两个铁球绑在一起的重量要大于单独的一个大铁球,因此,它的下降速度又应该比单独的一个大铁球下降的速度要快。这是相互矛盾的。因此,这种观点是错误的。

(2) 有个美国人买了一盒极为稀少并且很昂贵的雪茄,还为这盒雪茄投保了火险。结果他在一个月内就把这盒雪茄抽完了,保险费一分也没有交,却提出要保险公司赔偿的要求。在申诉中,这个人说雪茄是在"一连串的小火"中受损。保险公司当然不愿意赔偿,理由是:这个人是以正常的方式抽完雪茄的。结果这个人将保险公司告到法庭。法官在判决中表示,他同意保险公司的说法,认为这场诉讼非常荒谬,但是原告手上确实有保险公司同意承保的保单,证明保险公司保证赔偿任何火险,并且保单中并没有限定性地指出什么样的"火"不在保险范围内,因此,保险公司必须赔偿。与其忍受漫长昂贵的上诉过程,不如接受这项判决,保险公司赔偿了原告1.5万美元。当这个人将支票兑现之后,保险公司马上报警将这个人逮捕,罪名是涉嫌24起"纵火案"。根据他先前的申诉和证词,这个人立即被以"蓄意烧毁已经投保之财产"的罪名定罪,要入狱服刑 24 个月,并罚美金 2.4 万元。①

上面例子中,伽利略和保险公司运用的都是归谬法。

归谬法的反驳过程可以表示如下:

  (1) 反驳:p

  (2) 假设:p 真

  (3) 证明:如果 p 真,那么 q

  (4) 非 q

  (5) 因此,并非 p 真

  (6) 所以,p 假。

2. 间接反驳

间接反驳是先论证与被反驳的判断相矛盾或者相反对的判断为真,然后根据矛盾律确定被反驳的判断为假。

例 9.4.4

  有人认为,科学技术不是生产力。这种观点是错误的。我们的观点是:科学技术是生产力。因为在劳动生产力的两个最主要的因素(人和工具)里,都凝聚着科学和技术。而随着生产的社会化程度的提高,科学技术在生产力中的地位也越来越高,比重也越来越大。实践证明,劳动生产力中包括"科学的发展水平和它在工艺上应用的程度"。②

间接反驳的反驳过程可以表示如下:

  (1) 反驳:p

  (2) 假设:q(q 与 p 之间是矛盾关系或者反对关系)

  (3) 证明:q 真

  (4) 所以,p 假。

---

① 南开大学哲学系逻辑学教研室编:《逻辑学基础教程》,天津:南开大学出版社,2008年,第 11—12 页。

② 同上,第 207 页。

三、反驳一个论证的途径

1. 反驳论题
反驳论题指的是确定对方论题的虚假性。
例9.4.5

  盖儒者所争,尤在名实,名实已明,而天下之理得矣。今君实所以见教者,以为侵官、生事、征利、拒谏,以致天下怨谤也。某则以为受命于人主,议法度而修之于朝廷,以授之于有司,不为侵官;举先王之政,以兴利除弊,不为生事;为天下理财,不为征利;辟邪说,难壬人,不为拒谏。至于怨诽之多,则固前知其如此也。①

在上例中,王安石逐条批驳了司马光"侵官、生事、征利、拒谏,以致天下怨谤也"这一论题。

2. 反驳论据
反驳论据指的是确定对方论据的虚假性。
例9.4.6

  上海的教授对人讲文学,以为文学当描写永远不变的人性,否则便不久长。例如英国,莎士比亚和别的一两个人所写的是永久不变的人性,所以至今流传,其余的不这样,就都消灭了云。

  这真是所谓"你不说我倒还明白,你越说我越糊涂了"。英国有许多先前的文章不流传,我想,这是总会有的,但竟没有想到它们的消灭,乃因为不写永久不变的人性。现在既然知道了这一层,却更不解它们既已消灭,现在的教授何从看见,却居然断定它们所写的都不是永久不变的人性了。②

在上例中,鲁迅就是通过驳斥对方的论据"其余的不这样,就都消灭了云"来驳斥对方的论点"文学当描写永远不变的人性,否则便不久长"。

3. 反驳论证方式

---

① 王安石:《答司马谏议书》。
② 鲁迅:《文学与出汗》。

反驳论证方式指的是指出某一论证的论据和论题之间没有逻辑关系,犯了"推不出"的逻辑错误。

例9.4.7

(1) 有位美国参议员对逻辑学家贝尔克说:"所有的共产党人都反对我,你也反对我,所以你是共产党人。"贝尔克当即答道:"亲爱的参议员先生,您的推论真是妙极了。如果你的推论能够成立,那么下面的推论也能成立:所有的鹅都吃白菜,您也吃白菜,所以您是鹅。"①

(2) 尧有不慈之毁,舜有不孝之谤。殊不知尧慈被天下,而不在于子;舜孝及万世,乃不在于父。②

在上面例(1)中,贝尔克就是利用对方的论证方式证明了一个非常荒谬的结论,从而揭露出对方的论证方式是错误的。在例(2)中,有一种观点认为,"尧不慈,舜不孝",其理由是:尧没有将天下传给儿子,所以不慈;舜为父所疾恶,所以不孝。在上例中,皮日休反驳道:这些人实在不知道,尧的仁慈之心覆盖整个天下,而不仅仅在于对待自己的儿子;舜的孝心润泽万代,而不仅仅在于对待自己的父亲。从而得出,上述论证是不成立的。

反驳论题、反驳论据、反驳论证方式均可以证明所反驳的论证不成立。同时,必须指出,反驳了一个论证的论题,则同时证明了对方论证中的论据或者论证方式至少有一样不成立。但是反驳了论据或者论证方式,则仅仅证明对方的论证不成立,但并不能证明对方论题的虚假性。

本章小结

论证是用若干已知为真的判断确定另一个判断的真实性的思维过程。论证由论题、论据和论证方式三个要素构成。根据不同的标准,可以将论证分为演绎论证、归纳论证和类比论证,也可以分为直接论证和

---

① 杨树森:《如何用归谬法反驳论证方式》,《逻辑与语言学习》,1994年第2期。
② 皮日休:《原谤》。

间接论证。

论证要有说服力,必须遵守下列五条论证规则:(1)论题必须明确,(2)论题必须保持同一,(3)论据必须真实,(4)论据的真实性不能依靠论题来证明,(5)从论据应能推出论题。

违反论证规则,就会犯"论题模糊"、"转移论题"、"论据虚假"、"预期理由"、"循环论证"、"推不出"等逻辑错误。

常见的"推不出"有如下几种表现形式:(1)论据和论题不相干,(2)论据不足,(3)以人为据,(4)违反推理规则。

反驳是用若干已知为真的判断确定另一个判断的虚假性或者确定对某一判断的论证不能成立的思维过程。根据定义可以知道,反驳包括反驳一个判断和反驳一个论证两种形式。

反驳一个判断,根据不同的标准,可以将反驳分为演绎反驳、归纳反驳和类比反驳,也可以分为直接反驳和间接反驳。

反驳一个论证有反驳论题、反驳论据和反驳论证方式三种途径。

本章学习的重点是:(1)论证的方法和规则,(2)反驳的种类和途径。

复习思考题

1. 什么是论证?论证由哪些要素组成?
2. 什么是演绎论证?什么是归纳论证?什么是类比论证?
3. 什么是直接论证?什么是间接论证?二者有何区别?
4. 什么是反证法?什么是选言证法?二者的论证步骤和结构如何?
5. 论证的规则有哪些?违反这些规则所犯的逻辑错误是什么?
6. 什么是反驳?反驳与论证的关系如何?
7. 反驳一个论证有哪些途径?为什么说驳倒了对方的论据还不能说就驳倒了对方的论题?
8. 归谬法和间接反驳的定义和形式结构是什么?

练习题

1. 分析下列论证的结构,指出其论题、论据和论证方式。

1.01 六国破灭,非兵不利,战不善,弊在赂秦。赂秦而力亏,破灭之道也。

或曰:六国互丧,率赂秦耶?曰:不赂者以赂者丧,盖失强援,不能独完。故曰:弊在赂秦也。①

1.02　世称纣力能索铁伸钩;又称武王伐之,兵不血刃。夫能索铁伸钩之力当人,则是梦贲、夏育之匹也。以不血刃之德取人,是则三皇五帝之属也。以索铁之力,不宜受败;以不血刃之德,不宜顿兵。今称纣力则武王德贬;誉武王则纣力少。索铁、不血刃,不得两立。殷、周之称,不得二全。不得二全,则必一非。②

1.03　已知:△ABC中,∠B>∠C,如右图:

求证:AC>AB

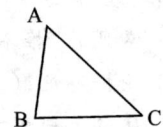

证明:如果AC不大于AB,那么或者AC=AB,或者AC<AB。

如果AC=AB,则∠B=∠C;如果AC<AB,则根据三角形中大边对大角的性质,将有∠B<∠C。这两种情况均与已知条件∠B>∠C相矛盾。所以假设不成立。由此可见,AC>AB。

1.04　你不能在有限的时间内越过无穷的点。在你穿过一定距离的全部之前,你必须穿过这个距离的一半。这样做下去就会永无止境。所以,在任何一定的时间内,你永远也无法到达终点。

1.05　如果一个东西占据一个与它自身相等的空间,那么它是静止的。而飞着的箭在任何一个瞬间总是占据一个与它自身相等的空间,所以,它是不动的。

1.06　嫁女于病消者,夫死则后难复处也。故泣舍之下不可以坐,倚墙之傍不可以立。③

1.07　鉴于对人类家庭所有成员的固有尊严及其平等的和不移的权利的承认,是世界自由、正义与和平的基础;鉴于对人权的无视和侮蔑已发展为野蛮暴行,这些暴行玷污了人类的良心,一个人人享有言论和信仰自由并免予恐惧和匮乏的世界的来临,被宣布为普通人民的最高愿望;鉴于为使人类不致迫不得已铤而走险对暴政和压迫进行反叛,必要使人权受法治的保护;鉴于有必要促进各国间友好关系的发展;鉴于各联合国国家的人民已在联合国宪章中重申他们对基本人权、人格尊严和价值以及男女平等权利的信念,决心促成较大自由中的社会进步和生活水平的改善;鉴于各会员国业已誓愿同联合国合作以促进对人权和基本

---

①　苏洵:《六国论》。
②　王充:《论衡・语增》。
③　刘安:《淮南子・说山训》。

自由的普遍尊重和遵行;鉴于对这些权利和自由的普遍了解对于这个誓愿的充分实现具有很大的重要性。因此现在,大会,发布这一世界人权宣言,作为所有人民和所有国家努力实现的共同标准,以期每一个人和社会机构经常铭念本宣言,努力通过教诲和教育促进对权利和自由的尊重,并通过国家的和国际的渐进措施,使这些权利和自由在各会员国本身人民及在其管辖下领土的人民中得到普遍和有效的承认和遵行。

2. 分析下列论证或者反驳中的逻辑错误。

2.01 科学技术也是有阶级性的。因为,科学技术被统治阶级所利用,为统治阶级服务。为统治阶级服务还能没有阶级性?

2.02 脑子用多了也会受到损害,因为辩证唯物主义认为人脑也是物质的。机器用久了都会磨损,人脑也不例外。

3. 分析下列反驳的结构,指出其中被反驳的论题和反驳的途径。

3.01 某国外交官朗宁出生于我国湖北省,小时吃过中国奶妈的乳汁,长大回国后参加州议员竞选时,反对派诋毁他说:"朗宁是喝中国人的奶长大的,他身上一定有中国人的血统。"依照该国的法律,有外国血统的人不能竞选州议员。针对这种无耻的诽谤,朗宁在一次竞选演讲中反驳道:"现在有人说我是喝中国人的奶长大的,因此身上有中国人的血统。据我所知,说这些话的人都是喝牛奶长大的,按照他们的逻辑,他们身上一定有牛的血统。"

3.02 空雒之遇,秦赵相与约,约曰:"自今以来,秦之所欲为,赵助之;赵之所欲为,秦助之。"居无几何,秦兴兵攻魏,赵欲救之。秦王不说,使人让赵王曰:"约曰:'秦之所欲为,赵助之;赵之所欲为,秦助之。'今秦欲攻魏,而赵因欲救之,此非约也。"赵王以告平原君,平原君以告公孙龙。公孙龙曰:"亦可以发使而让秦王曰:'赵欲救之,今秦王独不助赵,此非约也'。"①

4. 在下列各题给出的若干选项中,找出符合要求的一项。

4.01 冬季,某市公交系统在许多线路上增加了临时公交车,以作为这些线路公交运输的补充。但是在一段时期内,原线路乘客拥挤的现象未得到缓解。

在下列陈述中,无助于解释上述现象的是:

A. 这些路线的乘客中,在冬季突然增加了大量外地民工。

B. 一段时期内人们对新增临时公交车的停车站、运行时间等还不清楚。

C. 临时公交车在每日运行高峰期中增加的数量有限。

---

① 《吕氏春秋·淫辞》。

D. 临时公交车的司机售票员都与公司签订了承包合同。

（中央机关及其直属机构 2001 年度考试录用公务员《行政职业能力测验》试卷）

4.02　虽然菠菜中含有丰富的钙，但同时含有大量的浆草酸，浆草酸会有力地阻止人体对钙的吸收。因此，一个人要想摄入足够的钙，就必须用其他含钙丰富的食物来取代菠菜。

以下哪个如果为真，最能削弱题干的论证？

A. 大米中不含钙，但含有中和浆草酸并改变其性能的碱性物质。

B. 奶制品中的钙含量要高于菠菜，许多经常食用菠菜的人也食用奶制品。

C. 在人的日常饮食中，除了菠菜以外，事实上大量的蔬菜都含有钙。

D. 菠菜中除了钙以外，还含有其他丰富的营养素；另外，浆草酸只阻止人体对钙的吸收，并不阻止其他营养素的吸收。

（中央机关及其直属机构 2004 年度考试录用公务员《行政职业能力测验》试卷）

4.03　在反映战国到秦朝这一时期的电影《英雄》和《刺秦》中，许多骑马打仗的镜头不符合历史的真实情况。今天看到的秦兵马俑，绝大多数战马是没有马鞍的，有马鞍的战马一律没有马镫。没有马镫，士兵在马背上就待不住，也使不上劲，所以当时的骑兵没法在马上打仗。

以下哪项是上述论证所依赖的假设？

A. 秦时的陪葬品能够反映当时社会的真实情况。

B. 秦时的骑兵骑着马冲到敌人跟前，然后翻身下马与敌人打仗。

C. 在唐代雕刻的昭陵六骏浮雕上，每匹骏马的身上都有马鞍和马镫。

D. 在历史上，马镫是一件可以彻底释放士兵战斗力的重要军事装备。

（GCT2009 年考试试卷）

4.04　近 20 年来，美国女性神职人员的数量增加了两倍多，越来越多的女性加入牧师的行列。与此同时，允许妇女担任神职人员的宗教团体的教徒数量却大大减少，而不允许妇女担任神职人员的宗教团体的教徒数量则显著增加。为了减少教徒的流失，宗教团体应当排斥女性神职人员。

如果以下陈述为真，哪一项将最有力地强化上述论证？

A. 宗教团体的教徒数量多不能说明这种宗教握有真经，所以较大的宗教在刚开始时教徒数量都很少。

B. 调查显示，77% 的教徒说他们需要到教堂净化心灵，而女性牧师在布道时却只谈社会福利问题。

C. 女性牧师面临的最大压力是神职和家庭的兼顾,有56%的女性牧师说,即使有朋友帮助,也难以消除她们的忧郁情绪。

D. 在允许女性担任神职人员的宗教组织中,女性牧师很少独立主持较大的礼拜活动。

(GCT2009年考试试卷)

4.05 "俏色"指的是一种利用玉的天然色泽进行雕刻的工艺。这种工艺原来被认为最早始于明代中期,然而,在商代晚期的妇好墓中出土了一件俏色玉龟,工匠用玉的深色部分做了龟的背壳,用白色部分做了龟的头尾和四肢。这件文物表明,"俏色"工艺最早始于商代晚期。

以下哪一项陈述是上述论证的结论所依赖的假设?

A. "俏色"是比镂空这种透雕工艺更古老的雕刻工艺。

B. 妇好墓中的俏色玉龟不是更古老的朝代留传下来的。

C. 因势象形是"俏色"和根雕这两种工艺的共同特征。

D. 周武王打败商纣王时,从殷都带回了许多商代玉器。

(GCT2009年考试试卷)

4.06 有位美国学者做了一个实验:给被试儿童看三幅图画,分别是鸡、牛、青草,然后让儿童将其分为两类。结果大部分中国儿童把牛和青草归为一类,把鸡归为另一类;大部分美国儿童则把牛和鸡归为一类,把青草归为另一类。这位美国学者由此得出:中国儿童习惯于按照事物之间的关系来分类,美国儿童则习惯于把事物按照各自所属的"实体"范畴进行分类。

以下哪项是这位学者得出结论所必须假设的?

A. 马和青草是按照事物之间的关系被归为一类。

B. 鸭和鸡是按照各自所属的"实体"范畴被归为一类。

C. 美国儿童只要把牛和鸡归为一类,就是习惯于按照各自所属的"实体"范畴进行分类。

D. 美国儿童只要把牛和鸡归为一类,就不是习惯于按照事物之间的关系来分类。

E. 中国儿童只要把牛和青草归为一类,就不是习惯于按照各自所属的"实体"范畴进行分类。

(MBA、MPA、MPAcc 2010年联考试卷)

参考文献

1. 吴家国.普通逻辑原理.北京:高等教育出版社,2000.
2. 郁慕镛.形式逻辑纲要.南京:江苏科学技术出版社,1997.
3. 陈爱华.逻辑学引论.南京:东南大学出版社,2004.
4. 陈波.逻辑学导论.北京:中国人民大学出版社,2003.
5. 陈慕泽,余俊伟.数理逻辑基础.北京:中国人民大学出版社,2003.
6. 杜国平.经典逻辑与非经典逻辑基础.北京:高等教育出版社,2006.
7. 何向东.逻辑学教程.北京:高等教育出版社,2003.
8. 黄华新,胡龙彪.逻辑学教程.杭州:浙江大学出版社,2000.
9. 刘福增.基本逻辑.台北:心理出版社,2003.
10. 南开大学哲学系逻辑学教研室.逻辑学基础教程.天津:南开大学出版社,2008.
11. 邵强进.逻辑与思维方式.上海:复旦大学出版社,2009.
12. 宋文坚.逻辑学.北京:人民出版社,1998.
13. 王路.逻辑基础.北京:人民出版社,2004.
14. 余式厚.逻辑智力题.上海:上海文化出版社,2003.
15. 张家龙.逻辑学思想史.长沙:湖南教育出版社,2004.
16. 张家龙.模态逻辑与哲学.北京:中国社会出版社,2003.
17. 张晓芒.正确思维的基本要领.北京:中央编译出版社,2008.
18. 郑伟宏.逻辑与智慧新编.北京:北京大学出版社,2005.
19. 诸葛殷同等.形式逻辑原理.北京:社会科学文献出版社,2007.
20. 周礼全.逻辑百科辞典.成都:四川教育出版社,1994.
21. 杨百顺,李志刚.现代逻辑词典.武汉:湖北教育出版社,1995.

附录　各章练习题参考答案

第一章　引　论

1.01　有效,1.02-1.04 均无效。

2.01　示例:如果9能被6整除,那么9能被2整除。所以,9能被6整除。

2.02　示例:9只有能被3整除,才能被6整除;9被3整除。所以,9能被6整除。

2.03　示例:这个正整数或者是奇数,或者是偶数。所以,这个正整数既是奇数,又是偶数。

2.04　示例:如果9能被6整除,那么9能被3整除。所以,如果9不能被6整除,那么9不能被3整除。

第二章　概　念

1.01　是揭示概念外延的。
1.02　是揭示概念内涵的。
1.03　是先揭示概念内涵,后揭示概念外延。
1.04　是揭示概念内涵的。
1.05　是先揭示概念内涵,后揭示概念外延。
1.06　森林资源是揭示概念外延的,森林是揭示概念外延的。
1.07　是先揭示概念内涵,后揭示概念外延。
1.08　是先揭示概念内涵,后揭示概念外延。
2.01　"西安交通大学"是单独概念,"我国著名的高等学府"是普遍概念。
2.02　"公司"是普遍概念,"2010年2月30日"是空概念,"营业"是普遍概念。
2.03　"偶数"是普遍概念,"能被2整除的奇数"是空概念。
2.04　"明祖陵"是单独概念,"盱眙县"是单独概念,"洪泽湖"是单独概念,"朱元璋"是单独概念,"高祖父"是普遍概念。
3.01　"《数学与文化》丛书"是集合概念,"出版物"是非集合概念。

3.02 "海明威的著作"是集合概念,"精神财富"是非集合概念。

3.03 "整个社会财富"是集合概念,"中产阶级"是集合概念。

3.04 "东钱湖南宋石刻群"是集合概念,"石刻"是非集合概念,"兵马俑"是非集合概念。

4.01 "岳麓书院"是个体概念,"中国"是个体概念,"书院"是性质概念。

4.02 "偶数"是性质概念,"大于"是关系概念。

4.03 "王阳明"是个体概念,"中国哲学家"是性质概念。

4.04 "宋将"是性质概念,"蒙哥"是个体概念。

4.05 "含有"是关系概念,"刺激"是关系概念。

4.06 "引导"是关系概念,"迎合"是关系概念。

4.07 "麦吉"是个体概念,"喜爱"是关系概念,"可爱"是性质概念,"严肃"是性质概念。

4.08 "地球"是个体概念,"太空尘埃"是性质概念,"微乎其微"是性质概念。

5.01 "农业"是正概念,"不丹"是正概念。

5.02 "心"是正概念,"无从"是负概念。

5.03 "非卖品"是负概念,"亲朋好友"是正概念。

5.04 "李广"是正概念,"程不识"是正概念。

5.05 "有志之士"是正概念,"不惜"是负概念。

5.06 "海市蜃楼"是正概念,"乌有"是负概念。

5.07 "不努力"是负概念,"想入非非"是正概念。

5.08 "非洲"是正概念,"沙漠"是正概念。

6.01 "揣度"和"推测"是同一关系。

6.02 "绿树"和"青山"是全异关系。

6.03 "书法家"和"教授"是交叉关系。

6.04 "元素"和"金属元素"、"非金属元素"都是真包含关系,"金属元素"和"非金属元素"是矛盾关系。

6.05 "司马迁"和"史学家"、"文学家"都是真包含于关系,"史学家"和"文学家"是交叉关系。

6.06 "麋鹿"、"四不像"和"哺乳动物"都是真包含于关系,"麋鹿"和"四不像"是同一关系。

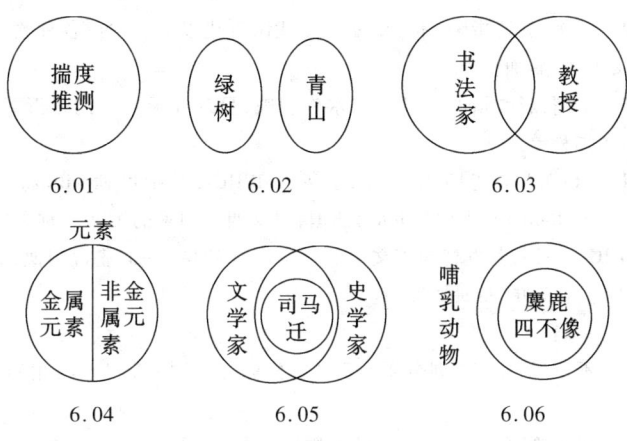

7.01　示例:概括:地方,限制:中俄边境。

7.02　示例:概括:高校,限制:欧洲大学。

7.03　示例:概括:职员,限制:高级公务员。

7.04　示例:概括:作物,限制:特种农作物。

7.05　示例:概括:政治人物,限制:著名政治家。

7.06　示例:概括:猛兽,限制:东北虎。

8.01　不属于。

8.02　不属于。

8.03　"节日"是"复活节"的概括。

8.04　"节气"是"寒露"的概括。

8.05　不属于。

8.06　不属于。

9.01　定义不正确,犯了"以比喻代定义"的逻辑错误。

9.02　定义不正确,犯了"定义全异"的逻辑错误。

9.03　定义正确。

9.04　定义不正确,犯了"循环定义"的逻辑错误。

9.05　定义不正确,犯了"定义过宽"的逻辑错误。

9.06　定义不正确,犯了"定义交叉"的逻辑错误。

9.07　定义不正确,犯了"定义含混"的逻辑错误。

9.08　定义不正确,犯了"同语反复"的逻辑错误。

10.01　示例:绸缪即缠绵。定义方法:同义定义。

10.02 示例:五行指金、木、水、火、土,我国古代以为是构成各种物质的五种元素。定义方法:属加种差。

10.03 示例:彩虹指的是日光与水汽相映,呈现在天空中的弧形彩色光带。定义方法:属加种差。

10.04 示例:"金砖四国"来源于英文 BRICs,是指巴西(Brazil)、俄罗斯(Russia)、印度(India)和中国(China)四国,因这四个国家的英文名称首字母组合而成的"BRICs"一词,其发音与英文中的"bricks"(砖块)一词非常相似,故被称为"金砖四国"。定义方法:属加种差。

11.01 正确。

11.02 不正确,犯了"划分不全"、"划分标准不同一"、"子项相容"等逻辑错误。

11.03 不正确,犯了"划分不全"的逻辑错误。

11.04 不正确,犯了"划分标准不同一"的逻辑错误。

11.05 不正确,犯了"划分不全"、"划分标准不同一"、"子项相容"等逻辑错误。

11.06 不正确,犯了"多出子项"的逻辑错误。

12.01 "远者"和"小者"、"近者"和"大者"、"近者"和"热者"、"远者"和"凉者"都是交叉关系,并非是真包含于关系,更非同一关系。

12.02 "容易使人上瘾"和"绝对不能使用"之间是交叉关系,而非真包含于关系。

13.01 B 13.02 C 13.03 A 13.04 D 13.05 D 13.06 B
13.07 D 13.08 B 13.09 A 13.10 A 13.11 B 13.12 D
13.13 A 13.14 D 13.15 B 13.16 D

第三章 简 单 判 断

1.01 是 1.02 是 1.03 是 1.04 是 1.05 不是 1.06 不是
1.07 是 1.08 是 1.09 是 1.10 是 1.11 是 1.12 是

2.01 关系判断,关系者项:刘秀、阴丽华。

2.02 关系判断,关系者项:泰山、黄河。

2.03 关系判断,关系者项:山海关、嘉峪关。

2.04 性质判断,主项:螺髻山风景区。

2.05 性质判断,主项:公正。

2.06 性质判断,主项:宪法。

2.07 性质判断,主项:燕雀。

2.08 均为性质判断,主项分别为:飘风、骤雨。

2.09 均为性质判断,主项分别为:合理的、不合理的。

2.10 关系判断,关系者项:某一个人、人。

3.01 特称肯定判断。3.02 全称否定判断。3.03 单称肯定判断。3.04 全称肯定判断。

3.05 单称肯定判断。3.06 特称否定判断。3.07 全称否定判断。3.08 全称肯定判断。

3.09 特称肯定判断。3.10 全称肯定判断。3.11 特称否定判断。3.12 全称肯定判断。

4.01 由"有些伤害是过失造成的"为真,可知:"所有伤害都是过失造成的"真假不定,"所有伤害都不是过失造成的"为假,"有些伤害不是过失造成的"真假不定。

4.02 由"有些教授不是学者"为真,可知:"所有教授都是学者"为假,"所有教授都不是学者"真假不定,"有些教授是学者"真假不定。

4.03 由"所有的矛盾都是可以化解的"为真,可知:"所有的矛盾都不是可以化解的"为假,"有的矛盾是可以化解的"为真,"有的矛盾不是可以化解的"为假。

4.04 由"所有的偶数都不是奇数"为真,可知:"所有的偶数都是奇数"为假,"有的偶数是奇数"为假,"有的偶数不是奇数"为真。

5.01 由"有些经济犯也是刑事犯"为假,可知:"所有经济犯都是刑事犯"为假,"所有经济犯都不是刑事犯"为真,"有些经济犯不是刑事犯"为真。

5.02 由"有些盗窃犯不是抢劫犯"为假,可知:"所有盗窃犯都是抢劫犯"为真,"所有盗窃犯都不是抢劫犯"为假,"有些盗窃犯是抢劫犯"为真。

5.03 由"所有冲动之举都不是理智的行为"为假,可知:"所有冲动之举都是理智的行为"真假不定,"有些冲动之举是理智的行为"为真,"有些冲动之举不是理智的行为"真假不定。

5.04 由"所有的犯罪行为都将受到法律的惩罚"为假,可知:"所有的犯罪行为都不受到法律的惩罚"真假不定,"有的犯罪行为将受到法律的惩罚"真假不定,"有的犯罪行为不受到法律的惩罚"为真。

6.01 示例:证明:

假设矛盾关系和差等关系成立,则

如果 A 判断为真,根据差等关系可知,I 判断为真;根据矛盾关系可知,E 判断为假;

如果 E 判断为真，根据差等关系可知，O 判断为真；根据矛盾关系可知，A 判断为假；

如果 A 判断为假，根据矛盾关系可知，O 判断为真，根据差等关系可知，E 判断真假不定；

如果 E 判断为假，根据矛盾关系可知，I 判断为真，根据差等关系可知，A 判断真假不定。

综上所述，反对关系成立。

如果 I 判断为真，根据矛盾关系可知，E 判断为假；根据差等关系可知，O 判断真假不定；

如果 O 判断为真，根据矛盾关系可知，A 判断为假；根据差等关系可知，I 判断真假不定；

如果 I 判断为假，根据矛盾关系可知，E 判断为真，根据差等关系可知，O 判断为真；

如果 O 判断为假，根据矛盾关系可知，A 判断为真，根据差等关系可知，I 判断为真。

综上所述，下反对关系成立。

6.02　示例：证明：

假设矛盾关系和下反对关系成立，则

如果 A 判断为真，根据矛盾关系可知，O 判断为假；根据下反对关系可知，I 判断为真；根据矛盾关系可知，E 判断为假；

如果 E 判断为真，根据矛盾关系可知，I 判断为假；根据下反对关系可知，O 判断为真；根据矛盾关系可知，A 判断为假；

如果 A 判断为假，根据矛盾关系可知，O 判断为真，根据下反对关系可知，E 判断真假不定；

如果 E 判断为假，根据矛盾关系可知，I 判断为真，根据下反对关系可知，A 判断真假不定。

综上所述，反对关系成立。

如果 A 判断为真，根据矛盾关系可知，O 判断为假；根据下反对关系可知，I 判断为真；

如果 A 判断为假，根据矛盾关系可知，O 判断为真；根据下反对关系可知，I 判断真假不定；

如果 I 判断为真，根据下反对关系可知，O 判断真假不定；根据矛盾关系可知，A 判断真假不定。

如果 I 判断为假,根据下反对关系可知,O 判断为真;根据矛盾关系可知,A 判断为真;

综上所述,A 和 I 之间的差等关系成立。同理可证,E 和 O 之间的差等关系也成立。

7.01 对当关系中,已知反对关系和差等关系成立,不能证明矛盾关系和下反对关系也成立。

因为:假设反对关系和差等关系成立。

如果 A 判断为真,根据反对关系可知,E 判断为假,但是根据差等关系,并不能得出 O 判断为假,而只能得出 O 判断真假不定。另外,如果 A 判断为真,根据差等关系可知,I 判断为真,由 I 判断为真,根据反对关系并不能得出关于 O 判断的确定的结论。

假设能够证明矛盾关系成立,则至少需要证明由 A 判断为真推知 O 判断为假,而根据前提条件要完成这一证明,或者首先利用反对关系,或者首先利用差等关系,但是由上述推理可以看出,无论何种情况下,都不能完成证明。

所以,已知反对关系和差等关系成立,不能证明矛盾关系成立。

如果 I 判断为假,根据差等关系可知,A 判断为假,由 A 判断为假,根据反对关系并不能得出关于 O 判断的确定的结论。另外,如果 I 判断为假,直接根据反对关系也不能得出关于 O 判断的确定的结论。

假设能够证明下反对关系成立,则至少需要证明由 I 判断为假推知 O 判断为真,而根据前提条件要完成这一证明,或者首先利用反对关系,或者首先利用差等关系,但是由上述推理可以看出,无论何种情况下,都不能完成证明。(示例)

所以,已知反对关系和差等关系成立,不能证明下反对关系成立。

7.02、7.03、7.04 与 7.01 类似。

8.01 所有乔木都不是灌木。

8.02 所有棠梨都是能吃的。

8.03 有些菊花是野生的(或者,所有菊花都是野生的)。

8.04 有些牡丹不是富贵的象征(或者所有的牡丹都不是富贵的象征)。

9.01 主项不周延,谓项周延。

9.02 主项、谓项均不周延。

9.03 主项、谓项均周延。

9.04 主项周延,谓项不周延。

10.01 自返。

10.02 非自返。

10.03 禁自返、非自返。

11.01 非对称。

11.02 非对称。

11.03 禁对称、非对称。

11.04 对称关系。

11.05 对称关系。

12.01 传递关系。

12.02 传递关系。

12.03 传递关系。

12.04 非传递关系。

12.05 非传递关系。

12.06 禁传递关系,非传递关系。

13.01 C

13.02 A

第四章 复合判断

1.01 假言判断。

1.02 假言判断。

1.03 假言判断。

1.04 联言判断。

1.05 联言判断。

1.06 假言判断。

1.07 联言判断。

1.08 联言判断。

1.09 联言判断。

1.10 联言判断。

1.11 假言判断。

1.12 联言判断。

1.13 选言判断。

2.01 p 并且 q;或者,p∧q。

2.02 如果 p,那么 q;或者,p→q。

2.03 如果 p,那么 q;或者,p→q。

2.04 如果 p,那么 q;或者,p→q。

2.05 只有 p,才 q;或者,p←q。
2.06 只有 p,才 q;或者,p←q。
2.07 或者 p,或者 q;或者,p∨q。
2.08 p 并且 q;或者,p∧q。
2.09 只有 p,才 q;或者,p←q。
2.10 要么 p,要么 q;或者,p∨̇q。
3.01 示例:或者无才,或者无德。
3.02 示例:所有的小恶都不可为。
3.03 示例:有些路不可以重来。
3.04 示例:所有的成功都是耻辱。
3.05 示例:既不是高尚,也不是丑陋。
3.06 示例:不是博士,但是可以当教授。
3.07 示例:有些人不懂得珍惜自己。
3.08 示例:既不学习逻辑,也不学习数学。
4.01

p	q	p→q	q←p
1	1	1	1
1	0	0	0
0	1	1	1
0	0	1	1

由上述真值表可知,p→q 与 q←p 等值。

4.02

p	q	p∨q	¬p	(¬p)→q
1	1	1	0	1
1	0	1	0	1
0	1	1	1	1
0	0	0	1	0

由上述真值表可知,p∨q 与 (¬p)→q 等值。

4.03

p	q	¬q	p∨(¬q)	¬p	(¬p)∨q
1	1	0	1	0	1
1	0	1	1	0	0
0	1	0	0	1	1
0	0	1	1	1	1

由上述真值表可知,p∨(¬q)与(¬p)∨q不等值。

4.04

p	q	¬p	(¬p)↔q	¬q	p∧(¬q)
1	1	0	0	0	0
1	0	0	1	1	1
0	1	1	1	0	0
0	0	1	0	1	0

由上述真值表可知,(¬p)↔q与p∧(¬q)不等值。

4.05

p	q	¬q	p←(¬q)	¬(p←(¬q))	¬p	(¬p)∧q
1	1	0	1	0	0	0
1	0	1	1	0	0	0
0	1	0	1	0	1	1
0	0	1	0	1	1	0

由上述真值表可知,¬(p←(¬q))与(¬p)∧q不等值。

4.06

p	q	¬q	p∨(¬q)	¬(p∨(¬q))	¬p	(¬p)∧q
1	1	0	1	0	0	0
1	0	1	1	0	0	0
0	1	0	0	1	1	1
0	0	1	1	0	1	0

由上述真值表可知,¬(p∨(¬q))与(¬p)∧q等值。

5.01

p	q	p→q	(p→q)→p
1	1	1	1
1	0	0	1
0	1	1	0
0	0	1	0

由上述真值表可知,p→q 与 p 无蕴涵关系。

5.02

p	q	p∨q	(p∨q)→q
1	1	1	1
1	0	1	0
0	1	1	1
0	0	0	1

由上述真值表可知,p∨q 与 q 无蕴涵关系。

5.03

p	q	¬q	p∨(¬q)	¬p	(¬p)∨q	(p∨(¬q))→((¬p)∨q)
1	1	0	1	0	1	1
1	0	1	1	0	0	0
0	1	0	0	1	1	1
0	0	1	1	1	1	1

由上述真值表可知,p∨(¬q) 与 (¬p)∨q 无蕴涵关系。

5.04

p	q	p∧q	¬q	p∨(¬q)	(p∧q)→(p∨(¬q))
1	1	1	0	1	1
1	0	0	1	1	1
0	1	0	0	0	1
0	0	0	1	1	1

由上述真值表可知,p∧q 与 p∨(¬q) 有蕴涵关系。

6.01　或者 p,或者 q;或者,p∨q。

6.02　如果 p,那么并非 q;或者,p→(￢q)。

6.03　只有 p,才 q;或者,p←q。

6.04　如果并非 q,那么 p;或者,(￢q)→p。

6.05　只有 q,才并非 p;或者,q←(￢p)。

6.06　要么 q,要么 p;或者,q∨p。

6.07　p 当且仅当并非 q;或者,p↔(￢q)。

6.08　p 并且 q;或者,p∧q。

　　　其中,6.01、6.04、6.05 等值;6.06、6.07 等值。

7.01　"必然龙生龙"真假不定,"必然并非龙生龙"为假,"可能并非龙生龙"真假不定。

7.02　"必然不是长江后浪推前浪"为假,"可能长江后浪推前浪"为真,"可能不是长江后浪推前浪"为假。

7.03　"必然是每个士兵都能成为元帅"为假,"可能每个士兵都能成为元帅"为假,"可能不是每个士兵都能成为元帅"为真。

7.04　"必然事实都如史书所记载的那样"为假,"必然并非事实都如史书所记载的那样"真假不定,"可能事实都如史书所记载的那样"真假不定。

8.01　"必然凤生凤"为假,"必然不是凤生凤"为真,"可能不是凤生凤"为真。

8.02　"必然人间处处皆春色"真假不定,"可能是人间处处皆春色"为真,"可能不是人间处处皆春色"真假不定。

8.03　"必然人人都有所追求"为真,"必然并非人人都有所追求"为假,"可能人人都有所追求"为真。

8.04　"必然没有最后一根压死骆驼的稻草"真假不定,"可能有最后一根压死骆驼的稻草"真假不定,"可能没有最后一根压死骆驼的稻草"为真。

9.01　□(p∧q)和◇p 之间属于差等关系。

9.02　□(p∧q)和□(￢p∧￢q)之间属于反对关系。

9.03　□(p∧q)和◇(￢p∨￢q)之间属于矛盾关系。

9.04　◇(p∨q)和◇(￢p∨￢q)之间属于下反对关系。

10.01　A

10.02　C

第五章　逻辑基本规律

1.01、1.05、1.07、1.13、1.15、1.17、1.19、1.21、1.23、1.25　违反矛盾律。

1.06、1.08、1.12、1.14、1.16、1.18、1.20、1.22、1.24、1.26　违反排中律。

1.02、1.03、1.04、1.09、1.10、1.11　不违反逻辑基本规律。

2.01、2.06　违反矛盾律。

2.03、2.07　违反排中律。

2.02、2.04、2.05、2.08　不违反逻辑基本规律。

3.01　违反同一律。因为论证中的两处"你没有丢掉"含义不一致,第一处"你没有丢掉"指的是"你已经具有的而没有丢掉",第二处"你没有丢掉"指的是"原来就没有的你没有丢掉"。

3.02　违反同一律。因为"那个藏起来的人"和"你的父亲"尽管外延相同,但是内涵并不相同,不是一个概念,由"不认识那个藏起来的人"并不能得出"不认识你的父亲"。

3.03　违反同一律。论证中的两个"非"概念并不同一,"命色者非命形也"中的"非"是"不同于"的意思,而"白马非马"中的"非"是"不是"的意思,由"马者,所以命形也;白者,所以命色也。命色者非命形也"只能得出"白马不同于马",而不能得出"白马不是马(白马非马)",这是偷换概念。

3.04　不违反逻辑基本规律。因为"无体"是从"定体"方面说的,"有体"是从"大体"方面说的。从不同角度得出不同结论并不违反逻辑基本规律。

3.05　不违反逻辑基本规律。

3.06　违反同一律。前一个"人民群众"是集合概念,后一个"人民群众"是非集合概念,把两个不同的概念当作一个概念使用,犯了"混淆概念"的逻辑错误。

3.07　不违反逻辑基本规律。

3.08　违反同一律。"上帝能造成一块他自己举不起来的石头"和"存在一块他自己举不起来的石头"并不是一个判断。

3.09　违反矛盾律。胡屠户先前骂范进不如张府上的那些老爷;范进中举后,胡屠户又夸范进胜过张府上的那些老爷。

4.01　A　　4.02　D　　4.03　C　　4.04　C　　4.05　C　　4.06　A
4.07　E

第六章　演绎推理(一):基于词项的推理

1.01、1.02、1.03　演绎推理。

1.04　归纳推理。

1.05、1.06　类比推理。

2.01　所有鸟都是无垂天之翼的,推理形式是:SEP⊢SA$\overline{P}$。

2.02 菊花有些是并非在秋天开放,推理形式是:SOP ⊢ SI $\overline{P}$。

2.03 有些人并非不是富有正义感的,推理形式是:SIP ⊢ SO $\overline{P}$。

2.04 荷花都不是并非出污泥而不染的,推理形式是:SAP ⊢ SE $\overline{P}$。

3.01 有些艺术的极品是山水画,推理形式是:SIP ⊢ PIS。

3.02 有些艺术品是书法作品,推理形式是:SAP ⊢ PIS。

3.03 媚俗的都不是经典的艺术品,推理形式是:SEP ⊢ PES。

3.04 不能进行换位。

4.01 能,推理形式是:$\overline{S}$EP ⊢ SA$\overline{P}$ ⊢ PI$\overline{S}$ ⊢ $\overline{P}$OS。

4.02 能,推理形式是:SAP ⊢ SE$\overline{P}$ ⊢ $\overline{P}$ES ⊢ $\overline{P}$A$\overline{S}$ ⊢ SI$\overline{P}$ ⊢ $\overline{S}$OP。

4.03 能,推理形式是:SIP ⊢ PIS ⊢ PO$\overline{S}$。

4.04 能,推理形式是:SO$\overline{P}$ ⊢ SIP ⊢ PIS。

5.01 正确,因为根据反对关系推理,由 A 判断的真能推知 E 判断的假。

5.02 不正确,因为根据下反对关系推理,由 I 判断的真不能推知 O 判断的真。

5.03 正确,因为根据矛盾关系推理,由 O 判断的真能推知 A 判断的假。

5.04 不正确,因为根据矛盾关系推理,由 E 判断的真能推知 I 判断的假,但是不能推知 I 判断的真。

5.05 不正确,因为对当关系推理只能在同素材的判断之间进行。

5.06 不正确,因为根据差等关系推理,由 O 判断的真不能推知 E 判断的真假。

6.01 能。由"所有墨者都是义士"根据差等关系推理,可得"有些墨者是义士";根据换位推理,可得"有些义士是墨者"。

6.02 不能。

6.03 不能。

6.04 不能。

6.05 能。由"所有墨者都是义士"根据换质推理,可得"所有墨者都不是非义士";根据换位推理,可得"所有非义士都不是墨者";根据换质推理,可得"所有非义士都是非墨者";根据换位推理,可得"有些非墨者是非义士";根据换质推理,可得"有些非墨者不是义士"。

6.06 能。由"所有墨者都是义士"根据换质推理,可得"所有墨者都不是非义士";根据换位推理,可得"所有非义士都不是墨者"。

7.01 小项:兰陵人,大项:临沂人,中项:苍山人;大前提:所有苍山人都是临沂人,小前提:所有兰陵人都是苍山人,结论:所有兰陵人都是临沂人;第一格,AAA式。

7.02 小项:行吟者,大项:乞讨者,中项:艺术家;大前提:有些艺术家是乞讨者,小前提:所有行吟者都是艺术家,结论:有些行吟者是乞讨者;第一格,IAI式。

7.03 小项:司门前人,大项:高平人,中项:隆回人;大前提:所有高平人也都是隆回县人,小前提:所有司门前人都是隆回县人,结论:有些司门前人是高平人;第二格,AAI式。

7.04 小项:议员,大项:科学家,中项:名校毕业的;大前提:有些科学家是名校毕业的,小前提:有些议员也是名校毕业的,结论:有些议员是科学家;第二格,III式。

7.05 小项:胶东半岛人,大项:山东人,中项:即墨人;大前提:所有即墨人都是山东人,小前提:所有即墨人都是胶东半岛人,结论:胶东半岛人都是山东人;第三格,AAA式。

7.06 小项:宿迁人,大项:苏北人,中项:沭阳人;大前提:有些苏北人是沭阳人,小前提:所有沭阳人都是宿迁人,结论:有些宿迁人是苏北人;第四格,IAI式。

8.01 正确。

8.02 不正确,违反了三段论基本规则三,犯了"大项不当周延"的错误。

8.03 不正确,违反了三段论基本规则二,犯了"中项两次不周延"的错误。

8.04 正确。

8.05 不正确,违反了三段论基本规则二,犯了"中项两次不周延"的错误。

8.06 不正确,违反了三段论基本规则一,犯了"四项错误"。

8.07 不正确,违反了三段论基本规则四:两个否定前提推不出结论。

8.08 正确。

8.09 不正确,违反了三段论基本规则二,犯了"中项两次不周延"的错误;违反了三段论基本规则六:两个特称前提推不出结论。

8.10 不正确,违反了三段论基本规则三,犯了"小项不当周延"的错误。

8.11 不正确,违反了三段论基本规则一,犯了"四项错误"。

8.12 不正确,违反了三段论基本规则四:两个否定前提推不出结论。

8.13 不正确,违反了三段论基本规则六:两个特称前提推不出结论。

8.14 不正确,违反了三段论基本规则三,犯了"小项不当周延"的错误。

9.01 MEP
S(A)M
SEP

9.02　P(A)M
　　　 SOM
　　　 SOP

9.03　M(A)P
　　　 MIS
　　　 SIP

9.04　MEP
　　　 SIM
　　　 S(O)P

9.05　P(E)M
　　　 MIS
　　　 SOP

9.06　P(A)M
　　　 M(E)S
　　　 SEP

10.01　省略了小前提:孩子也是人,该三段论是有效的。

10.02　省略了大前提:人造物都可以申请专利,该三段论是有效的。

10.03　省略了小前提:轻视别人是偏见,该三段论是有效的。

10.04　省略了小前提:灵魂是永远处于运动中的事物,该三段论是有效的。

10.05　省略了大前提:土生土长的四十里街人都是鄱阳人,该三段论是有效的。

10.06　省略了结论:没有信仰的人是非常可怕的,该三段论是有效的。

11.01　示例:证明:如果一个三段论中的三个项均周延两次,那么三段论中的三个项共需周延六次,这样,三段论中的大前提、小前提和结论都必须是 E 判断,而这违反了三段论的基本规则四:两个否定前提推不出结论。所以,假设不成立。因此,一个有效三段论中的三个项,不能均周延两次。

11.02　示例:证明:如果结论是否定的有效三段论,则大项在结论中周延;根据三段论的基本规则三,则大项在大前提中也必须周延;大前提如果是 I 判断,则大项不周延,矛盾。因此,其大前提不能是 I 判断。

11.03　示例:证明:假设一个有效三段论的结论是 A 判断,根据三段论的基本规则五和七,可知两个前提均为 A 判断。首先,已知第一格的 AAA 式是一个有效的三段论。其次,可以证明其他格的 AAA 式都不是有效的三段论。这是因为:第二格的 AAA 式违反了三段论的基本规则二,犯了"中项两次不周延"的错误;第三格、第四格的AAA式均违反了三段论的基本规则三,犯了"小项不当周延"的错误。综上所述,结论是A判断的有效三段论只有第一格的AAA式。

11.04 示例:证明:假设一个有效三段论的结论是全称判断,则小项周延;根据三段论的基本规则三,可知小项在小前提中也周延;如果中项周延两次,则前提中的项至少要周延三次;这样前提必须一个是A判断、一个是E判断;根据规则七,则结论为否定判断,这样大项在结论中也周延;根据三段论的基本规则三,可知大项在大前提中也必须周延;这样前提中的项必须周延四次;这样,前提必须均为E判断,这违反了三段论的基本规则四:两个否定前提推不出结论。因此,中项不能周延两次。

11.05 示例:证明:假设一个有效三段论的大前提为I判断,则大项在前提中不周延;根据三段论基本规则三,大项在结论中也不得周延,因此结论必为肯定判断;又因为大前提为I判断,根据三段论基本规则七,可知结论必为特称判断。综上所述,其结论必定为I判断。

11.06 示例:证明:假设以I判断为大前提、E判断为小前提,那么根据三段论基本规则五和七,则结论应该为O判断,这样在前提中不周延的大项在结论中周延了,违反了三段论的基本规则三,犯了"大项不当周延"的错误。因此,不能形成有效的三段论。

11.07 示例:证明:首先,以O判断为大前提、A判断为小前提、O为结论的第三格三段论是一个有效三段论。其次,可以证明以O判断为大前提、A判断为小前提的其他格的三段论都是无效的。这是因为:根据三段论的规则五和七,以O判断为大前提、A判断为小前提的三段论其结论应该为O判断,即这是一个OAO式的三段论。第一格的OAO式违反了三段论的基本规则二,中项两次不周延;第二格、第四格的OAO式违反了三段论的基本规则三,犯了"大项不当周延"的错误。综上所述,以O判断为大前提、A判断为小前提形成的有效三段论必定是第三格。

11.08 示例:证明:首先,以A判断为大前提、O判断为小前提、O为结论的第二格三段论是一个有效三段论。其次,可以证明以A判断为大前提、O判断为小前提的其他格的三段论都是无效的。这是因为:根据三段论的规则五和七,以A判断为大前提、O判断为小前提的三段论其结论应该为O判断,即这是一个AOO式的三段论。第一格、第三格的AOO式违反了三段论的基本规则三,犯了"大项不当周延"的错误;第四格的AOO式违反了三段论的基本规则二,中项两次不周延。综上所述,以A判断为大前提、O判断为小前提形成的有效三段论必定是第二格。

11.09 示例:证明:假设一个有效三段论的大项在前提中周延,但在结论中不周延,则该三段论的结论为肯定判断;根据三段论基本规则五,可得该三段论的两个前提均为肯定判断;根据三段论基本规则二,中项至少必须周延一次,这样前提中至少有两个周延的项,因此,该三段论的两个前提必定均为 A 判断;考虑大项在前提中周延,那么大前提必定是 PAM;这样,小前提必定是 MAS,结论必定为 SIP。因此,该三段论为第四格 AAI 式。

12.01、12.04、12.05、12.06、12.07、12.08 不正确。

12.02、12.03 正确。

13.01 C　　13.02 B　　13.03 D　　13.04 C　　13.05 A
13.06 B　　13.07 D　　13.08 D

第七章　演绎推理(二):基于命题的推理

1.01 必要条件假言推理。

1.02 联言推理。

1.03 不相容选言推理。

1.04 二难推理。

1.05 充分条件假言推理。

1.06 充分必要条件假言推理。

1.07 相容选言推理。

1.08 充分条件假言推理。

2.01 示例:李霞尝过鄱阳鳗鲡。

2.02 示例:张静到过开县。

2.03 示例:乙公司中标。

2.04 示例:秀英没有到高碑店学习白沟泥塑。

2.05 示例:阿勇亲眼目睹了龙泉的翻十三楼。

2.06 示例:这些书没有存在的必要。

2.07 示例:必然通化冬天下雪。

2.08 示例:必然明天或者不刮风或者不下雨。

3.01 无效,因为充分条件假言推理否定前件不能否定后件。

3.02 无效,因为充分条件假言推理否定前件不能否定后件。

3.03 有效。因为这两个判断是等值判断。

3.04 有效,因为相容选言推理否定一部分选言支,就要肯定另一部分选言支。

3.05 有效,因为不相容选言推理肯定一部分选言支,就要否定另一部分选言支。

3.06 有效,因为充分必要条件假言推理否定后件就要否定前件。

3.07 有效,因为充分条件假言推理否定后件就要否定前件。

3.08 无效,因为相容选言推理肯定一部分选言支,不能否定另一部分选言支。

3.09 无效,因为具有下反对关系的两个判断不能由一个判断的真推出另一个判断的真。

3.10 无效,因为具有反对关系的两个判断不能由一个判断的假推出另一个判断的真。

3.11 有效,因为这是二难推理的复杂构成式。

3.12 有效,因为这是二难推理的复杂构成式。

4.01 由前提"¬p 或者 q"进行相容选言推理:(1)加上前提"q",不能得出 p,因为相容选言推理肯定一部分选言支,不能否定另一部分选言支。(2)加上前提"p",能得出 q,因为相容选言推理否定一部分选言支,就要肯定另一部分选言支。

4.02 张明的推理正确,因为由"周末只有加班,我才外出"和"周末没有加班"这两个前提根据必要条件假言推理的否定前件式可以得出结论:周末李琴不外出。李琴的推理不正确,因为由"周末如果加班,我就顺便到你家见你"和"周末没有加班"这两个前提根据充分条件假言推理的规则:否定前件不能否定后件,不能得出结论:周末不到你家见你。

4.03 从"必然有 S 是 P"推出"可能有 S 不是 P"不对,因为根据性质判断、模态判断的对当关系可以推出"必然有 S 是 P"和"可能有 S 不是 P"之间属于下反对关系,由一个判断的真不能得出另一个判断的假。

4.04 从"可能非 p"假推出"可能 p"真是对的,因为由"可能非 p"假可得"必然 p"真,进一步可得"可能 p"真。

5.01 D	5.02 C	5.03 D	5.04 C	5.05 C	5.06 C
5.07 D	5.08 D	5.09 C	5.10 E	5.11 A	5.12 A
5.13 E	5.14 A	5.15 B	5.16 D	5.17 D	

第八章 归纳推理和类比推理

1.01、1.02、1.03、1.04 简单枚举法(不完全归纳推理)。其推理形式是:

S_1 是 P,

S_2 是 P,

……

S_{n-1} 是 P,

S_n 是 P,

<u>S_1、S_2、……、S_{n-1}、S_n 是 S 中的部分对象,并且没有遇到反例,</u>

所以,所有 S 都是 P。

1.05　科学归纳法(不完全归纳推理)。其推理形式是:

S_1 是 P,

S_2 是 P,

……

S_{n-1} 是 P,

S_n 是 P,

<u>S_1、S_2、……、S_{n-1}、S_n 是 S 中的部分对象,并且与 P 之间有因果联系,</u>

所以,所有 S 都是 P。

1.06　完全归纳推理。其推理形式是:

S_1 是 P,

S_2 是 P,

……

S_{n-1} 是 P,

S_n 是 P,

<u>S_1、S_2、……、S_{n-1}、S_n 是 S 中的全部对象,</u>

所以,所有 S 都是 P。

2.01、2.03、2.04、2.05、2.06　能。

2.02　不能。

3.01　求异法。

3.02　共变法。

3.03　求同法。

3.04　求同法。

3.05　共变法。

3.06　求同求异并用法。

4.01、4.02、4.03、4.04　均属于类比推理。其推理形式是:

A 对象具有属性 a、b、c、d,

<u>B 对象具有属性 a、b、c,</u>

所以,B 对象也具有属性 d。

5.01　A　　5.02　A　　5.03　D　　5.04　B　　5.05　B　　5.06　D
5.07　D

第九章　论　　证

1.01　论题:六国破灭,弊在赂秦。论据:赂秦而力亏,破灭之道也。或曰:六国互丧,率赂秦耶？曰:不赂者以赂者丧,盖失强援,不能独完。论证方式:演绎论证,直接论证。

1.02　论题:殷、周之称,不得二全。论据:世称纣力能索铁伸钩;又称武王伐之,兵不血刃。夫能索铁伸钩之力当人,则是梦贲、夏育之匹也。以不血刃之德取人,是则三皇五帝之属也。以索铁之力,不宜受服;以不血刃之德,不宜顿兵。今称纣力则武王德贬;誉武王则纣力少。索铁、不血刃,不得两立。论证方式:演绎论证,直接论证。

1.03　论题:AC>AB。论据:如果 AC 不大于 AB,那么或者 AC＝AB,或者 AC<AB。

如果 AC＝AB,则∠B＝∠C;如果 AC<AB,则根据三角形中大边对大角的性质,将有∠B<∠C。这两种情况均与已知条件∠B>∠C 相矛盾。所以假设不成立。由此可见,AC>AB。论证方式:演绎论证,间接论证:反证法。

1.04　论题:你不能在有限的时间内越过无穷的点。论据:在你穿过一定距离的全部之前,你必须穿过这个距离的一半。这样做下去就会永无止境,所以,在任何一定的时间内,你永远也无法到达终点。论证方式:演绎论证,直接论证。

1.05　论题:飞箭不动。论据:如果一个东西占据一个与它自身相等的空间,那么它是静止的。而飞着的箭在任何一个瞬间总是占据一个与它自身相等的空间。论证方式:演绎论证,直接论证。

1.06　论题:沮舍之下不可以坐,倚墙之傍不可以立。论据:嫁女于病消者,夫死则后难复处也。论证方式:类比论证,直接论证。

1.07　论题:现在,大会,发布这一世界人权宣言,作为所有人民和所有国家努力实现的共同标准,以期每一个人和社会机构经常铭念本宣言,努力通过教诲和教育促进对权利和自由的尊重,并通过国家的和国际的渐进措施,使这些权利和自由在各会员国本身人民及在其管辖下领土的人民中得到普遍和有效的承认和遵行。论据:鉴于对人类家庭所有成员的固有尊严及其平等的和不移的权利的承认,是世界自由、正义与和平的基础;鉴于对人权的无视和侮蔑已发展为野蛮暴行,此暴行玷污了人类的良心,一个人人享有言论和信仰自由并免予恐惧和匮乏的世界的来临,被宣布为普通人民的最高愿望;鉴于为使人类不致迫不得已铤而走险对暴政和压迫进行反叛,必要使人权受法治的保护;鉴于有必要促进各国间友好关系的发展;鉴于各联合国国家的人民已在联合国宪章中重申他们对基本人权、人格尊严和价值以及男女平等权利的信念,决心促成较大自由中的社会进步和生活水平的改善;鉴于各会员国业已誓愿同联合国合作以促进对人权和基本自由的普遍尊重和遵行;鉴于对这些权利和自由的普遍了解对于这个誓愿的充分实现具有很大的重要性。论证方式:演绎论证,直接论证。

2.01 犯了"推不出"的逻辑错误。因为由"科学技术被统治阶级所利用,为统治阶级服务"并不能得出"科学技术也是有阶级性的"。

2.02 犯了"推不出"的逻辑错误。因为"机器用久了都会磨损,人脑也不例外"属于机械类比。

3.01 被反驳的论题:朗宁是喝中国人的奶长大的,他身上一定有中国人的血统。反驳的途径:反驳论题。

3.02 被反驳的论题:今秦欲攻魏,而赵因欲救之,此非约也。反驳的途径:反驳论证方式。

4.01 D 4.02 A 4.03 A 4.04 B 4.05 B 4.06 C